U0173061

空间信息获取与处理前沿技术丛书

宽带逆合成孔径雷达
高分辨成像技术

田 彪 刘 洋 呼鹏江 吴文振 著

科学出版社

北 京

内 容 简 介

逆合成孔径雷达是对空天目标进行探测、跟踪、成像的重要传感器，可获取目标的一维、二维甚至三维图像。随着先进成像雷达装备的研制，雷达成像也面临高载频、大带宽、目标远距离、非合作带来的一系列挑战，亟须研究和探索与之相适应的高分辨成像算法和技术。本书重点阐述研究团队在逆合成孔径雷达精细化成像与多维度成像方面取得的最新研究成果，针对高分辨一维成像和补偿、精细化运动补偿、二维图像重构、双波段宽带合成、三维成像等技术进行详细讨论和介绍，同时归纳整理国内外相关领域的发展现状。

本书可作为信息与通信工程、电子科学与技术、雷达工程等专业研究生的参考用书，也可供雷达信号处理、目标识别等相关领域科研和工程技术人员阅读。

图书在版编目（CIP）数据

宽带逆合成孔径雷达高分辨成像技术 / 田彪等著. —北京：科学出版社，2022.10

（空间信息获取与处理前沿技术丛书）

ISBN 978-7-03-071930-0

Ⅰ.①宽… Ⅱ.①田… Ⅲ.①雷达成像 Ⅳ.①TN957.52

中国版本图书馆 CIP 数据核字（2022）第 045172 号

责任编辑：张艳芬 李 娜 / 责任校对：崔向琳
责任印制：吴兆东 / 封面设计：蓝正设计

科学出版社 出版

北京东黄城根北街16号
邮政编码：100717
http://www.sciencep.com

北京中石油彩色印刷有限责任公司 印刷
科学出版社发行 各地新华书店经销

*

2022 年 10 月第 一 版 开本：720×1000 B5
2024 年 1 月第二次印刷 印张：14 1/2
字数：276 000

定价：128.00 元
（如有印装质量问题，我社负责调换）

"空间信息获取与处理前沿技术丛书" 序

进入 21 世纪，世界各大国加紧发展空间攻防武器装备，空间作战被提到了国家军事发展战略的高度，太空已成为国际军事竞争的战略制高点。作为空间攻防的重要支撑，同时伴随着我国在载人航天、高分专项、嫦娥探月、北斗导航等重大航天工程取得的成功，空间信息获取与处理技术也得到了蓬勃发展，受到国家高度重视。空间信息获取与处理前沿技术在科学内涵上属于空间科学技术与电子信息技术交叉的学科，为各种航天装备的开发和建设提供支持。

国防科技大学是我国国防科技自主创新的高地。为适应空间攻防国家重大战略需求和学科发展要求，2004 年正式成立了空间电子技术研究所。经过十多年的发展，目前已经成长为相关领域研究的中坚力量，取得了一大批研究成果，在国内电子信息领域形成了一定的影响力。为总结和展示研究所多年的研究成果，也为有志于投身空间信息技术事业的研究人员提供一套有用的参考书，我们组织撰写了"空间信息获取与处理前沿技术丛书"，这对推动我国空间信息获取与处理技术发展无疑具有极大的裨益。

空间信息领域涉及信息、电子、雷达、轨道、测绘等诸多学科，其新理论、新方法与新技术层出不穷。作者结合严谨的理论推导和丰富的应用实例对各个专题进行了深入阐述，丛书概念清晰，前沿性强，图文并茂，文献丰富，凝结了各位作者多年深耕结出的累累硕果。

相信丛书的出版能为广大读者带来一场学术盛宴，成为我国空间信息技术发展史上的一道风景和独特印记。丛书的出版得到了国防科技大学和科学出版社的大力支持，各位作者在繁忙教学科研工作中高质量地完成书稿，特向他们表示深深的谢意。

2019 年 1 月

前　言

雷达成像技术自提出以来，已逐渐发展成熟，成为雷达系统发展史上的里程碑。目前，成像雷达通过发射大带宽信号获取径向上的高分辨率，而利用合成孔径得到垂直于径向上的高分辨率。逆合成孔径雷达作为成像雷达的重要分支，其成像技术使雷达系统的主要功能从简单的目标探测跟踪发展到对目标细节信息的获取及特征分析。

逆合成孔径雷达成像的目的与追求是以尽量小的代价用图像展示更多、更有用的目标信息，从而为后续成像应用提供更高质量的雷达图像。无论是雷达体制、成像体制，还是成像算法，几乎所有研究均是在推动雷达成像朝着这一目标前进并不断解决其中发现的新问题。围绕逆合成孔径雷达成像的目标，从雷达图像的角度来看，逆合成孔径雷达成像技术的发展主要归纳为两个方面：一个方面是精细化成像，提升成像质量；另一个方面是多维度成像，丰富成像信息。

在陈曾平教授和徐世友教授的带领下，作者所在的雷达成像团队经过二十多年的成像理论攻关与工程实践，总结出了一系列具有鲜明特色的成像算法和数据分析经验。鉴于此，作者决定把国内外逆合成孔径雷达成像的发展现状和趋势，以及本团队的阶段性研究成果，特别是与雷达装备发展相结合的先进成像技术进行总结，以吸引更多国内学者和机构从事该领域研究，提升逆合成孔径雷达成像的研究水平。

本书围绕宽带逆合成孔径雷达成像技术的发展，从精细化和多维度两个方面介绍先进成像技术和算法。全书共 8 章：田彪负责撰写第 1、3、8 章，刘洋负责撰写第 2 章，呼鹏江负责撰写第 4、5 章，吴文振负责撰写第 6、7 章。感谢张月为本书撰写提供大量指导并协调实测数据；感谢国防科技大学林钱强为本书提供相干化平动补偿部分素材；感谢战略支援部队各基地的全力配合，他们长期为团队的算法验证提供实验条件；感谢中国电子科技集团公司第十四研究所、第三十八研究所，中国航天科工集团第二研究院第二十三研究所，他们与作者团队紧密合作，共同提升了装备使用效能。

本书得到国家自然科学基金(61901481)、湖南省优秀青年基金(2021JJ20056)、中国博士后科学基金(2019TQ0074)的资助。

限于作者水平和学识，书中难免存在不足之处，望广大读者和同行批评指正，共同提升雷达成像水平。

作　者

2022 年 2 月

目　录

第1章 绪 论

1.1 引 言

1957 年，苏联斯普特尼克(Sputnik)一号卫星发射入轨标志着人类开始了对太空的探索。在过去的半个多世纪，特别是进入 21 世纪以来，人类对太空的探索逐步加速，太空逐渐成为国际战略竞争的制高点。在军事上，世界各军事强国纷纷加快太空武器装备的开发和应用进程，太空正在成为新的战场。在民用上，世界各国发射了各种类型的卫星，为人类提供了测绘、通信、导航、气象等服务。目前，人类社会的政治、经济、科技、军事等各领域均离不开太空的支持。人类太空活动的增多造成了空间轨道的交通拥堵状况，对空间目标的碰撞预防和再入预报尤为重要。除此之外，随着航空技术的发展，空中目标如飞机、导弹等威力越来越大，威胁与日俱增。特别是近年来，随着消费类无人机市场的快速发展，"黑飞"事件屡禁不止，严重威胁公共安全和国家安全。因此，为维护国家安全和保障人类生活需求，对空天目标的监视识别尤为重要。

当前，对空天目标监视识别的手段多种多样，包括光学传感器、雷达传感器等。逆合成孔径雷达(inverse synthetic aperture radar，ISAR)通过发射宽带信号实现距离高分辨，利用目标与雷达之间的相对运动实现方位高分辨，可以获取目标的一维高分辨距离像(high resolution range profile，HRRP)和二维高分辨 ISAR 图像，并用于目标特性分析。在空天目标监视中，HRRP 和 ISAR 图像信息对于远距离非合作目标如卫星、导弹、飞机等的侦察、识别非常重要。除此之外，ISAR 图像还可以对空间在轨运行卫星的受损情况和姿态进行分析。因此，ISAR 成像技术在空天目标的监视识别方面具有不可替代的作用。

近年来，随着雷达技术的发展，信号处理、计算机及大规模集成电路技术的快速发展，空天目标探测雷达的载频和带宽不断增大。带宽增大带来的最大好处是能够大大提高成像分辨率，从而实现对目标的高清晰成像，获取目标更为丰富的结构信息，进而可以更好地对目标进行结构特征提取和识别。例如，美国曾经利用罗姆航空发展中心研制的弗洛伊德高分辨雷达，从翼展很长的太阳能电池板形成的散射中心提取到小于 1m 的目标结构信息，从而正确地判断出太阳能电池板的张合状态，其结果是两次发现了阿波罗飞船和空间实验站的太阳能电池板的故障。

　　然而,雷达载频和带宽的提高在提供目标更为丰富细节的同时,给 ISAR 成像系统和算法带来诸多挑战:①雷达发射信号载频越高、带宽越大,雷达系统失真、目标高速运动等因素对空间目标高分辨一维距离像的质量影响变得越显著,从而影响 ISAR 成像质量;②随着分辨率的提高,目标在成像积累过程中的越分辨单元走动(migration through resolution cell, MTRC)不可忽略,采用传统 ISAR 成像算法将导致目标图像的严重散焦;③雷达带宽的增大,还会对目标 ISAR 成像中的距离对准、相位补偿及图像重构等技术带来特殊的问题,应用传统 ISAR 成像算法很难获得令人满意的成像效果。此外,随着高速采样和存储技术的发展,对宽带中频回波信号进行直接数字采样已成为可能。相对于传统的模拟去斜采样方式,直接采样数据能够更为完整地保留雷达系统特性和目标运动特性,为实现系统失真补偿和复杂运动目标成像带来优势。然而,大带宽雷达中频直接采样数据带来的数据量激增,将对高效实现空间目标高分辨成像带来巨大压力。此外,空天目标正朝着低成本方向发展,目标的小型化乃至微型化趋势不可逆转,此类微小空天目标给监视识别技术带来了极大的挑战。微小卫星和无人机尺寸一般为几十厘米,对空天微小目标的监视识别的迫切需求给雷达图像分辨率提出了更高要求,促使人们研究精细成像算法和多维度成像算法,以满足日益增长的对目标的精细观察和识别分类等的要求。

1.2　国内外典型 ISAR 成像系统发展脉络

　　1951 年 6 月,美国 Goodyear 飞机公司的 Wiley 首次提出可以通过多普勒分析实现方位高分辨。1953 年,美国密歇根大学召开的美国军方的暑期研讨会提出了“合成孔径”的概念,促成了对距离多普勒(range Doppler, RD)算法的深入研究。1957 年,美国密歇根大学研制出第一部合成孔径雷达(synthetic aperture radar, SAR),并于同年 8 月得到第一幅聚焦 SAR 图像。20 世纪 70 年代,SAR 开始广泛用于军事领域和民用领域。

　　ISAR 是由 SAR 发展而来的,两者均利用目标与雷达之间的相对运动形成的合成孔径,实现方位高分辨。不同的是,SAR 一般指雷达运动而目标不动,ISAR 通常指雷达不动而目标运动。ISAR 的成像目标一般为舰船、飞机、导弹、卫星等非合作目标。由于观测目标的非合作性,ISAR 技术的发展较 SAR 相对缓慢。随着 20 世纪 50 年代 ISAR 成像技术的首次提出,国内外学者在 ISAR 成像雷达研制方面开展了卓有成效的工作。60 年代初,美国密歇根大学的 Brown 等开展了对旋转目标成像的研究,研制出对空间轨道目标成像的雷达,迈出了 ISAR 成像系统发展中关键的第一步。70 年代初, 美国林肯实验室首先获得了高质量近地空间目标的 ISAR 图像, 尽管其使用的美国国防部高级研究计划署(Advanced Research Projects Agency, ARPA)与林肯实验室签订建造的 C 波段观测雷达(APRA-Lincoln C-band observables radar, ALCOR)不是成像雷达, 但是通过相干数据记录和 ISAR 成像技术处理, 获得了 50cm 的有效分辨率。70 年代末, 林肯实验室建成的干草堆远距离成像雷达(Haystack long-range imaging radar, HLRIR), 分辨率可达 0.24m, 最远可对 40000km 处的空间目标进行跟踪成像, 是第一部具有实用价值的空间目标高分辨 ISAR 成像系统。

国外第一部获得空间目标图像的宽带雷达是 ALCOR。ALCOR 外观及其内部天线构造分别如图 1.1(a)和(b)所示, 其载频为 5.672GHz, 宽带带宽为 512MHz, 距离分辨率达 0.5m。

(a) ALCOR外观   (b) ALCOR内部天线构造

图 1.1 ALCOR 外观及其内部天线构造

ALCOR 对空间目标成像的成功, 极大地促进了地基 ISAR 系统的发展, 欧美等相继研制成功了多套高分辨 ISAR 成像雷达系统, 其中以美国的夸贾林导弹靶场、林肯实验室雷达实验场区和德国弗劳恩霍夫高频物理与雷达技术研究所(Fraunhofer Institute for High Frequency Physics and Radar Techniques, FHR)部署和拥有的多部地基目标特性探测雷达最具代表性。

1952 年 2 月, 美国陆军在夸贾林岛建立了夸贾林导弹靶场。位于该靶场的基尔南再入测量站(Kiernan Reentry Measurement Site, KREMS)于 1959 年建立, 主要用于对太平洋靶场电磁信号的研究。KREMS 是美国最先进的宽带雷达探测中心, 由林肯实验室代表美国陆军弹道导弹防御系统司令部进行维护和操作, 部署了多部目标特性测量雷达系统, 包括 ARPA 远程跟踪和测量雷达(ARPA long-range tracking and instrumentation radar, ALTAIR)、目标分辨与识别实验(Target Resolution and Discrimination Experiment，TRADEX)雷达、毫米波(millimeter wave，MMW)雷达等，见图 1.2[1]。

(a) TRADEX雷达

(b) ALTAIR

(c) MMW雷达

图 1.2　KREMS 基地部署的高分辨成像雷达

ALTAIR 工作波段为甚高频(very high frequency，VHF)和特高频(ultra high frequency，UHF)。ALTAIR 于 1965 年开始研制，1969 年开始安装在 KREMS 基地，该雷达具有口径大、灵敏度高、跟踪距离远等特点。ALTAIR 自 1970 年投入运行后进行了多次技术改造，除了执行常规的深空和近地空间目标的探测与跟踪任务，主要用于为 ALCOR、TRADEX 雷达、MMW 雷达等窄波束宽带成像雷达提供重要的跟踪数据，为其提供目标轨道预测等保障。

1972 年，林肯实验室将位于 KREMS 基地的 TRADEX 雷达由 UHF 波段改造成 S 波段。TRADEX 雷达是林肯实验室的第二部宽带成像雷达系统，通过发射步进频信号获取高距离向高分辨，信号综合带宽为 250MHz，能达到的理论分辨率为 0.6m。20 世纪 90 年代，林肯实验室再次对 TRADEX 雷达进行了升级改造，大大提高了雷达的目标探测识别能力。

在林肯实验室的建议下，美国分别于 1983 年和 1985 年在 KREMS 基地建成了两部 MMW 雷达，如图 1.2(c)所示。这两部雷达分别工作在 Ka 波段(35GHz)和 W 波段(95.48GHz)，初始带宽均为 1GHz，径向分辨率为 28cm。MMW 雷达大大扩展了 ALCOR 的跟踪和成像能力，可对弹道导弹目标进行实时成像，并能精确估计出真假弹头因目标质量不平衡导致的运动差异。20 世纪 80 年代末，林肯实验室将 Ka 波段 MMW 雷达的带宽提升至 2GHz，距离分辨率达 0.12m，极大地提高了该雷达对空间弱小目标的成像能力，从而使其具备跟踪太空垃圾和空间碎片的能力。

除 KREMS 基地外，距离林肯实验室 32km 的雷达实验场是美国另一主要用于空间目标探测和弹道目标监视的地基雷达外场。美国军方在该雷达实验场建造和部署了多部宽带测量雷达，组成了著名的林肯空间监视组合体(Lincoln space surveillance complex, LSSC)。LSSC 主要包括 Millstone Hill 雷达、HLRIR、Haystack 辅助(Haystack auxiliary，HAX)雷达和 Firepond 激光雷达 4 部大型雷达[2]，其中 HLRIR 是第一部具有实用价值的空间目标高分辨成像雷达系统。

HLRIR 由林肯实验室在 Haystack 雷达基础上改造而成[3]。HLRIR 工作在 X 波段，脉冲重复频率(pulse repetition frequency，PRF)高达 1200Hz，能够消除目标快速旋转带来的多普勒模糊。1993 年，在 HLRIR 附近，林肯实验室又建成 HAX 雷达。HLRIR 和 HAX 雷达外观如图 1.3 所示。HAX 雷达工作在 Ku 波段，是继升级完的 Ka 波段 MMW 雷达后又一部带宽达到 2GHz 的 ISAR 成像雷达，距离分辨率达 0.12m。与 HLRIR 相比，HAX 雷达能获取更加精细、质量更高的卫星图像，并可为美国国家航空航天局(National Aeronautics and Space Administration，NASA)提供有效的空间碎片信息。

(a) HLRIR　　　　　　　　　　　　　　　　(b) HAX雷达

图 1.3　HLRIR 和 HAX 雷达外观

为进一步提高卫星等空间目标的成像分辨率，自 2010 年 5 月开始，林肯实验室再次着手对 HAX 雷达进行升级改造，增加了一个 92～100GHz 的高功率毫米波天线[4]。升级后的雷达称为 Haystack 超宽带卫星成像雷达(Haystack ultra-wideband satellite imaging radar，HUSIR)。HUSIR 同时工作在 X 波段和 W 波段，并且共用同一个天线。公开的资料显示，HUSIR 是目前世界上距离分辨率最高的地面监视雷达，距离分辨率可达 0.0187m。

除了上述几部具有代表性的空间监测雷达，美国利用其技术和资金上的优势，在美国本土及其以外的多个雷达基地部署了多套目标特性测量和成像雷达，如部署在挪威和美国本土的 GLOBUS-Ⅱ雷达、部署在英国的 X 波段雷达(X-band radar，XBR)、部署在美国本土的 AN/FPS-85 相控阵雷达等。这些雷达构成了美国空间目标探测地基雷达网络，为其开展空间目标探测与识别提供了有力的技术支撑。

德国 FHR 对空间目标跟踪和成像雷达的研制同样引人注目。德国 FHR 拥有的空间目标跟踪和成像雷达(tracking and imaging radar，TIRA)包括 L 波段的窄带单脉冲跟踪雷达和 Ku 波段的宽带成像雷达。如图 1.4(a)和(b)所示，TIRA 的天线罩尺寸为 49m，抛物面天线直径为 34m。TIRA 建造之初的带宽为 800MHz，距离分辨率为 0.25m。经过近年来的升级改造，该雷达的成像带宽已达 2GHz，能够实现在 1000km 轨道高度上对直径为 2cm 的导体球进行检测[5]。1991 年和 1992 年，TIRA 成功对"礼炮-7"空间站和"和平号"空间站进行 ISAR 成像，结果分别如图 1.4(c)和(d)所示。带宽升级至 2GHz 后，TIRA 对航天飞机和欧洲太空局的 ATV-4 货运飞船进行了成像，结果分别见图 1.4(e)和(f)。可以看出，随着带宽的增加，雷达对目标细节的成像能力得到进一步提高。

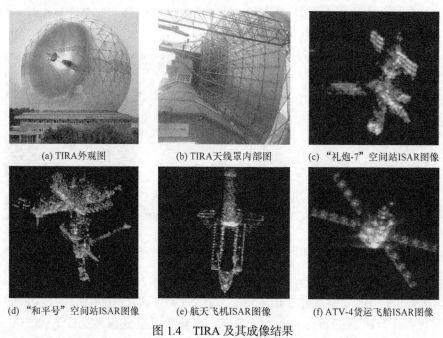

(a) TIRA外观图　　(b) TIRA天线罩内部图　　(c) "礼炮-7"空间站ISAR图像

(d) "和平号"空间站ISAR图像　　(e) 航天飞机ISAR图像　　(f) ATV-4货运飞船ISAR图像

图 1.4　TIRA 及其成像结果

德国 FHR 正在研发一套名为德国实验空间监视跟踪雷达(German experimental space surveillance and tracking radar，GESTRA)的相控阵雷达系统[6]。届时，GESTRA(图 1.5)将实现对近地空间目标 7 天 24 小时的监视，帮助德国空间态势感知中心完成对近地空间碎片的编目，GESTRA 将成为德国空间监视的一个里程碑。

俄罗斯、加拿大和日本等国也正在开展对空间目标的监测和成像研究。例如，俄罗斯研制的 Ka 波段大孔径相控阵雷达，能够对人造卫星和其他轨道飞行器进行跟踪及成像；加拿大则通过发展近地空间监视系统实现对地球轨道卫星的跟踪和成像；日本京都大学研制的雷达能够检测到 500km 轨道高度上直径为 2cm 的目标。

(a) GESTRA天线模型

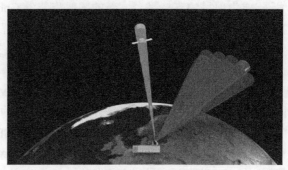
(b) GESTRA跟踪扫描策略

图 1.5　GESTRA

　　除了地基雷达,搭载于移动平台的对空 ISAR 成像系统日渐成为监视空间目标的一个新的发展思路。通常情况下,空间监视雷达尺寸较大,其搭载的移动平台主要分为海基和舰载两种,相比于地基雷达,移动式雷达的优势是部署更为灵活、观测范围更广、战时生存能力更强。

　　比较典型的舰载 ISAR 系统是 1981 年开始服役的 Cobra Judy 舰载雷达,它装载于美国军舰“瞭望号”上,如图 1.6(a)所示,是美国战区导弹防御体系中最重要的雷达之一。1984 年经过改装,Cobra Judy 舰载雷达具备了宽带成像功能,主要用于对弹道导弹的监视与预警。1996 年,林肯实验室开始着手研制陆海两用的可移动 Cobra Gemin 舰载雷达,用于更方便地收集世界各国的弹道导弹数据。Cobra Gemin 舰载雷达于 1999 年 3 月完成在“无敌号”军舰上的安装并投入使用,如图 1.6(b)所示。该雷达工作在 S 和 X 两个波段,其中 S 波段的带宽为 300MHz,实际分辨率为 0.8m,X 波段的带宽为 1GHz,实际分辨率为 0.25m。2002 年,美国分散技术公司开始着手对 Cobra Judy 舰载雷达和 Cobra Gemin 舰载雷达上的 S 波段相控阵发射系统进行升级,大大提高了雷达的发射功率和作用距离。2004 年,

(a) Cobra Judy舰载雷达

(b) Cobra Gemin舰载雷达

图 1.6　舰载 ISAR 系统

美国海军公布了 Cobra Judy 舰载雷达替换项目的新舰设计要求，该舰将替代"瞭望号"，成为项目的支持平台。新的舰船将装备 Cobra Judy Ⅱ 改进型舰载雷达组，包括 S 波段雷达和 X 波段雷达，是美国第一个全智能、双波段舰载相控阵雷达系统。该项目于 2011 年 10 月 7 日正式完成，并于 2013 年 4 月 2 日成功完成对 Atlas V 火箭发射的获取和跟踪任务。

2005 年 11 月，随着重型起重船"蓝马林(Blue Marlin)号"半潜在墨西哥湾，由美国波音公司和雷神综合防务系统公司设计并建造的海基 X 波段(sea-based X-band，SBX)宽带相控阵雷达正式入海使用。图 1.7 给出了 SBX 宽带相控阵雷达组装及海上服役时的场景。SBX 宽带相控阵雷达由宙斯盾战斗系统使用的雷达变化而来，是美国导弹防御局为防御弹道导弹而部署的。SBX 宽带相控阵雷达作为对地基雷达的补充，具备宽带成像功能，能够对来袭的远程弹道导弹进行跟踪、识别和评估。

(a) SBX宽带相控阵雷达组装场景　　　　　　　(b) SBX宽带相控阵雷达海面服役场景

图 1.7　美国海基 X 波段宽带相控阵雷达

与国外相比，我国 ISAR 系统的研制起步较晚。直到 1993 年，我国首部实验 ISAR 才研制成功，其带宽为 400MHz，并录取了多批次不同目标的实测数据。这部雷达极大地促进了国内成像算法的研究与验证，推动了我国 ISAR 技术由实验走向装备。进入 21 世纪，我国 ISAR 系统得到了飞速发展，其上相继部署了多部空天目标监视雷达，大大提高了对空天目标的测量能力。我国的 ISAR 系统正在朝着高载频、大带宽方向发展，与世界先进水平的差距正在逐步缩小。

纵观国内外 ISAR 系统的发展脉络，可以看出，不断增长的对空天目标监视的需求给 ISAR 系统的发展注入了强劲动力，每次技术进步都紧紧围绕着进一步提高雷达探测能力和提升雷达分辨性能展开。总结过去半个世纪宽带雷达系统的发展规律，可以得出这样一个结论：宽带雷达系统的带宽每 10 年翻一番。图 1.8 给出了美国典型地基 ISAR 的带宽发展过程，带宽增大最直接的体现就是图像分辨率的提高，进而增强了对空天目标的监视识别能力。

图 1.9 给出了不同带宽雷达对同一卫星的仿真成像结果[7]。图 1.9(a)为卫星模型，卫星高度为 66cm。图 1.9(b)~(e)分别为不同带宽下的成像结果，其中图 1.9(b)~

(d)为采取带外插值技术将分辨率提高一倍的成像结果。由图 1.9 可见，分辨率提高带来的好处是显而易见的，更高的分辨率可以提供更丰富的目标信息，从而提高 ISAR 图像的应用价值。

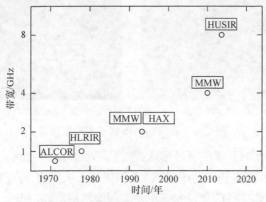

图 1.8　美国 ISAR 带宽发展图

    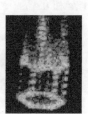

(a) 卫星模型　　(b) MMW　　(c) MMW　　(d) MMW　　(e) HUSIR
　　　　　　　1GHz (25cm)　2GHz (12cm)　4GHz (6cm)　8GHz (3cm)

图 1.9　美国雷达不断升级的分辨率

1.3　ISAR 高分辨成像典型应用

　　1970 年，美国 ALCOR 开始服役，当年便对我国发射第一颗人造卫星"东方红 1 号"的助推火箭进行了跟踪测量，依据多普勒信息和雷达截面积(radar cross section，RCS)信息等推算得到火箭的尺寸和运载能力，从而推断出卫星的尺寸信息[8]。1971 年，苏联发射其第一个空间站"礼炮-1"时，ALCOR 对其进行了二维 ISAR 成像，这些图像促成了美国林肯实验室的空间目标识别项目。更甚者，这些图像成为美国国防部卫星成像计划的萌芽。1973 年，美国 Skylab 轨道实验室发射后不久出现故障。为了评估损害程度，ALCOR 对 Skylab 轨道实验室进行成像，并分析得到一侧太阳能帆板丢失，另一侧太阳能帆板仅部分展开的结论[8]。这些信息对 NASA 修复 Skylab 轨道实验室，并使其继续完成飞行任务，起到了重要作用。图 1.10(a)给出了 Skylab 轨道实验室的光学图像，图 1.10(b)给出了利用仿真数据得到的 Skylab 轨道实验室 ISAR 图像。

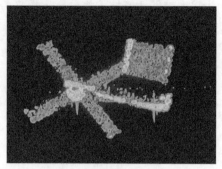

(a) Skylab 轨道实验室光学图像　　(b) Skylab 轨道实验室仿真ISAR图像

图 1.10　美国 Skylab 轨道实验室图像

TIRA 于 1997 年对日本的高级地球观测卫星(advanced earth observation satellite，ADEOS)进行观测，根据获得的序列 ISAR 图像的形状变化，推测出 ADEOS 的旋转运动包含一个绕主体旋转的分量和一个绕太阳能帆板旋转的分量，旋转速度分别是 0.1°/s 和 0.4°/s[9]，如图 1.11 所示。

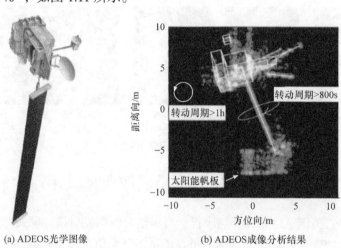

(a) ADEOS光学图像　　　　(b) ADEOS成像分析结果

图 1.11　TIRA 成像结果应用

2016 年，德国伯恩大学与其合作者在欧洲太空局"碎片姿态运动测量与建模"项目的支持下，融合光学、激光和雷达等多种观测数据，成功估算得到了 ERS-1、ERS-2 和 ENVISAT 的转动参数。图 1.12 给出了 TIRA 对这三种目标的成像结果[10]。

2018 年，我国首个空间站天宫一号完成使命后再入大气层。TIRA 对天宫一号再入过程进行了长时间观测,并不断更新预报天宫一号的再入时间和再入地点。图1.13(a)为 TIRA 对天宫一号的最后一幅成像结果[11]，可见，天宫一号再入大气层时结构完整，主体和太阳能帆板清晰可见，图 1.13(b)为另一观测时间和姿态的成像结果；图 1.13(c)和(d)分别为天宫一号轨道高度变化曲线和再入时间窗口预测结果[12]。

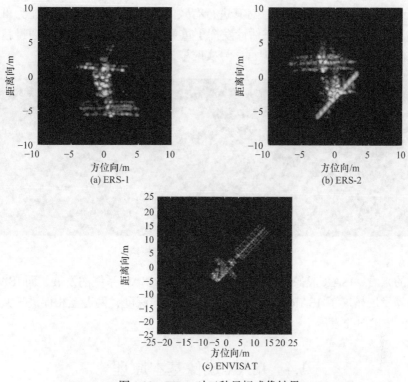

图 1.12　TIRA 对三种目标成像结果

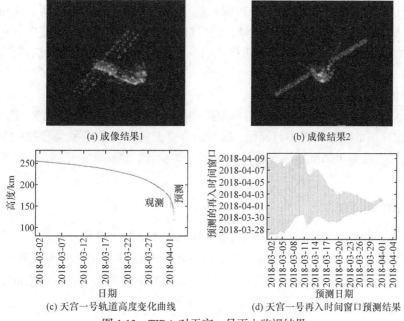

图 1.13　TIRA 对天宫一号再入监视结果

在天宫一号的再入过程中，对其进行有效的状态监测和姿态估计尤为重要，基于 ISAR 成像结果的目标姿态估计发挥了重要作用。图 1.14 给出了通过精确建模和飞行姿态匹配计算获取的天宫一号实时姿态信息[13]。

图 1.14　天宫一号飞行姿态模拟

总的来看，ISAR 成像技术的成功应用加速了 ISAR 系统的发展，而 ISAR 系统的蓬勃发展拓展了 ISAR 成像技术应用的广度与深度，两者互相促进，共同推动 ISAR 技术向前发展。

1.4　ISAR 成像基本原理

雷达通过发射电磁波并接收目标反射电磁波来对目标进行探测、定位和跟踪。早期的雷达只能发射窄带信号，将目标视为一个"点"，仅能获取目标的距离、方位、俯仰等信息。随着雷达技术的发展，雷达的功能日益丰富，可实现对目标的一维、二维甚至三维成像，从而获取目标的几何尺寸、散射特性和结构材料等信息。

ISAR 成像技术是对非合作目标跟踪观测的重要手段。本节首先对 ISAR 中 RD 成像算法的成像原理进行介绍，然后结合空天目标成像实际，梳理 ISAR 精细成像流程。针对 ISAR 精细成像流程中的关键步骤，概括总结相应的 ISAR 成像算法。

1.4.1　RD 成像算法

不失一般性，假设目标在二维平面内运动，ISAR 成像几何如图 1.15 所示。建立坐标系 (O, X, Y)，坐标系原点位于目标转动中心，Y 轴为雷达视线方向，X 轴垂直于雷达视线方向。目标转动中心 O 到雷达的距离为 $R_{0,m}$，目标上的散射点 $P(x_k, y_k)$ 到目标转动中心 O 的距离为 $r_k = \sqrt{x_{k,m}^2 + y_{k,m}^2}$，$OP$ 与 X 轴正方向的夹角

为 $\theta_{k,m}$。根据余弦定理，散射点 P 到雷达的距离为

$$R_{k,m} = \sqrt{R_{0,m}^2 + r_k^2 + 2R_{0,m}r_k \sin(\theta_{k,m})} \tag{1.1}$$

式中，下标 m 表示慢时间 $t_m = mT$，T 为脉冲重复周期。ISAR 一般对远距离目标进行成像，因此有 $R_{0,m} \gg r_k$，式(1.1)可以近似为

$$R_{k,m} \approx R_{0,m} + r_k \sin(\theta_{k,m}) \tag{1.2}$$

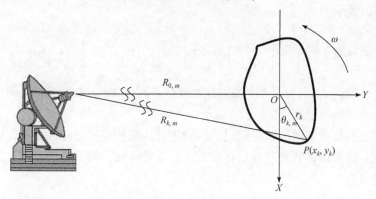

图 1.15 ISAR 成像几何

在较短的成像积累时间内，目标的平动和转动均可视为匀速运动，也就是说，$R_{0,m}$ 和 $\theta_{k,m}$ 随慢时间线性变化，可表示为

$$R_{0,m} = R_0 + Vt_m \tag{1.3}$$
$$\theta_{k,m} = \theta_{k,0} + \omega t_m \tag{1.4}$$

式中，R_0 和 $\theta_{k,0}$ 分别为成像积累起始时刻的距离和夹角；V 和 ω 分别为目标的平动速度和转动速度。将式(1.3)和式(1.4)代入式(1.2)可得

$$R_{k,m} = R_0 + Vt_m + y_{k,0}\cos(\omega t_m) + x_{k,0}\sin(\omega t_m) \tag{1.5}$$

由于积累时间短，目标转角较小，可将正弦函数和余弦函数按一阶泰勒级数展开：

$$\cos(\omega t_m) = 1$$
$$\sin(\omega t_m) = \omega t_m \tag{1.6}$$

将其代入式(1.5)可得

$$R_{k,m} = R_0 + Vt_m + y_{k,0} + x_{k,0}\omega t_m \tag{1.7}$$

假设雷达发射宽带线性调频(linear frequency modulation，LFM)信号

$$s_t(t) = \text{rect}\left(\frac{t}{T_p}\right)\exp\left[j2\pi\left(f_c t + \frac{1}{2}\gamma t^2\right)\right] \tag{1.8}$$

式中，f_c 为载频；T_p 为脉冲宽度；γ 为调频率，带宽 $B = \gamma T_p$。$\mathrm{rect}\left(t / T_p\right)$ 定义为

$$\mathrm{rect}\left(\frac{t}{T_p}\right) = \begin{cases} 1, & |t| \leqslant T_p / 2 \\ 0, & \text{其他} \end{cases} \tag{1.9}$$

根据理想散射点模型，目标回波可以近似为目标上散射点回波的叠加。假设目标包含 K 个散射点，第 k 个散射点对应的散射系数为 $\sigma_k \left(k = 1, 2, \cdots, K\right)$，则雷达回波可以表示为

$$s_r\left(t, t_m\right) = \sum_{k=1}^{K} \mathrm{rect}\left(\frac{t - \tau_k}{T_p}\right) \sigma_k \exp\left\{ \mathrm{j}2\pi\left[f_c\left(t - \tau_k\right) + \frac{1}{2}\gamma\left(t - \tau_k\right)^2 \right] \right\} \tag{1.10}$$

式中，$\tau_k = 2R_{k,m} / c$，为第 k 个散射点回波信号时延；c 为电磁波在空间中传播的速度。

在接收到目标回波后，可通过去斜处理或匹配滤波进行脉冲压缩得到目标一维距离像。这里以去斜处理对目标回波进行脉冲压缩，假设参考距离 $R'_m = R_{0,m}$，则参考信号为

$$s_{\mathrm{ref}}\left(t, t_m\right) = \mathrm{rect}\left(\frac{t - \tau_0}{T_{\mathrm{ref}}}\right) \exp\left\{ \mathrm{j}2\pi\left[f_c\left(t - \tau_0\right) + \frac{1}{2}\gamma\left(t - \tau_0\right)^2 \right] \right\} \tag{1.11}$$

式中，$\tau_0 = 2R_{0,m} / c$；T_{ref} 为参考信号的脉冲宽度。经去斜处理得到的差频信号为

$$\begin{aligned} s\left(t, t_m\right) &= s_r\left(t, t_m\right) s_{\mathrm{ref}}^*\left(t, t_m\right) \\ &= \sum_{k=1}^{K} \mathrm{rect}\left(\frac{t - \tau_k}{T_p}\right) \sigma_k \exp\left(\mathrm{j}\frac{4\pi\gamma}{c^2}\Delta R_{k,m}^2 \right) \\ &\quad \cdot \exp\left\{ -\mathrm{j}\frac{4\pi}{c}\left[f_c + \gamma\left(t - \frac{2R_{0,m}}{c}\right) \right] \Delta R_{k,m} \right\} \end{aligned} \tag{1.12}$$

式中，$\Delta R_{k,m} = R_{k,m} - R_{0,m} = y_{k,0} + x_{k,0}\omega t_m$。第一个相位项为剩余视频相位(residual video phase，RVP)，可将差频回波变换到差频域对其进行补偿。补偿之后，令 $f_n = f_c + \gamma\left(t - 2R_{0,m} / c\right)$，得到

$$s\left(f_n, t_m\right) = \sum_{k=1}^{K} \sigma_k \exp\left[-\mathrm{j}\frac{4\pi}{c}f_n\left(y_{k,0} + x_{k,0}\omega t_m\right) \right] \tag{1.13}$$

注意，f_n 和 t_m 之间的耦合关系会导致散射点 MTRC，可通过 Keystone 变换算法来校正 MTRC。定义一个虚拟慢时间变量 t'_m，并且令 $f_n t_m = f_c t'_m$，可实现 f_n 和 t_m 之间的解耦，进而得到

$$s\left(f_n, t_m'\right) = \sum_{k=1}^{K} \sigma_k \exp\left[-j\frac{4\pi}{c}\left(f_n y_{k,0} + f_c x_{k,0}\omega t_m'\right)\right] \tag{1.14}$$

记相干积累脉冲数为 M，对式(1.14)进行二维傅里叶变换即可得到目标 ISAR 图像：

$$I\left(\tau, f_d\right) = \sum_{k=1}^{K} \sigma_k \operatorname{sinc}\left[B\left(\tau + \frac{2y_{k,0}}{c}\right)\right]\operatorname{sinc}\left[MT\left(f_d + \frac{2x_{k,0}\omega}{\lambda}\right)\right] \tag{1.15}$$

式中，f_d 为多普勒频率；$\lambda = c/f_c$ 为波长。上述二维傅里叶变换可通过两个一维傅里叶变换来实现，常见的实施方案如图 1.16 所示。

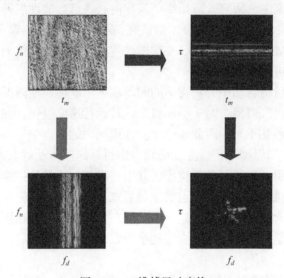

图 1.16　二维傅里叶变换

由式(1.15)可知，目标图像的径向分辨率和横向分辨率分别为

$$\rho_r = \frac{c}{2B} \tag{1.16}$$

$$\rho_{cr} = \frac{\lambda}{2\omega MT} = \frac{\lambda}{2\Delta\theta} \tag{1.17}$$

式中，$\Delta\theta = \omega MT$ 为成像积累时间内目标相对于雷达的转角。由式(1.16)和式(1.17)可知，ISAR 图像的距离分辨率与雷达系统带宽成反比，带宽越大，距离分辨单元越小，距离分辨率数字越小、距离分辨能力越高。横向分辨率则由波长和目标相对于雷达的转角共同决定，在波长一定的情况下，转角越大，横向分辨单元越小，横向分辨率越高。

1.4.2　ISAR 精细成像流程

根据 ISAR 成像原理，距离分辨率由信号带宽决定，方位分辨率由雷达工作波段和目标相对雷达视线转角共同决定，对于工作在特定波段的雷达，方位分辨率可以看作唯一由目标转角决定。通常，在成像过程中，目标相对雷达的运动主要分为平动和转动两个分量，其中只有转动分量对目标的 ISAR 成像有贡献。目标的平动分量只产生目标所有散射点相同的多普勒频率，对成像没有贡献，然而由于目标运动的非合作性和复杂性，该分量会导致目标回波相位的随机扰动，必须对其进行补偿。1.4.1 节为介绍 ISAR 成像原理，在 RD 算法的推导过程中进行了诸多假设，其中有些假设是合理的，而有些假设并不总是符合空天目标实际情况，在实际成像处理中若不予以考虑则会引入额外的问题，降低成像质量。因此，在 ISAR 成像研究中，研究人员始终围绕如何获得目标的理想转台模型展开，由此引出了 ISAR 成像中几个关键技术的研究：高分辨一维距离像获取和补偿技术、平动补偿技术、MTRC 校正技术、二维图像重构技术。下面就上述关键技术，对其中的假设一一进行分析。

首先，假设目标转动中心到雷达的距离在整个脉冲周期内保持不变，即假设目标满足"停—走"模型。对于空间目标，其运行速度极快，在入站段和出站段径向速度高达每秒几千米，因此在一个脉冲周期内的距离变化不可忽略。在这种情况下，"停—走"模型不再成立，必须考虑目标高速运动对 ISAR 成像的影响。目标高速运动会引入快时间的相位项，其中一次相位项导致一维距离像在距离向上平移，二次相位项导致各散射点的主瓣展宽甚至分裂。目标高速运动引入的快时间相位项只包含速度一个未知量，因此可在估计得到目标速度后构造相位项对目标回波进行补偿。目标速度可由雷达窄带跟踪信息测量得到，亦可从雷达回波信号中估计得到。

其次，目标上各散射点的回波信号与发射信号波形完全相同，只是出现的时间不同，回波信号是发射信号的延时，即假设雷达是一个无失真系统。对于宽带成像雷达，系统带宽一般较大，受限于高频微波器件工艺水平，发射机、接收机、天线等组件难以达到理想的频率响应，因此雷达系统的幅度和相位(简称幅相)失真不可避免。雷达系统幅相失真会影响目标回波的幅度和相位，根据"成对回波"理论，这将导致 ISAR 图像上出现径向重影，造成图像模糊，影响高分辨性能的发挥。

再次，前面假设参考距离是目标转动中心到雷达的距离，然而实际雷达系统通常难以实现精确跟踪。在宽带雷达工作时，一般采用交替发射宽窄带波形的工作模式，窄带信号用于跟踪目标和测量其位置信息，并引导宽带信号的发射和接收，宽带信号用于对目标进行高分辨成像。受跟踪精度限制，窄带信号测量得到的距离不可避免地存在误差，且并不一定是目标转动中心到雷达的距离。距离测量误差导致各次回波之间非相干，带来平动补偿问题。

最后，假设目标转动速度在成像积累时间内保持不变，即假设目标做匀速转动。ISAR 成像目标通常为非合作目标，若目标机动性较强或成像积累时间较长，则目标转动不能再近似为匀速转动，此时用 RD 算法难以得到聚焦良好的图像。此外，大的成像积累转角引起的散射点 MTRC 同样不可忽略，需要对目标转动进行补偿。

综上所述，ISAR 精细成像流程如图 1.17 所示。

图 1.17 ISAR 精细成像流程

1.5 本书主要内容

新的 ISAR 成像技术的发展，离不开传统高分辨 ISAR 成像的研究和成熟应用。因此，本书一方面继续深入研究高载频、大带宽情况下的精细化 ISAR 成像技术；另一方面针对多维度成像技术，研究多频段融合、序列 ISAR 三维重构、干涉 ISAR 三维成像技术，增大成像信息量。

第 1 章首先介绍 ISAR 成像的研究背景和面临的新问题，介绍国内外典型 ISAR 系统的发展脉络和趋势；其次，指出 ISAR 高分辨成像在目标尺寸估计、结构分析、状态评估等方面的应用；最后，介绍典型的 ISAR 成像原理和数据处理流程。

第 2 章主要介绍高分辨一维成像与脉内补偿技术。首先，针对典型的 LFM 信号介绍直接采样和去斜体制的脉冲压缩技术；其次，针对空间远距离高速运动目标，研究直接中频采样信号的脉内高速运动补偿算法；最后，针对大带宽雷达系统的幅相失真补偿，研究基于标校数据的失真补偿算法及基于数据驱动的自适应补偿算法。

第 3 章主要介绍 ISAR 成像精细化运动补偿技术。首先，研究基于数字去斜的 ISAR 成像平动补偿，充分利用回波数据的相参性，提升平动补偿效果；其次，根据空间目标轨道运动特性，提出一种非参数化的转动参数估计算法，实现对距离向和多普勒向的 MTRC 分步补偿；最后，针对机动目标 ISAR 成像的脉间相位补偿，构造非均匀转动矩阵，采用非均匀转动变换的算法实现对散射点慢时间信号的方位向压缩，并提出一种有效的平动相位剩余误差补偿算法。

第 4 章介绍二维 ISAR 图像高质量重构算法。以转台目标为模型，针对基于压缩感知理论的方位向稀疏 ISAR 成像算法展开研究，获取稀疏孔径下高质量二维图像。针对非均匀转动目标，提出一种自适应多普勒谱线选取的时频 ISAR 成像算法，形成一幅完整的二维 ISAR 距离瞬时多普勒图像；针对姿态快变的空天机动目标，提出小转角超分辨成像算法，从而实现小转角情况下的高分辨成像。

第 5 章介绍稀疏频带 ISAR 融合成像技术。针对多频带信号融合成像的相干化处理，利用不同频带的全极点模型中极点及散射中心幅度的相位差异来估计非相干量，从而避免传统相干化处理必须进行的带宽外推过程，减小了误差。提出一种基于压缩感知的高分辨成像算法，该算法不敏感于空缺频带和信噪比，融合成像质量稳定，有效提高了距离分辨率。

第 6 章研究基于单雷达的序列 ISAR 图像三维重构算法。首先，介绍利用因式分解算法实现三维重构的基本原理，即矩阵的低秩分解；其次，指出 ISAR 成像场景下的目标三维重构所蕴含的三维→二维→三维信息转换流程；最后，对三维重构结果的潜在利用价值进行研究，发现重构得到的雷达观测视角矩阵可用于序列 ISAR 图像的方位向定标，并提出两个不同思路的方位分辨率估计算法。

第 7 章研究多雷达干涉 ISAR 三维成像算法。首先，针对典型的三雷达干涉成像系统，对干涉 ISAR 三维成像进行信号建模；其次，针对现实中通常存在的 ISAR 图像失配问题，提出一种基于联合平动补偿的多雷达通道 ISAR 图像配准新算法，将 ISAR 图像配准问题转换为通道间的平动补偿问题，能够在各通道之间时频非同步的情况下实现配准；最后，将干涉成像结果用于 ISAR 图像定标，提出一种简便的目标有效转角估计算法。

第 8 章对全书内容进行总结和展望。

参 考 文 献

[1] 韦荻山, 汪琦, 魏晨曦, 等. 夸贾林导弹靶场的现代化改造[J].飞行器测控学报, 2004, 23(4): 24-30.

[2] Camp W W, Mayhan J T, Donnell R M O. Wideband radar for ballistic missile defense and range-Doppler imaging of satellites [J]. Lincoln Laboratory Journal, 2000, 12(2): 267-280.

[3] 史仁杰. 雷达反导与林肯实验室[J]. 系统工程与电子技术, 2007, 29(11):1781-1799.

[4] Lincoln Laboratory of Massachusetts Institute of Technology. Haystack upgrade program[EB/OL]. http://www.haystack.mit.edu/obs/haystack/LincolnUpgrade.pdf[2016-09-10].

[5] Mehrholz D. Space object observation with radar[J]. Advances in Space Research, 1993, 13(8): 33-42.

[6] Wilden H, Bekhti N B, Hoffmann R, et al. GESTRA-recent progress, mode design and signal processing[C]//2019 IEEE International Symposium on Phased Array System & Technology (PAST), Waltham, 2019: 189-196.

[7] Czerwinski M G, Usoff J M. Development of the Haystack ultrawideband satellite imaging radar [J]. Lincoln Laboratory Journal, 2014, 21(1): 28-44.

[8] Hall T D, Duff G F, Maciel L J. The space mission at Kwajalein[J]. Lincoln Laboratory Journal, 2012, 19(2): 48-63.

[9] Mehrholz D. Radar techniques for the characterization of meter-sized objects in space[J]. Advances in Space Research, 2001, 28(9): 1259-1268.

[10] Silha J. Debris attitude motion measurements and modelling by combining different observation techniques[J]. Journal of the British Interplanetary Society, 2017, 70(2/4): 52-62.

[11] Fraunhofer institute for high frequency physics and radar techniques. International Conference on Radar Imaging Commences in Aachen with 500 Scientists[EB/OL]. http://www.fhr.fraunhofer. de[2018-07-10].

[12] European Space Agency. Tiangong-1 reentry updates[EB/OL]. http://blogs.esa.int/rocketscience/ 2018/03/26/tiangong-1-reentry-updates/[2018-07-10].

[13] 李志辉, 石卫波, 唐小伟, 等. 天宫一号再入回放[J]. 科学世界, 2018, (10): 106-112.

第 2 章　高分辨一维成像与脉内补偿技术

为同时实现对空间目标的远距离探测和高分辨成像,ISAR 成像雷达通常采用宽带 LFM 信号体制,通过脉冲压缩技术获得目标高分辨一维距离像。目标高分辨一维距离像的质量直接决定了后续运动补偿的效果和 ISAR 成像质量。

在实际雷达系统中,LFM 信号是使用最广泛的宽带信号。针对 LFM 信号的脉冲压缩有两种处理方式:一种是解线频调(Dechirp)处理,又称去斜处理,进行傅里叶变换获取一维距离像;另一种是进行直接中频采样(direct intermediate frequency sampling,DIFS),进行匹配滤波脉冲压缩处理获取一维距离像[1]。这两种脉冲压缩方式理论上具有相同的距离分辨率,在实际应用中各有利弊。

随着雷达系统带宽的增加,雷达收发系统很难实现严格的线性相位和平坦的幅频特性,从而产生系统幅相失真,影响 ISAR 成像质量。传统宽带成像雷达通过去斜处理实现宽带回波信号的脉冲压缩,用以降低模数转换(analog to digital conversion,ADC)采样频率和运算复杂度。当采用去斜处理时,不仅要考虑宽带系统的幅相失真和 I/Q(in-phase/quadrature)通道正交解调的不一致性,还要考虑参考信号本身的非线性。这些失真会导致回波脉冲压缩结果的主瓣展宽和副瓣抬高,并可能带来虚假峰值,必须加以补偿。目前,在工程中,对去斜处理模式的系统失真补偿常采用发射信号预失真校正的算法,在算法上大多采用参数估计或失真分离实现[2]。随着高速 ADC 和存储技术的发展,雷达宽带信号的中频直接采样技术逐渐发展成熟并实用化。DIFS 的优势是能够完整地保留回波信号中蕴含的系统特性,避免了去斜接收方式下的移变性影响,为实现更加高效和有效的系统失真补偿提供了可能[3]。

不同于飞机、舰船等慢速运动目标,导弹和卫星等空间目标在成像过程中通常伴随高速运动,径向速度较大。对于大脉宽信号,传统的"停—走—停"模型不再适用,必须考虑目标在脉冲时间内的运动变化。不论是去斜处理脉冲压缩还是 DIFS 匹配滤波脉冲压缩,目标的高速运动均会在回波相位中产生二次甚至更高次的相位,从而导致目标一维距离像的谱峰展宽甚至分裂。

本章针对目标高质量一维距离像获取问题,研究针对 DIFS 回波的雷达系统失真补偿算法和高速运动补偿算法。根据 DIFS 回波信号处理流程,首先对 DIFS 回波进行时域的均衡滤波,然后根据估计出的目标速度调整匹配滤波器参数,在匹配滤波脉冲压缩过程中实现高速运动补偿。

2.1　雷达目标回波脉冲压缩技术

对于采用 LFM 信号的宽带雷达系统，脉冲压缩有去斜处理和匹配滤波两种方式。图 2.1 给出了两种脉冲压缩方式流程图[4]。

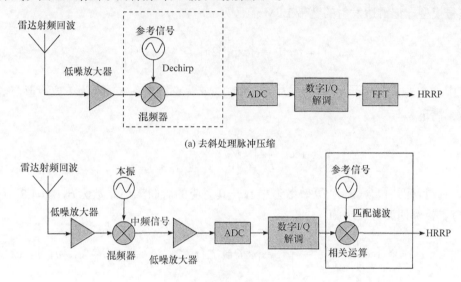

(a) 去斜处理脉冲压缩

(b) 匹配滤波脉冲压缩

图 2.1　两种脉冲压缩方式流程图

FFT-快速傅里叶变换(fast Fourier transform)

在宽带雷达系统发展的早期，受制于技术条件，只能采用去斜处理进行脉冲压缩，如 ALCOR 即采用去斜处理。去斜处理生成一个与发射信号具有相同调频率的 LFM 信号作为参考信号，将参考信号与目标回波做共轭相乘得到差频信号。经过差频处理，目标回波变成单频脉冲信号，其频率值由目标的位置所确定，因此对差频信号进行傅里叶变换即可得到目标的一维距离像。去斜处理有效降低了信号带宽，从而降低了对采样率的要求，提高了实时性。因此，直到现在，去斜处理依然是宽带雷达系统常用的脉冲压缩方式，如美国最先进的 MMW 雷达和 HUSIR 依然采用去斜处理。然而去斜处理也存在不可忽视的缺点，如距离开窗有限对跟踪精度要求高、频率移变性导致系统幅相失真补偿困难、参考距离随机误差造成回波的非相参。

近年来，数字技术的出现加速了雷达系统的发展。高速 ADC 芯片使得对目标回波进行 DIFS 处理成为可能，这为匹配滤波的应用创造了条件。匹配滤波通过参考信号与接收信号的时域卷积来实现一维高分辨成像。直接在时域通过卷积进行匹配滤波运算量较大，为减小运算量，可在频率域进行脉冲压缩，分别对参考信号和目标回波进行快速傅里叶变换，将两者共轭相乘后再通过快速傅里叶逆变换(inverse FFT，IFFT)求得一维距离像。匹配滤波方式克服了去斜处理的缺点，能够保证各次回波信号之间的相干性，但同时带来海量数据的高速存储与实时处理问题。

这里以 ISAR 成像雷达中最常用的单脉冲 LFM 信号为例，阐述 ISAR 成像的信号模型。记雷达发射的宽带 LFM 信号为

$$s_t(t) = \mathrm{rect}\left(\frac{t}{T_p}\right)\exp\left[\mathrm{j}2\pi\left(f_c t + \frac{1}{2}\gamma t^2\right)\right] \tag{2.1}$$

式中，T_p 为发射信号脉宽；f_c 为信号载频；γ 为调频率。$\mathrm{rect}(\cdot)$ 为单位矩形窗函数，满足

$$\mathrm{rect}\left(\frac{t}{T_p}\right) = \begin{cases} 1, & |t| \leqslant T_p/2 \\ 0, & \text{其他} \end{cases} \tag{2.2}$$

设目标共包含 K 个等效散射中心，其对应的后向散射系数为 $\sigma_k (k = 1, 2, \cdots, K)$，目标回波可表示为

$$s_r(t) = \sum_{k=1}^{K} \mathrm{rect}\left(\frac{t - 2r_k/c}{T_p}\right)\sigma_k \exp\left\{\mathrm{j}2\pi\left[f_c(t - 2r_k/c) + \frac{1}{2}\gamma(t - 2r_k/c)^2\right]\right\} \tag{2.3}$$

式中，r_k 为第 k 个目标散射中心到雷达的距离；c 为电磁波在空间中传播的速度。基于此，本节分别探讨去斜、DIFS 两种接收模式下回波信号的脉冲压缩处理过程。

2.1.1　去斜接收模式下回波脉冲压缩

记去斜过程中使用的参考信号为

$$s_{\mathrm{ref}}(t) = \mathrm{rect}\left(\frac{t - 2r_{\mathrm{ref}}/c}{T_{\mathrm{ref}}}\right)\exp\left\{\mathrm{j}2\pi\left[f_c(t - 2r_{\mathrm{ref}}/c) + \frac{1}{2}(t - 2r_{\mathrm{ref}}/c)^2\right]\right\} \tag{2.4}$$

式中，T_{ref} 为参考信号的脉宽，一般略大于发射信号的脉宽 T_p；r_{ref} 为参考距离，实际中通常取目标的测距值。将目标回波和参考信号进行混频处理，得到差频信号为

$$
\begin{aligned}
s_{\mathrm{diff}}(t) &= s_r(t)s_{\mathrm{ref}}^*(t) \\
&= \sum_{k=1}^{K} \mathrm{rect}\left(\frac{t - 2r_k/c}{T_p}\right)\sigma_k \exp\left\{-\mathrm{j}\frac{4\pi}{c}\left[f_c + \gamma\left(t - \frac{2r_{\mathrm{ref}}}{c}\right)\right]\Delta r_k\right\}\exp\left(\mathrm{j}\frac{4\pi\gamma}{c^2}\Delta r_k^2\right)
\end{aligned}
\tag{2.5}
$$

式中，$\Delta r_k = r_k - r_{\mathrm{ref}}$。将去斜参考信号的中间时刻作为时间零点定义新的时间变量

$\hat{t} = t - \dfrac{2r_{\mathrm{ref}}}{c}$，$\hat{t}$ 表征单个脉冲内的时间变化，称为快时间。差频信号可表示为

$$s_{\mathrm{diff}}\left(\hat{t}\right) = \sum_{k=1}^{K} \mathrm{rect}\left(\dfrac{\hat{t} - \dfrac{2\Delta r_k}{c}}{T_p}\right) \sigma_k \exp\left[-\mathrm{j}\dfrac{4\pi}{c}\left(f_c + \gamma\hat{t}\right)\Delta r_k\right] \exp\left(\mathrm{j}\dfrac{4\pi\gamma}{c^2}\Delta r_k^2\right) \quad (2.6)$$

经过混频处理，差频信号中各散射点对应的回波分量均为单频信号，其频率为 $\gamma\Delta r_k$。LFM 信号去斜处理原理如图 2.2 所示。式(2.6)中的第二个相位项称为RVP，该相位来源于参考信号和散射点 k 对应的回波分量的时间差，如图 2.2(b)所示。

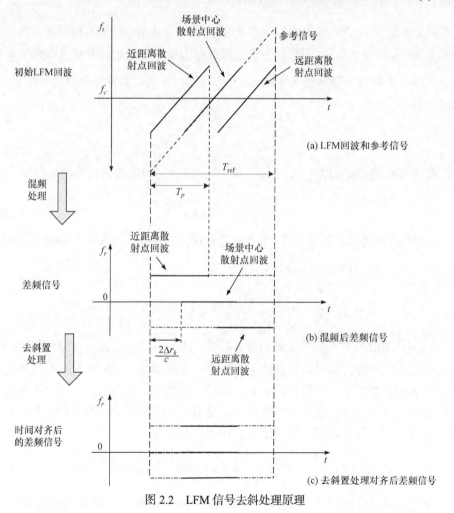

图 2.2　LFM 信号去斜处理原理

由于 Δr_k 的影响，各散射点回波分量存在一定的时间差，无法使用窗函数对所

有信号分量进行统一加窗。为了消除 Δr_k 的不利影响，需要将信号由图 2.2(b)变为图 2.2(c)。根据傅里叶变换的性质，对信号进行时域上的平移，相当于在信号频域乘以线性相位。式(2.6)中差频信号的频域表达式为

$$
\begin{aligned}
S_{\mathrm{diff}}\left(f\right) &= \mathrm{FT}\left[s_{\mathrm{diff}}\left(\hat{t}\right)\right] \\
&= \sum_{k=1}^{K}\sigma_k T_p \mathrm{sinc}\left[T_p\left(f+2\frac{\gamma}{c}\Delta r_k\right)\right]\exp\left[-\mathrm{j}\left(\frac{4\pi f_c}{c}\Delta r_k+\frac{4\pi\gamma}{c^2}\Delta r_k^2+\frac{4\pi f}{c}\Delta r_k\right)\right]
\end{aligned}
$$
(2.7)

式中，$\mathrm{FT}(\cdot)$ 表示傅里叶变换；sinc 函数满足 $\mathrm{sinc}(x)=\dfrac{\sin x}{x}$；相位中的 $\dfrac{4\pi f}{c}\Delta r_k$ 又称为斜置相位项。消除斜置相位项和 RVP 项，才能去除 Δr_k 的不利影响，将信号由图 2.2(b)变为图 2.2(c)。对式(2.7)中各散射点尖峰的相位进行补偿。根据 sinc 函数的性质，尖峰处的频率满足 $f=-\dfrac{2\gamma\Delta r_k}{c}$，故 RVP 项和斜置相位项可转换为

$$
-\frac{4\pi\gamma}{c^2}\Delta r_k^2-\frac{4\pi f}{c}\Delta r_k=\frac{\pi f^2}{\gamma}
$$
(2.8)

若将补偿函数记为 $S_c\left(f\right)=\exp\left(-\dfrac{\pi f^2}{\gamma}\right)$，则针对频域差频信号的补偿为

$$
S'_{\mathrm{diff}}\left(f\right)=S_{\mathrm{diff}}\left(f\right)S_c\left(f\right)
$$
(2.9)

对补偿后的频域差频信号进行傅里叶逆变换，得到补偿后的时域差频信号如下：

$$
\begin{aligned}
s'_{\mathrm{diff}}\left(\hat{t}\right) &= \mathrm{IFT}\left[S'_{\mathrm{diff}}\left(f\right)\right] \\
&= \sum_{k=1}^{K}\mathrm{rect}\left(\frac{\hat{t}-2r_k/c}{T_p}\right)\sigma_k\exp\left[-\mathrm{j}\frac{4\pi}{c}\left(f_c+\gamma\hat{t}\right)\Delta r_k\right]
\end{aligned}
$$
(2.10)

$s'_{\mathrm{diff}}\left(\hat{t}\right)$ 为时间对齐后的差频信号，如图 2.2(c)所示。对 $s'_{\mathrm{diff}}\left(\hat{t}\right)$ 进行时域加窗，再进行傅里叶变换，即可得到脉冲压缩后的一维距离像，此时相位部分已不包含 RVP 项和斜置相位项。需要注意的是，经过加窗处理，各散射点在一维距离像中对应的尖峰分布特征已经不是标准的 sinc 函数。加窗导致 sinc 函数的主瓣略有展宽，副瓣降低。为了方便，仍使用 sinc 函数进行表述：

$$
S_{\mathrm{profile}}\left(f\right)=\sum_{k=1}^{K}\sigma_k T_p \mathrm{sinc}\left[T_p\left(f+2\frac{\gamma}{c}\Delta r_k\right)\right]\exp\left(-\mathrm{j}\frac{4\pi f_c}{c}\Delta r_k\right)
$$
(2.11)

上述推导过程假设目标在单个脉冲时间内保持不动，Δr_k 相对快时间为常量。在实际 ISAR 成像场景中，被观测目标通常具有一定的径向速度，和雷达之间不

满足"停—走—停"模型，需要径向速度补偿才能将目标运动转换为"停—走—停"模型。设目标在单个脉冲内匀速运动，其径向速度记为 v_r，则 Δr_k 可表示为

$$\Delta r_k(\hat{t}) = \Delta r_k' + v_r \hat{t} \tag{2.12}$$

式中，$\Delta r_k'$ 为 $\hat{t} = 0$ 时散射点 k 的相对径向距离。将 $\Delta r_k(\hat{t})$ 代入差频信号中，得到

$$s(\hat{t}) = \sum_{k=1}^{K} \mathrm{rect}\left(\frac{\hat{t} - \dfrac{2\Delta r_k'}{c}}{T_p}\right) \sigma_k \exp\left(\mathrm{j}\frac{4\pi\gamma}{c^2}\Delta r_k'^2\right) \exp\left[-\mathrm{j}\frac{4\pi}{c}(f_c + \gamma\hat{t})\Delta r_k'\right]$$

$$\cdot \exp\left[\mathrm{j}\frac{4\pi v_r}{c}\left(\frac{2\gamma\Delta r_k'}{c} - f_c\right)\hat{t} + \mathrm{j}\frac{4\pi\gamma v_r}{c}\left(\frac{v_r}{c} - 1\right)\hat{t}^2\right] \tag{2.13}$$

式中，第一行和式(2.6)的形式相同，只是原来 Δr_k 的位置被替换为 $\Delta r_k'$；第二行是由目标径向速度引起的附加相位。将该相位记为 $\Phi(\hat{t}, v_r)$，则有

$$\Phi(\hat{t}, v_r) = \frac{4\pi v_r}{c}\left(\frac{2\gamma\Delta r_k'}{c} - f_c\right)\hat{t} + \frac{4\pi\gamma v_r}{c}\left(\frac{v_r}{c} - 1\right)\hat{t}^2$$

$$\approx -\frac{4\pi f_c v_r}{c}\hat{t} + \frac{4\pi\gamma v_r}{c}\hat{t}^2 \tag{2.14}$$

式中，附加相位 $\Phi(\hat{t}, v_r)$ 为快时间 $\hat{t}$、目标径向速度 v_r 的函数，与单个散射点的相对径向距离 $\Delta r_k'$ 无关。$\Phi(\hat{t}, v_r)$ 中的一次相位量、二次相位量分别导致一维距离像尖峰偏移、展宽。

2.1.2　中频直接采样模式下回波脉冲压缩

在中频直接采样模式下，雷达使用高速 ADC 对目标回波的完整波形进行采样，得到的回波信号是通过对式(2.3)所示的回波信号 $s_r(t)$ 进行下变频采样得到的。针对直接采样回波数据的脉冲压缩过程又称为匹配滤波，该过程可看作目标回波 $s_r(t)$ 和参考信号的卷积过程。一般选择发射波形 $s_t(t)$ 作为匹配滤波参考信号，如式(2.1)所示。时域信号卷积可通过频域信号的共轭相乘来实现，故匹配滤波的计算公式为

$$S_{\mathrm{profile}}(t) = \mathrm{IFT}\left\{\mathrm{FT}[s_r(t)] \cdot \mathrm{FT}[s_t(t)]^*\right\}$$

$$= \sum_{k=1}^{K} \sigma_k \mathrm{PSF}\left(t - \frac{2r_k}{c}\right) \exp\left(-\mathrm{j}\frac{4\pi f_c}{c} r_k\right) \tag{2.15}$$

式中，IFT(·) 表示傅里叶逆变换；FT(·) 表示傅里叶变换；"*"表示共轭操作；PSF(·) 为点散布函数(point spread function，PSF)。对于发射信号 $s_t(t)$，其点散布函数的计算公式为

$$\mathrm{PSF}(\hat{t}) = \mathrm{IFT}\left\{\left|\mathrm{FT}\left[s_t(t)\right]\right|^2\right\} \tag{2.16}$$

$s_t(t)$ 是带限信号，其有效频谱宽度为 $B = T_p\gamma$，因此 $\mathrm{PSF}(t) = \mathrm{sinc}(Bt)$。目标回波的一维距离像表达式为

$$S_{\mathrm{profile}}(t) = \sum_{k=1}^{K}\sigma_k\,\mathrm{sinc}\left[B\left(t - \frac{2r_k}{c}\right)\right]\exp\left(-\mathrm{j}\frac{4\pi f_c}{c}r_k\right) \tag{2.17}$$

值得注意的是，式(2.17)的近似表示对发射 LFM 信号的雷达系统来说足够精确。式(1.16)给出了一般意义上的宽带雷达距离分辨率表达式，然而在 DIFS 系统中，信号采样频率 f_s 通常大于信号带宽 B，其实际径向分辨率应修正为

$$\rho_r = \frac{c}{2f_s} \tag{2.18}$$

2.1.3　数字去斜模式下回波脉冲压缩

模拟去斜和中频直接采样脉冲压缩算法随着宽带高分辨雷达的不断发展，在数字化与实时化过程中，都存在技术上的瓶颈和性能上的限制。针对匹配滤波与模拟去斜处理两种脉冲压缩算法的优点，作者课题组林钱强老师等提出基于中频直接采样信号的数字去斜处理脉冲压缩算法。

为了提高去斜处理脉冲压缩算法的数字化程度，减小模拟环节给系统带来的失真，可以参照匹配滤波脉冲压缩的处理算法，对目标回波在中频进行高采样率的数字化，而目标回波与参考信号的混频则在数字域完成，先对混频得到的过采样的差频信号进行数据抽取，再将所得结果进行快速傅里叶变换运算，即脉冲压缩的结果。由此可得数字去斜处理脉冲压缩流程框图，如图 2.3 所示。

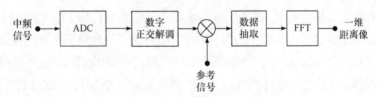

图 2.3　数字去斜处理脉冲压缩流程框图

2.2　DIFS 回波的系统失真分析及补偿

2.2.1　DIFS 信号中系统失真因素分析

采用大宽带信号对目标进行探测、成像、特征提取及识别是 ISAR 技术发展的一个重要方向。大带宽信号能够带来更高的分辨率，进而提供更加精细的目标

特征信息。当前 ISAR 成像雷达采用的发射信号带宽越来越大，从一般的百兆赫兹，逐步扩展到 1GHz、2GHz、4GHz，甚至 8GHz；信号载频也从 S、X 波段逐步扩展到 Ku、Ka 波段，甚至 W 波段。受现有硬件系统的限制及大气环境的影响，高载频、大带宽回波信号的幅相失真问题更加突出。通常，为获得稳健的目标一维距离像特征，成像雷达中的旁瓣水平应低于−30dB，这意味着雷达整个通路引起的信号幅度失真必须小于 1dB，相位失真不超过 7.2°，该标准对 ISAR 来说十分严格。同时，这种失真不仅导致目标一维距离像的质量下降，如主瓣展宽和相位偏移，也导致序列一维距离像之间的去相干，显著影响二维 ISAR 成像效果。因而，在实际雷达系统中，对宽带回波信号进行幅相失真补偿变得越来越重要，有必要对雷达回波中的系统失真环节进行分析，有针对性地开展系统失真补偿，提高目标 HRRP 的质量。

幅相失真来源于宽带信号传播的各个过程。在雷达对目标进行 ISAR 成像的场景中，宽带信号的传播路径如图 2.4 所示。信号从标准信号源到回波数据的传输过程中主要经过了发射机、传播介质、接收通道三部分。其中，发射机、接收通道为硬件电路系统，它们在对信号进行放大、滤波、采样等处理的过程中会引入失真，这种失真来源于电路器件的非理想频率响应特性。传播介质引起的失真来源于大气层对电磁波的吸收和调制作用。

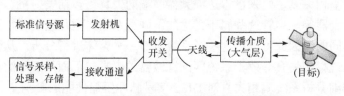

图 2.4　雷达观测场景中宽带信号的传播路径

因此，对于采用 LFM 信号的宽带雷达系统，主要有三类失真因素会引起 HRRP 旁瓣提高或主瓣展宽，分别是 LFM 参考信号的非线性失真、正交通道的非一致性失真及系统幅相失真[5]。理论上，两种脉冲压缩处理过程中，上述三种失真的影响是相同的。但是，在实际处理中，两种脉冲压缩处理方式引入的失真环节并不相同，因此系统失真产生的影响也有差异。

针对去斜处理脉冲压缩过程中参考信号的非线性失真的研究表明：参考信号调频非线性的周期性分量对一维距离像影响较大，主要导致成对旁瓣的出现；非周期性的失真则会导致距离分辨率和信噪比的损失。然而，在 DIFS 的匹配滤波脉冲压缩过程中，采用了理想的 LFM 信号作为参考信号，因此避免了参考 LFM 信号线性失真带来的影响。

为保留信号的幅度和相位信息，宽带雷达系统通常利用正交解调技术来获得 I、Q 两路信号。正交通道非一致性主要体现在 I、Q 两个通道幅度响应的不一致性和相位响应的不一致性上。幅度响应的不一致性主要表现为通道增益的不一致性，而通道间相位响应的不一致性则表现为 I/Q 通道间的初始相位不同。

假设 I 通道的信号幅度为 1，Q 通道的信号幅度为 $1+\Delta A$，两个通道的相位误差为 $\Delta\varphi$，则点目标回波的复信号可表示为

$$s_r(t) = \cos(\omega t) + j(1+\Delta A)\sin(\omega t + \Delta\varphi)$$
$$\cong e^{j\omega t} + j\Delta A\sin(\omega t) + j\sin\Delta\varphi\cos(\omega t) \qquad (2.19)$$
$$\cong e^{j\omega t} + j\Delta A\sin(\omega t) + j\Delta\varphi\cos(\omega t)$$

可以看出，I、Q 通道间幅度和相位的不一致性均会导致距离像上旁瓣的出现，其中幅度不一致性引起的旁瓣幅度为 $\Delta A/2$，相位不一致性引起的旁瓣幅度为 $\Delta\varphi/2$。

在早期的模拟正交解调中，不可避免地会出现 I、Q 支路传输特性不一致的现象。目前，宽带雷达系统基本采用了数据采集后的数字正交解调技术，其 I、Q 通道的不一致性可以降到更低，对脉冲压缩性能的影响基本可忽略不计。

由前面的分析可知，与去斜回波不同，DIFS 回波的脉冲压缩性能主要受系统幅相失真的影响。在宽带成像雷达中，系统幅相失真为乘性误差，表现为信号幅相畸变。信号幅相畸变会导致脉冲压缩后目标一维距离像的主瓣展宽和副瓣电平升高，还会产生成对出现的不对称旁瓣。

系统的幅相失真主要来自雷达混频器前端的失真，包括发射机、天线、接收机、高频放大器等。尽管这些属于雷达的不同子系统，但是它们对雷达回波影响的机理是相同的，因此可以将这些子系统看作一个整体进行分析。从匹配滤波角度来看，系统幅相失真等效于系统匹配滤波器的失真，下面从匹配滤波器幅相失真的角度详细分析系统幅相失真对 DIFS 信号脉冲压缩性能的影响。

2.2.2　系统幅相失真影响分析

假设某雷达系统幅相的频域特性分别为 $A(f)$ 和 $\phi(f)$，则该系统对信号的频域幅相响应特性可以表示为

$$H(f) = A(f)\exp\left\{j\phi(f)\right\} \qquad (2.20)$$

对于理想系统，$A(f)$ 的值为常数，$\phi(f)$ 为线性分布。然而，实际系统中误差是不可避免的。根据驻定相位原理，理想回波 $S_r(f)$ 通过该系统的频域输出为

$$S'_r(f) = H(f)S_r(f) \qquad (2.21)$$

系统的幅相失真可分为周期性失真分量和非周期性失真分量。不失代表性地，假设周期性失真分量满足正弦规律，则这种情况下系统幅相失真的表达式为

$$\begin{cases} \tilde{A}(f) = a_1(f) + a_2 \cdot \cos(c_1 \cdot 2\pi f) \\ \tilde{\phi}(f) = b_0(f) + b_1 \cdot 2\pi f - b_2 \cdot \sin(c_2 \cdot 2\pi f) \end{cases} \tag{2.22}$$

式中，$\tilde{A}(f)$ 和 $\tilde{\phi}(f)$ 分别为正弦周期律下的幅度失真特性和相位失真特性；$a_1(f)$ 为幅度的非周期性失真量；$b_0(f)$ 为相位的非周期性失真量；b_1 为回波信号中的群延时，其大小通常由信号延时决定。幅度失真的周期性分量由 $[a_2, c_1]$ 确定，相位失真的周期性分量由 $[b_2, c_2]$ 确定。综上，可以将正弦周期律假设下的系统幅相失真响应表示为

$$\tilde{H}(f) = \tilde{A}(f) \cdot \exp\left[j\tilde{\phi}(f)\right] \tag{2.23}$$

理想情况下，DIFS 回波经过匹配滤波后的输出为 $s_{\text{out}}(t)$，假设其频谱为 $S_{\text{out}}(f)$，则在系统存在幅相失真的情况下，脉冲压缩结果为

$$\tilde{s}_{\text{out}}(t) = \frac{1}{2\pi} \int_{-\infty}^{\infty} S_{\text{out}}(f) \tilde{H}(f) \cdot \exp\{j2\pi ft\} df \tag{2.24}$$

将系统幅相失真响应代入式(2.24)，可以得到系统幅相失真后的输出为

$$\begin{aligned} \tilde{s}_{\text{out}}(t) = &\frac{1}{2\pi} \int_{-\infty}^{\infty} S_{\text{out}}(f) \cdot \left[a_1(f) + a_2 \cdot \cos(c_1 \cdot 2\pi f)\right] \\ &\cdot \exp\left\{j\left[b_0(f) + b_1 \cdot 2\pi f - b_2 \cdot \sin(c_2 \cdot 2\pi f)\right]\right\} \cdot \exp(j2\pi ft) df \end{aligned} \tag{2.25}$$

由此可知，当宽带成像雷达中存在系统幅相失真时，理想 DIFS 信号的输出将被系统响应函数 $\tilde{H}(f)$ 调制。

假设系统只存在周期性幅相失真，即 $a_1(f) \approx a_1$、$b_0(f) \approx b_0$，则输出信号可以写成

$$\begin{aligned} \tilde{s}_{\text{out}}(t) = &\frac{1}{2\pi} \int_{-\infty}^{\infty} S_{\text{out}}(f) \cdot \left[a_1 + a_2 \cdot \cos(c_1 \cdot 2\pi f)\right] \\ &\cdot \exp\left\{j\left[b_0 + b_1 \cdot 2\pi f - b_2 \cdot \sin(c_2 \cdot 2\pi f)\right]\right\} \cdot \exp\{j2\pi ft\} df \\ = &\frac{a_1}{2\pi} \exp(jb_0) \int_{-\infty}^{\infty} S_{\text{out}}(f) \cdot \exp\left\{j\left[2\pi ft' - b_2 \cdot \sin(c_2 \cdot 2\pi f)\right]\right\} df \\ &+ \frac{a_2}{2\pi} \exp(jb_0) \int_{-\infty}^{\infty} S_{\text{out}}(f) \cdot \cos(c_1 \cdot 2\pi f) \cdot \exp\left\{j\left[2\pi ft' - b_2 \cdot \sin(c_2 \cdot 2\pi f)\right]\right\} df \end{aligned} \tag{2.26}$$

式中，$t' = t + b_1$。应用欧拉公式

$$\cos\theta = \frac{e^{j\theta} + e^{-j\theta}}{2} \tag{2.27}$$

和贝塞尔函数关系式

$$\exp\left[jb\sin(c\cdot 2\pi f)\right] = \mathrm{J}_0(b) + \sum_{n=1}^{\infty}\mathrm{J}_n(b)\cdot\left[\exp(jnc\cdot 2\pi f)+(-1)^n\exp(-jnc\cdot 2\pi f)\right]$$

(2.28)

式中，$\mathrm{J}_0(b)$ 为零阶贝塞尔函数；$\mathrm{J}_n(b)$ 为 n 阶贝塞尔函数。将式(2.27)和式(2.28)代入式(2.26)并忽略常数相位项 $\exp\{jb_0\}$，可得

$$\begin{aligned}
\tilde{s}_{\mathrm{out}}(t') &= a_1\mathrm{J}_0(b_1)s(t') + \frac{a_2}{2}\mathrm{J}_0(b_2)\left[s(t'+c_1)+s(t'-c_1)\right]\\
&+ a_1\sum_{n=1}^{\infty}\mathrm{J}_n(b_2)\left[s(t'+nc_2)+(-1)^n s(t'-nc_2)\right]\\
&+ \frac{a_2}{2}\sum_{n=1}^{\infty}\mathrm{J}_n(b_2)\left[s(t'+c_1+nc_2)+(-1)^n s(t'+c_1-nc_2)\right.\\
&\left.+ s(t'-c_1+nc_2)+(-1)^n s(t'-c_1-nc_2)\right]
\end{aligned}$$

(2.29)

由以上分析可知，系统的周期性幅相失真会在回波脉冲压缩结果中产生无穷组的"成对峰"，从而影响 ISAR 成像质量。

相反，假设雷达系统只存在非周期性幅相失真，即 $a_2=0$、$b_2=0$，则回波通过失真系统后的输出为

$$\begin{aligned}
\tilde{s}_{\mathrm{out}}(t) &= \frac{1}{2\pi}\int_{-\infty}^{\infty}S_{\mathrm{out}}(f)\cdot a_1(f)\cdot\exp\{j[b_0(f)+b_1\cdot 2\pi f]\}\cdot\exp\{j2\pi ft\}\mathrm{d}f\\
&= \frac{1}{2\pi}\int_{-\infty}^{\infty}S_{\mathrm{out}}(f)\cdot a_1(f)\cdot\exp\{j[b_0(f)+2\pi ft']\}\mathrm{d}f
\end{aligned}$$

(2.30)

由于 $a_1(f)$ 和 $b_0(f)$ 都是相对频率 f 的缓变函数，求解积分需要用到驻定相位法。由信号系统理论可知，信号对系统中缓慢变化的相位比幅度更为敏感，因此可以推断非周期性的幅度失真对脉冲压缩性能影响较小，而缓慢变化的非周期性相位失真能够引起一维距离像较大畸变。

下面利用点目标的仿真和实测数据来分析系统幅相失真对 DIFS 回波脉冲压缩性能的影响。

1. 系统幅频失真对 DIFS 回波匹配滤波脉冲压缩的影响

首先讨论系统周期性幅频失真对 DIFS 回波匹配滤波脉冲压缩的影响，假设 $b_0=0$、$b_1=0$、$b_2=0$ 及 $a_1(f)\cong a_1$，即仅存在幅度的正弦变化。此时，匹配滤波输出为

$$\tilde{s}_{\mathrm{ad}}(t) = a_1 s_{\mathrm{out}}(t) + \frac{a_2}{2}\left[s_{\mathrm{out}}(t+c_1)+s_{\mathrm{out}}(t-c_1)\right]$$

(2.31)

由以上分析可知，幅频周期性失真会在一维距离像中产生一组"成对回波"，其幅度由a_2的强度决定，偏离主峰的距离则由c_1确定。此外，目标真实脉冲压缩峰的幅度取决于a_1。

下面通过单个散射点的仿真 DIFS 回波信号对上述结论进行验证，散射点在二维图像中的坐标如图 2.5(a)所示。仿真条件如下：载频为 3.5GHz，带宽为 150MHz，脉宽为 100μs，中频复采样频率为 200MHz。图 2.5(b)给出了理想 DIFS 信号频谱，图 2.5(c)为理想 DIFS 信号脉冲压缩结果。

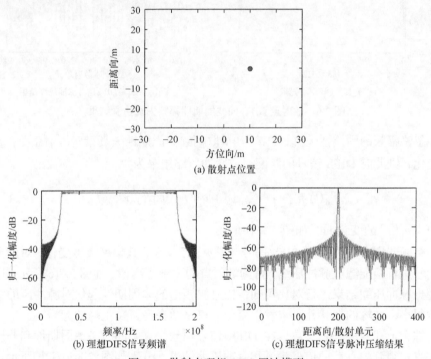

(a) 散射点位置

(b) 理想DIFS信号频谱　　　(c) 理想DIFS信号脉冲压缩结果

图 2.5　散射点理想 DIFS 回波模型

在理想回波频谱中加入周期性幅度失真，失真系数分别取 $a_1 = 1$、$a_2 = 0.2$ 和 $c_1 = 2.5 \times 10^{-7}$，频谱起伏周期为 $1/c_1 = 4\text{MHz}$。失真后 DIFS 信号频谱如图 2.6(a)所示，从图中可以明显看出，信号频谱在幅度上出现周期起伏，其周期为 4MHz。对幅频失真后的 DIFS 信号进行匹配滤波脉冲压缩，得到目标一维距离像，如图 2.6(b)所示，为方便对比，图中同时显示了理想回波的脉冲压缩结果。从失真脉冲压缩结果和理想脉冲压缩结果的对比可以看出，幅频周期性失真后的一维距离像在散射点真实脉冲压缩峰两侧出现了成对的虚假峰。通过测量，虚假峰距离真实峰 $\Delta N = 50$ 个距离散射单元，其幅度与主峰的比值(peak side lobe ratio，PSLR)为-20dB。在幅频周期性失真情况下，主峰和伪峰的距离及 PSLR 与失真参数的关系为

$$\begin{cases} \Delta N = c_1 f_s \\ \mathrm{PSLR}_a = 20\lg\dfrac{a_2}{2a_1} \end{cases} \tag{2.32}$$

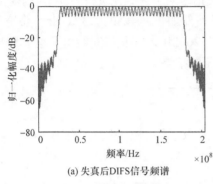

(a) 失真后DIFS信号频谱

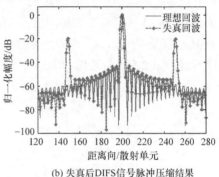

(b) 失真后DIFS信号脉冲压缩结果

图 2.6　散射点 DIFS 回波周期性幅频失真仿真结果

忽略幅频的周期性失真，令 $a_2 = 0$，取幅频非周期性失真量 $a_1(f)$ 随频率 f 缓慢变化，则此时 DIFS 信号的匹配滤波脉冲压缩结果为

$$\tilde{s}_{\mathrm{ad}}(t) = \frac{1}{2\pi}\int_{-\infty}^{\infty} S_{\mathrm{out}}(f)\cdot a_1(f)\cdot \exp\{\mathrm{j}2\pi ft\}\,\mathrm{d}f \tag{2.33}$$

式中，$a_1(f)$ 的变化曲线如图 2.7(a)所示。

　　幅频非周期性失真后 DIFS 信号频谱见图 2.7(b)，其幅度缓慢变化。对失真后的信号进行匹配滤波脉冲压缩，得到散射点的一维距离像，如图 2.7(c)所示。通过和理想脉冲压缩结果进行对比可知，信号幅频谱的非周期性起伏对脉冲压缩结果影响很小，主峰的形状几乎未发生变化，仅略微提高紧贴主峰的旁瓣。

　　综合上述两种失真参数，在 DIFS 信号幅频失真中同时考虑周期性和非周期性失真，得到失真后的信号频谱和脉冲压缩结果，分别如图 2.8(a)和(b)所示。很明显，失真后的脉冲压缩结果在主峰两侧出现成对伪峰，主峰的形状几乎未受到

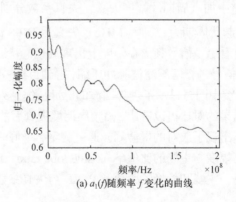

(a) $a_1(f)$随频率 f 变化的曲线

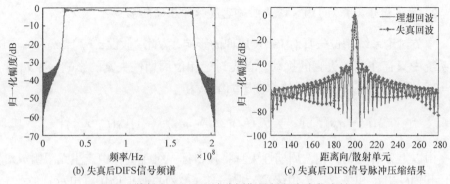

(b) 失真后DIFS信号频谱　　　　　(c) 失真后DIFS信号脉冲压缩结果

图 2.7　散射点 DIFS 回波非周期性幅频失真仿真结果

影响。利用转台模型分别构造该散射点的理想回波和失真回波序列，目标转速设置为 $\omega = 0.0669\text{rad/s}$，脉冲重频为 200Hz，选取 256 个回波，即在成像积累时间内总转角大小为 $\Theta = 0.0086\text{rad} = 4.9°$。采用 RD 成像算法分别对理想回波和失真回波序列进行二维成像，得到散射点二维 ISAR 图像，如图 2.8(c)和(d)所示。在图 2.8(d)给出的失真后 ISAR 图像中，在径向上能够明显看到距离真实散射点 50m 处的一对虚假散射点。

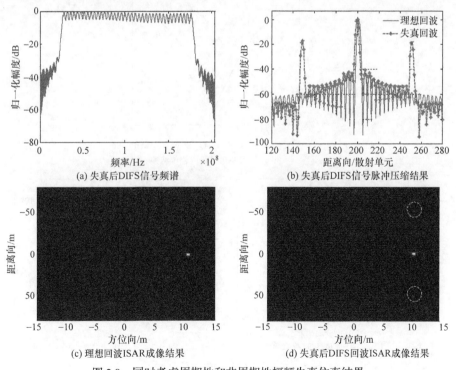

(a) 失真后DIFS信号频谱　　　　　(b) 失真后DIFS信号脉冲压缩结果

(c) 理想回波ISAR成像结果　　　　　(d) 失真后DIFS回波ISAR成像结果

图 2.8　同时考虑周期性和非周期性幅频失真仿真结果

2. 系统相频失真对 DIFS 回波匹配滤波脉冲压缩的影响

本节讨论系统相位失真对 ISAR 成像的影响，为此，假设 $a_1(f) \cong a_1$ 和 $a_2 = 0$，即系统中只存在相位失真的扰动。首先讨论相位周期性失真的影响，令 $b_0 = 1$、$b_1 = 0$，则相位周期性失真后的脉冲压缩结果为

$$\tilde{s}_{pd}(t') = a_1 s(t') + a_1 \sum_{n=1}^{\infty} J_n(b_2)\Big[s(t' + nc_2) + (-1)^n s(t' - nc_2) \Big] \tag{2.34}$$

由以上分析可见，相位周期性失真将在目标一维距离像中产生无限组成对伪峰，其幅度由 a_1 和 $J_n(b_2)$ 的值决定，偏离真实散射点峰值的位置由 nc_2 确定。

利用点目标模型和雷达参数进行仿真，理想回波的相位曲线见图 2.9 (a)。失真系数分别取 $a_1 = 1$、$b_0 = 1$、$b_2 = 0.4$ 和 $c_2 = 1 \times 10^{-7}$，相位起伏周期为 $1/c_2 = 10\text{MHz}$，如图 2.9(b)所示。失真后的散射点脉冲压缩结果见图 2.9(c)，一维距离像中出现了三组成对伪峰。通过测量，三组可见的虚假散射点峰到真实主峰的距离分别为 $\Delta N_1 = c_2 f_s = 20$、$\Delta N_2 = 2c_2 f_s = 40$ 和 $\Delta N_3 = 3c_2 f_s = 60$。根据贝塞尔函数 $J_n(b_2)$ 在 $n = \{1, 2, 3\}$ 的取值，可以计算得到三组成对伪峰的 PSLR 分别为

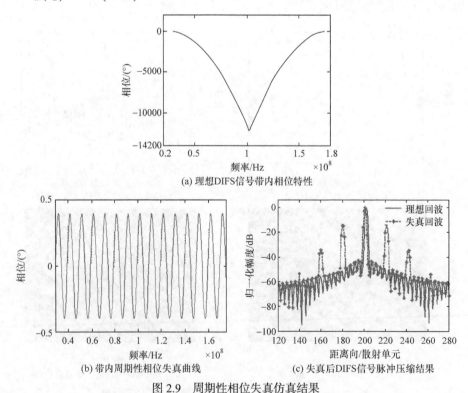

(a) 理想DIFS信号带内相位特性

(b) 带内周期性相位失真曲线　　　　　(c) 失真后DIFS信号脉冲压缩结果

图 2.9　周期性相位失真仿真结果

$$
\begin{cases}
\text{PSLR}_{p\_1} = 20\lg \text{J}_1\big(b_2\big) = -14.15(\text{dB}) \\
\text{PSLR}_{p\_2} = 20\lg \text{J}_2\big(b_2\big) = -34.10(\text{dB}) \\
\text{PSLR}_{p\_3} = 20\lg \text{J}_3\big(b_2\big) = -57.59(\text{dB}) \\
\text{J}_1\big(0.4\big) = 0.196, \quad \text{J}_2\big(0.4\big) = 0.0197, \quad \text{J}_3\big(0.4\big) = 0.0013
\end{cases}
\tag{2.35}
$$

忽略相位的周期性失真，取 $b_2 = 0$，相位非周期性的失真量 $b_0(f)$ 随频率 f 缓慢变化，此时失真信号的匹配滤波脉冲压缩结果为

$$
\tilde{s}_{\text{pd}}(t) = \frac{1}{2\pi}\int_{-\infty}^{\infty} S_{\text{out}}\big(f\big) \cdot \exp\big\{\text{j}\big[b_0\big(f\big) + 2\pi ft\big]\big\}\text{d}f
\tag{2.36}
$$

假设 $b_0(f)$ 取值为图 2.10(a)所示的缓变曲线，从图 2.10(b)中给出的失真信号脉冲压缩结果可以看出，DIFS 信号对系统中缓慢变化的非线性失真十分敏感，散射点的主峰展宽严重，信噪比也出现明显降低。

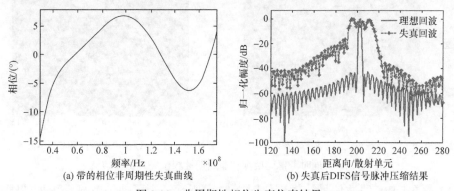

(a) 带的相位非周期性失真曲线   (b) 失真后DIFS信号脉冲压缩结果

图 2.10　非周期性相位失真仿真结果

同时考虑相位周期性和非周期性失真，相位失真曲线和脉冲压缩结果分别如图 2.11(a)和(b)所示。通过与理想脉冲压缩结果进行对比可以看出，失真后一维距离像主瓣出现了严重展宽，副瓣电平提高，并且同时影响到周期性失真出现的成对伪峰。采用前面的雷达参数，分别对理想回波序列和失真回波序列进行 RD 成像，得到二维 ISAR 图像，分别见图 2.11(c)和(d)。从图中可以看出，系统相位失真后的 ISAR 图像在径向上出现严重展宽，主副瓣比值和图像质量下降严重。因此，在高分辨 ISAR 成像过程中，必须对 DIFS 信号中存在系统非周期性变换的相位失真进行校正。

3. 实测 DIFS 数据中的系统幅相失真

下面通过某 X 波段宽带成像雷达对标校塔的实测数据，来分析和验证前面给出的幅相失真对 DIFS 信号脉冲压缩的影响，雷达带宽为 1GHz，中频复采样频率为 1.2GHz。在实际雷达系统中，通常通过在标校塔上放置角反射器来模拟空间理

想散射点目标。因此，塔源的 DIFS 回波信号能够很好地模拟除大气扰动外的系统幅相失真特性。

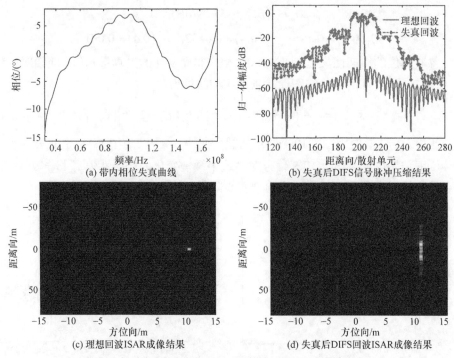

(a) 带内相位失真曲线　　　　　　(b) 失真后DIFS信号脉冲压缩结果

(c) 理想回波ISAR成像结果　　　　(d) 失真后DIFS回波ISAR成像结果

图 2.11　同时考虑周期性和非周期性相位失真仿真结果

塔源 DIFS 回波信号的频谱如图 2.12(a)所示，为了使细节显示更加清晰，图 2.12(b)给出了频谱的局部放大图。从图 2.12(a)和(b)中可以看出，实测信号的频谱幅度同时存在非周期性的缓变起伏和周期性的快起伏，通过计算得到周期性的起伏周期为 $1.49 \times 10^7 \mathrm{Hz}$，由此可以推算出幅度周期性失真参数为 $c_1 = 6.71 \times 10^{-8}$。可以计算出脉冲压缩后成对伪峰到主峰的距离单元数为

$$\Delta N = c_1 f_s = 80.5 \tag{2.37}$$

图 2.12(c)给出了实测信号与理想信号的相位误差曲线，去除误差中的线性相位分量后的相位误差曲线见图 2.12 (d)。从图中可知，实测回波中存在明显的缓变相位失真 $b_0(f)$ 和线性相位 $b_1 \cdot 2\pi f$，相位的周期性失真分量的幅度 b_2 非常小，由此可以推测出实测回波的脉冲压缩峰会发生展宽，同时相对理想回波脉冲压缩结果在径向上发生平移，平移距离由 b_1 决定。

实测回波和理想回波的脉冲压缩结果分别见图 2.12(e)和(f)。对比可知，在实测信号脉冲压缩结果的主峰两侧约 80 个距离单元的位置出现成对伪峰，并且一维距离像出现整体偏移和严重展宽，与前面的理论分析完全吻合。

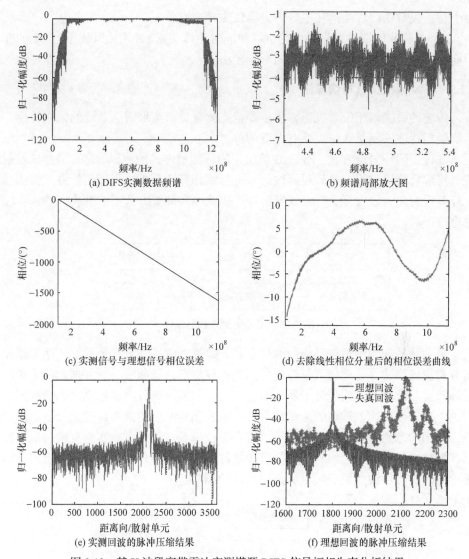

图 2.12　某 X 波段宽带雷达实测塔源 DIFS 信号幅相失真分析结果

综合前面的理论分析和实测数据验证，总结得出实际雷达系统中系统失真对 DIFS 信号的主要影响如下：

(1) 在宽带雷达回波 DIFS 信号失真中，以系统的幅相失真为主，其中，幅频失真以周期性失真为主，相频失真以非周期性失真为主。

(2) 脉冲压缩结果中成对伪峰由幅频周期性失真引起，其成对峰值与主峰幅度比为 $\mathrm{PSLR}_a = 20\lg\dfrac{a_2}{2a_1}$，距离主峰的位置为 $\Delta N = c_1 f_s$（单位为距离单元，当 c_1 值很小时，成对伪峰可能落在主峰内，导致主峰变宽)。

(3) 相频非周期性失真会引起主峰和成对伪峰变宽，必须加以校正，幅度的非周期性缓变失真对脉冲压缩结果的影响较小。

2.2.3　系统幅相失真补偿算法

传统的系统幅相失真校正算法需要首先测量分析宽带雷达系统的幅相特性。系统幅相特性的测量算法主要有以下两种。

一种是闭环测量方式。图 2.13 给出了闭环测量方式的流程，宽带信号从发射机直接耦合到接收机，然后对回波信号进行幅相特性分析。闭环测量方式所测系统环节没有包含收发开关、天线等组件，因此闭环测量方式不够准确，难以实现完全校正。

图 2.13　闭环测量方式的流程

另一种是利用理想点目标的测量方式。如图 2.14 上半部分所示，雷达工作在高分辨成像模式，对理想点目标进行测量，分析点目标回波特性并据此校正扩展目标回波。该测量方式包含了所有雷达组件，与实际高分辨成像模式完全相同，理论上可以获得比较理想的测量结果。影响其测量精度的因素是理想点目标的选择，常用的理想点目标有飞球、标校塔和标校星等。飞球方案实施复杂，成本较高；标校塔使用了延迟线转发器等有源器件，会引入额外的误差；标校星回波信噪比低，并且回波相位受到目标高速运动的调制。

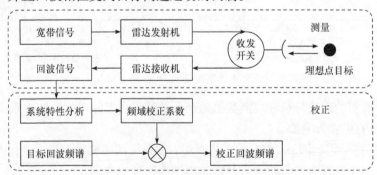

图 2.14　理想点目标测量方式及校正流程

1. 基于最小二乘估计的系统幅相失真频域均衡补偿算法

基于 DIFS 中系统幅相失真的特点，本节提出一种基于频域均衡的系统幅相失真补偿算法[6]，其能有效提高系统失真补偿的精度和效率。在基于塔源的系统幅相失真补偿中，通常采用角反射器作为宽带雷达信号的辐射目标，角反射器尺寸小，雷达截面积稳定，可以模拟理想的散射点目标。在实际雷达系统中，点目标在宽带信号频带内具有稳定的增益，理想点目标的 DIFS 回波信号幅相特性能够很好地表征雷达系统的幅相特性，因此采用塔源实验的 DIFS 回波能够实现系统幅相失真特性分析和补偿的目的。忽略回波的固定增益系数，理想塔源回波的 DIFS 信号为

$$s_{\mathrm{Ideal\_IF}}(t) = \mathrm{rect}\left(\frac{t-t_i}{T}\right) \cdot \exp\{\mathrm{j}[2\pi f_c(t-t_i) + \pi \cdot \gamma(t-t_i)^2]\} \tag{2.38}$$

式中，$t_i = 2R_i/c$ 为信号的传输时延。经过接收机正交解调后的基带信号为

$$s_{\mathrm{Ideal}}(t) = \mathrm{rect}\left(\frac{t-t_i}{T}\right) \cdot \exp\{\mathrm{j}[-2\pi f_c t_i + \pi \cdot \gamma(t-t_i)^2]\} \tag{2.39}$$

其频谱为

$$S_{\mathrm{Ideal}}(f) = \sqrt{\frac{1}{K}}\mathrm{rect}\left(\frac{f}{B}\right) \cdot \exp\left[\mathrm{j}\left(-\frac{\pi f^2}{K} - 2\pi f t_i - \frac{3}{4}\pi - 2\pi f_c t_i\right)\right] \tag{2.40}$$

由发射机、天线、接收通道等引起的雷达幅相失真，除前面分析的乘性误差外，还存在加性噪声。系统中的加性噪声具有随机性，会引起系统杂散、减小回波脉冲压缩结果的信噪比，无法通过系统幅相失真补偿来降低其影响，在补偿过程中通常将其作为噪声进行处理。假设系统的加性误差为

$$E_a(f) = G_a(f) \cdot \exp[\mathrm{j}\phi_a(f)] \tag{2.41}$$

系统的乘性误差主要表现为回波信号的幅度和相位的畸变，记为

$$\tilde{H}(f) = \tilde{A}(f) \cdot \exp[\mathrm{j}\tilde{\phi}(f)] \tag{2.42}$$

同时考虑加性误差和乘性误差，回波 DIFS 信号的频谱可以表示为

$$\begin{aligned}
S_r(f) &= S_{\mathrm{Ideal}}(f) \cdot \tilde{H}(f) + E_a(f) \\
&= \tilde{A}(f)\sqrt{\frac{1}{K}}\mathrm{rect}\left(\frac{f}{B}\right) \cdot \exp\left\{\mathrm{j}\left[-\frac{\pi f^2}{K} - 2\pi f t_i - \frac{3}{4}\pi - 2\pi f_c t_i + \tilde{\phi}(f)\right]\right\} \\
&\quad + G_a(f) \cdot \exp[\mathrm{j}\phi_a(f)]
\end{aligned} \tag{2.43}$$

求出幅度和相位的失真量 $\tilde{A}(f)$ 和 $\tilde{\phi}(f)$，便能实现对乘性的系统幅相失真进行补偿。当已知理想回波频谱 $S_{\mathrm{Ideal}}(f)$ 和失真后频谱 $S_r(f)$ 时，系统幅相失真问题即转换为在加性噪声背景下实现乘性噪声的最优化估计问题。建立离散的 DIFS 数据频域观测方程：

$$v(n) = A(n) \cdot \exp\left[-\mathrm{j}\alpha \cdot n^2 - \mathrm{j}\beta \cdot n + \mathrm{j}\varPhi(n)\right] + G(n) \tag{2.44}$$

式中，$n = 1, 2, \cdots, N$，N 为离散数据的采样点数；$\alpha = \pi / (\gamma \cdot \Delta f^2)$；$\beta = 2\pi \cdot t_i \cdot \Delta f$，$\Delta f$ 为离散频谱的频率采样间隔，且 $\Delta f \cdot N = B$。容易知道，α 为常量。对理想 DIFS 回波的频谱进行变换，可以得到理想信号的频域离散数据为

$$S'_{\mathrm{Ideal}}(n) = \sqrt{\frac{1}{\gamma}} \cdot \exp\left[-\mathrm{j}\alpha \cdot n^2 - \mathrm{j}\beta \cdot n - \mathrm{j}\left(\frac{3}{4}\pi + 2\pi f_c t_i\right)\right] \tag{2.45}$$

分析理想回波频谱的相位可知，其主要存在两部分分量：一部分是由位置的目标时延 t_i 引起的线性相位变化量；另一部分是由系统乘性误差引起的随频率变化的非线性相位偏移。因此，可以采用如下步骤估计出系统幅相中的相位失真量 $\tilde{\phi}(f)$。

首先，去除回波 DIFS 信号频谱中的已知相位项 $\mathrm{j}\alpha \cdot n^2$，得到

$$\begin{aligned} v'(n) &= v(n) \cdot \exp\left(\mathrm{j}\alpha \cdot n^2\right) \\ &= A(n) \cdot \exp\left[-\mathrm{j}\beta \cdot n + \mathrm{j}\varPhi(n)\right] + G(n) \cdot \exp(\mathrm{j}\alpha \cdot n^2) \end{aligned} \tag{2.46}$$

求解信号的剩余相位量：

$$\theta(n) = \mathrm{angle}\left[v'(n)\right] \tag{2.47}$$

然后，通过最小二乘法得到剩余相位中线性相位变化系数 β 的估计值：

$$\hat{\beta} = -\frac{\displaystyle\sum_{n=1}^{N}\left[\theta(n) \cdot n\right]}{\dfrac{1}{6}N(N+1)(2N+1)} \tag{2.48}$$

最后，去除 DIFS 信号中的线性相位及目标时延引起的相位偏差 $2\pi f_c t_i$，可以得到信号幅相失真部分的频域特性为

$$v''(n) = v'(n) \cdot \exp\left(\mathrm{j}\hat{\beta} \cdot n + \mathrm{j}\frac{\hat{\beta}}{\Delta f} \cdot f_c\right) \tag{2.49}$$

为降低回波中加性噪声的影响，这里选择通过多组回波估计求平均来提高估计的精度。连续发射 M 个宽带信号，录取得到塔源的 DIFS 回波数据，对每组数据做 N 点的快速傅里叶变换，得到点目标的回波频域观测矩阵为

$$w(m, n) = A(m, n) \cdot \exp\left\{\mathrm{j}\varPhi(m, n)\right\}, \quad m = 1, 2, \cdots, M \tag{2.50}$$

对第 m 次回波进行上述的非线性相位失真量估计，并计算出信号的带内幅频特性，可以得到一系列幅相失真频域特性，对其进行平均得到 DIFS 回波信号中

相位和幅度非理想部分的频域离散分布为

$$\hat{\Phi}(n) = \text{angle}\left[\frac{1}{M}\sum_{m=1}^{M}v''_m(n)\right] \tag{2.51}$$

$$\hat{A}(n) = \frac{1}{M}\sum_{m=1}^{M}|v_m(n)| \tag{2.52}$$

由此可以计算得到系统幅相失真特性为

$$\tilde{A}(\Delta f \cdot n) = \sqrt{M}\cdot\hat{A}(n) \tag{2.53}$$

$$\tilde{\phi}(\Delta f \cdot n) = \hat{\Phi}(n) + \frac{3}{4}\pi \tag{2.54}$$

频域的幅相失真补偿函数的离散形式为

$$\tilde{H}_{\text{Comp}}(n) = \frac{1}{\tilde{A}(\Delta f \cdot n)\cdot\exp\left[j\tilde{\phi}(\Delta f \cdot n)\right]} = \frac{1}{\sqrt{M}\cdot\hat{A}(n)}\cdot\exp\left[-\hat{\Phi}(n) - \frac{3}{4}\pi\right] \tag{2.55}$$

将目标实测 DIFS 信号的频谱与补偿函数进行点乘，能得到幅相失真补偿后的信号离散频谱为

$$S_{\text{r\_Comp}}(n) = S_r(n)\cdot\tilde{H}_{\text{Comp}}(n) \tag{2.56}$$

基于频域均衡系统幅相失真补偿流程图如图 2.15 所示。

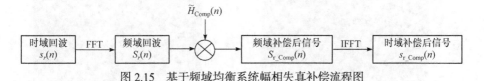

图 2.15　基于频域均衡系统幅相失真补偿流程图

首先利用卫星散射点模型的仿真数据进行幅相失真补偿实验。图 2.16(a)给出了采用的卫星散射点模型，该卫星散射点模型由 97 个等强度散射点构成。构造该卫星散射点模型的 DIFS 回波信号，在信号中添加系统幅相失真，图 2.16(b)和(c)分别给出了幅度和相位的带内失真曲线，图 2.16 (d)、(e)和(f)分别给出了幅相失真补偿前后的目标一维距离像和 ISAR 成像结果。由理想回波与失真回波的脉冲压缩和二维成像结果的对比可知，失真后的成像结果在径向上出现了严重的散焦和干扰，必须对其加以补偿。

利用理想散射点模拟塔源 DIFS 回波信号，估计系统幅相失真补偿函数 $\tilde{H}_{\text{Comp}}(n)$。为了更加接近实际系统，在该散射点模型的 DIFS 回波中添加加性高斯白噪声，回波信噪比为 20dB。选择 10 组模拟塔源的散射点回波进行估计求平均，得到系统中幅度和相位的失真 $\tilde{A}(f)$ 和 $\tilde{\phi}(f)$ 的估计，如图 2.17(a)和(b)所示。

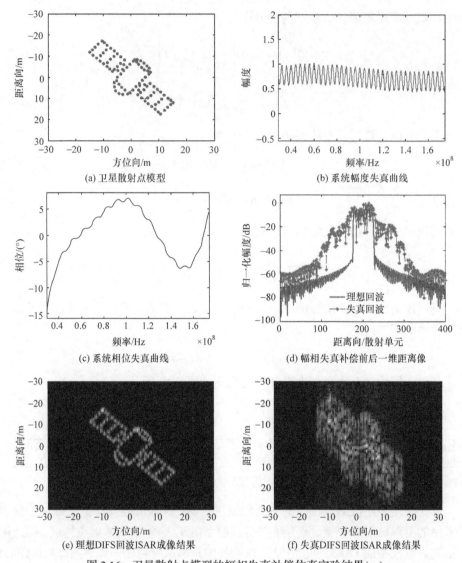

(a) 卫星散射点模型

(b) 系统幅度失真曲线

(c) 系统相位失真曲线

(d) 幅相失真补偿前后一维距离像

(e) 理想DIFS回波ISAR成像结果

(f) 失真DIFS回波ISAR成像结果

图 2.16　卫星散射点模型的幅相失真补偿仿真实验结果(一)

必须指出的是，在 DIFS 信号中采样频率通常比带宽大，因此快速傅里叶变换后得到的信号频谱范围大于带宽，为避免频带外信号的干扰，只对频带内的系统幅相特性进行估计。利用该模拟塔源 DIFS 信号得到的系统补偿函数 $\tilde{H}_{\text{Comp}}(n)$ 对卫星散射点模型的 DIFS 回波进行频域均衡的系统幅相失真补偿，得到补偿后的一维距离像和二维 ISAR 成像结果，如图 2.17(c)和(d)所示。从图中可知，采用本算法补偿后，目标回波中的系统幅相失真获得很好的补偿，ISAR 成像结果得到明显改善。

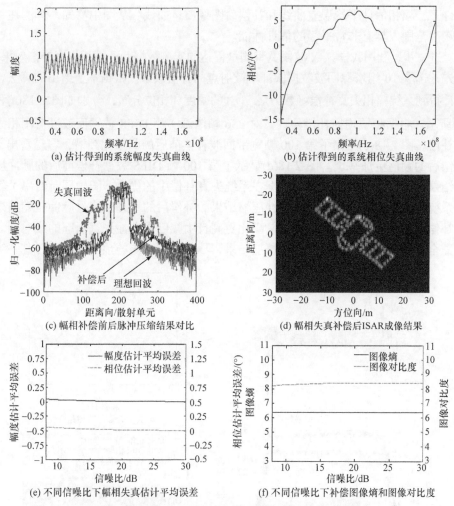

图 2.17　卫星散射点模型的幅相失真补偿仿真实验结果(二)

　　分别计算理想回波、失真回波和补偿后回波成像结果的图像熵与对比度,结果如表 2.1 所示。可以看出,补偿后回波的成像质量与理想回波的成像质量相差无几。

表 2.1　卫星仿真数据系统幅相失真补偿前后图像熵和对比度比较

图像	理想回波 ISAR 图像	DIFS 系统补偿前	DIFS 系统补偿后
图像熵	6.33	7.69	6.35
图像对比度	8.53	6.27	8.39

　　在点源 DIFS 回波中添加不同水平的噪声,以衡量算法在不同信噪比条件下的幅相失真估计性能。图 2.17(e)和(f)分别绘制了模拟塔源信号信噪比在 10～30dB

条件下，幅相估计平均误差曲线和补偿后图像质量曲线。从图中易知，算法在一定噪声范围内具有非常平稳的估计性能。

　　进一步，利用我国某 X 波段宽带测量雷达的实测数据验证幅相失真补偿效果。首先，选取 10 组塔源回波数据验证单散射点的补偿效果。根据本节给出的算法，估计得到系统幅相失真补偿函数 $\tilde{H}_{\text{Comp}}(n)$ 的幅度和相位分布，分别如图 2.18(a)和(b)所示。根据频域均衡补偿公式，对 256 帧塔源实测 DIFS 数据回波进行幅相失真补偿，图 2.18(c)给出了第 100 帧宽带回波补偿前后的归一化频谱，容易看出，补偿后的频谱更加平坦。图 2.18(d)显示了第 100 帧 DIFS 数据补偿前后的脉冲压缩结果对比，为了突出 DIFS 数据在系统失真补偿中的优势，图中同时给出了经过系统预失真校正的去斜回波脉冲压缩结果。补偿后的 DIFS 信号脉冲压缩结果与补偿前相比，主瓣更加尖锐、信噪比更高且由幅度周期性失真引起的成对伪峰被完全抑制。对比去斜回波脉冲压缩结果，尽管经过系统的预失真校正，其一维

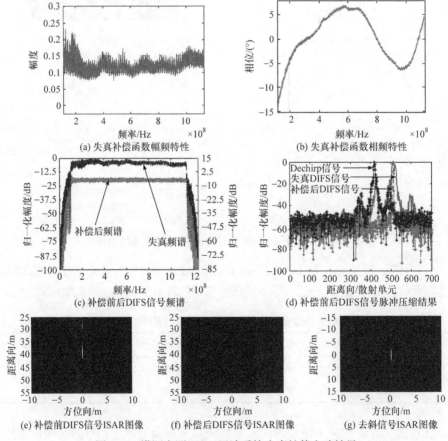

(a) 失真补偿函数幅频特性　　　　　　　　(b) 失真补偿函数相频特性

(c) 补偿前后DIFS信号频谱　　　　　　　　(d) 补偿前后DIFS信号脉冲压缩结果

(e) 补偿前DIFS信号ISAR图像　　　(f) 补偿后DIFS信号ISAR图像　　　(g) 去斜信号ISAR图像

图 2.18　塔源实测 DIFS 回波系统失真补偿实验结果

距离像性能优于 DIFS 补偿前的结果，但仍然无法完全抑制幅相失真的影响。图 2.18(e)、(f)和(g)中给出的塔源 DIFS 补偿前后的二维 ISAR 图像和去斜回波 ISAR 图像也很好地显示了针对 DIFS 信号进行系统幅相失真补偿带来的好处。

2. 基于横向距离像的数据驱动自适应幅相校正算法

在得到 M 个相干距离像后，对每个距离单元信号进行多普勒分析即可得到二维 ISAR 图像。对得到的模糊图像沿距离向做傅里叶变换，可以得到一维横向距离像序列。假设距离向上的采样点数为 N，则可以得到 N 个一维横向距离像。第 n 个一维横向距离像可以表示为

$$\text{CRP}_n^{\text{actual}} = \text{CRP}_n^{\text{ideal}} A(\omega_n) \cdot \exp[\mathrm{j}\varphi(\omega_n)] \tag{2.57}$$

式中，ω_n 为第 n 个采样点对应的频率。系统幅相失真与目标一维距离像为卷积关系，两者互相耦合，难以从一维距离像中估计出系统幅相失真参数；系统幅相失真与目标一维横向距离像为乘积关系，可以较容易地从一维横向距离像中分析得出系统幅相失真参数，从而可对扩展目标回波进行补偿，消除其影响，充分发挥宽带雷达的高分辨性能。

1) 基于统计算法的幅度失真补偿

在宽带雷达实际工作中，目标回波不可避免地会受到加性噪声的污染，表现为目标信号与噪声信号的叠加。在绝大多数情况下，回波中的噪声可以视作独立的高斯白噪声。由白噪声的特性可知，白噪声在各个频点下功率相等，也就是说它的功率谱是平坦的。宽带雷达系统的幅度失真不仅影响回波信号的幅度，而且影响噪声的幅度，导致不同横向距离像的噪声水平随雷达系统的幅频响应而变化。因此，可以通过分析每个横向距离像的噪声统计特性，实现对雷达系统幅度失真的补偿。具体来说，对于每个横向距离像，首先将纯噪声区域与目标区域分离，然后计算纯噪声区域的噪声幅度均值 η_n，最后按下列公式对横向距离像进行幅度失真补偿：

$$\text{CRP}_n^{\text{compA}} = \text{CRP}_n^{\text{actual}} \frac{\overline{\eta}}{\eta_n} = \text{CRP}_n^{\text{ideal}} \overline{\eta} \cdot \exp\left[\mathrm{j}\varphi(\omega_n)\right] \tag{2.58}$$

式中，$\overline{\eta}$ 为 $\eta_n(n=1,2,\cdots,N)$ 的均值。补偿之后，各次一维横向距离像噪声水平变得一致，消除了系统幅频响应起伏的影响。

2) 基于自聚焦技术的相位失真补偿

幅度失真补偿之后，宽带雷达系统的相位失真在各次横向距离像引入了相位误差项 $\exp\left[\mathrm{j}\varphi(\omega_n)\right]$，相位失真的补偿问题可以看作 ISAR 成像中的相位校正问题。因此，可以方便地采用自聚焦技术来估计和补偿各次横向距离像的相位误差项。为

实现更稳定、更准确的估计，本节选择基于图像最小熵准则的自聚焦技术来估计相位误差项[7]。记估计得到的相位误差为 $\hat{\varphi}(\omega_n)$，那么补偿之后的横向距离像为

$$\text{CRP}_n^{\text{compAP}} = \text{CRP}_n^{\text{compA}} \cdot \exp\left[-j\hat{\varphi}(\omega_n)\right] = \overline{\eta} \cdot \text{CRP}_n^{\text{ideal}} \tag{2.59}$$

由以上补偿过程可知，本节提出的幅相失真补偿算法完全是由扩展目标回波数据驱动的，无须测量雷达的系统特性，从而大大简化了幅相失真补偿过程，降低了复杂度和成本。补偿宽带雷达系统幅相失真之后，对横向距离像序列沿距离向做傅里叶逆变换即可得到聚焦良好的 ISAR 图像。

下面使用仿真数据来验证本节算法的有效性。仿真中，雷达载频设置为 3.5GHz，带宽为 300MHz。脉冲宽度为 $100\mu s$，采样窗口宽度为 $102\mu s$，复采样频率为 360MHz。PRF 为 200Hz，录取连续 256 个脉冲的回波数据。假设观测目标为如图 2.19(a)所示的一架飞机，目标绕其几何中心匀速转动，转速为 0.067rad/s，回波信噪比设置为−5dB。

在雷达系统频率响应理想的情况下，目标 ISAR 图像如图 2.19(b)所示。由图 2.19(b)可知，图像聚焦良好，很容易获取目标的几何形状、尺寸等信息。在后续的实验中，图 2.19(b)作为参考图像用于比较。

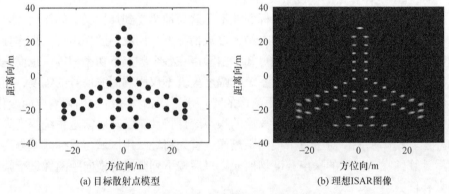

(a) 目标散射点模型　　　　　　　　　(b) 理想ISAR图像

图 2.19　飞机目标仿真模型及理想成像结果

假设雷达系统不仅存在幅度失真，而且存在相位失真，实际的频率响应如图 2.20(a)所示，此时 ISAR 图像如图 2.20(b)所示，可见目标图像距离向严重模糊，难以从图像中提取有用的目标特性信息。利用本节算法对图 2.20(b)进行系统幅相失真补偿，得到的目标图像如图 2.20(c)所示，图像质量有一定改善。图 2.20(d)给出了相位失真补偿后的目标图像，图像质量得到进一步改善，接近图 2.19(b)中的参考图像，证明了本节算法的有效性。

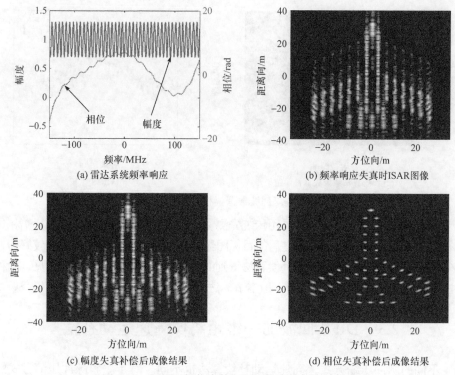

(a) 雷达系统频率响应

(b) 频率响应失真时ISAR图像

(c) 幅度失真补偿后成像结果

(d) 相位失真补偿后成像结果

图 2.20 飞机目标仿真数据幅相失真补偿实验结果

　　下面采用我国某雷达录取的标校塔宽带回波进一步验证本节算法的有效性。雷达带宽为 1GHz，距离分辨率为 0.15m。直接对录取的数据进行成像处理，结果如图 2.21(a)所示。由图可见，距离向主瓣宽度远大于理论值，而且主瓣两边出现了较高的成对旁瓣。

　　采用本节算法对图 2.21(a)进行处理，补偿宽带雷达系统幅相失真，得到的 ISAR 图像如图 2.21(b)所示。图像质量的提升是显而易见的，主瓣变窄且旁瓣得

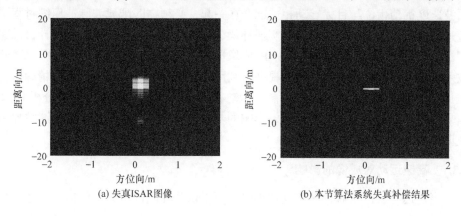

(a) 失真ISAR图像

(b) 本节算法系统失真补偿结果

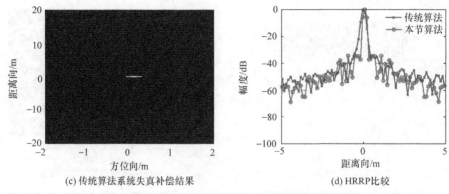

(c) 传统算法系统失真补偿结果　　　　　　　　(d) HRRP比较

图 2.21　标校塔回波数据幅相失真补偿实验结果

到了有效抑制。为了进行比较，采用传统先测量后校正的算法对目标回波进行幅相失真补偿，图 2.21(c)给出了补偿之后的目标图像，可见传统算法也可以得到较好的补偿效果。图 2.21(d)对比了两种补偿算法得到的目标高分辨距离像，由图可见，两种算法得到的一维距离像旁瓣相当，但本节算法的主瓣宽度更窄，略优于传统算法。

2.3　DIFS 回波的一维距离像高速运动补偿

不同的脉冲压缩方式，高速运动补偿算法也不同。对于去斜脉冲压缩方式的高速运动补偿，国内外学者研究较多。去斜信号高速运动补偿的关键在于速度的准确获取，目前主要采用两类算法：一类是以一维距离像的聚焦程度为衡量准则，其中以波形熵最为典型，进行速度的间接估计；另一类是基于去斜回波信号，估计高速运动引起的高次相位，进而直接获得速度的估计值，如离散 chirp-Fourier 变换(discrete chirp-Fourier transform，DCFT)、Randon-Ambiguity 变换、Randon-Wigner 变换、三次相位函数(cubic phase function，CPF)、积分三次相位函数(integrated cubic phase function，ICPF)等高次相位估计工具。与去斜回波不同，DIFS 回波速度扰动相位与目标转动相位耦合在一起，必须在匹配滤波脉冲压缩过程中通过调整匹配滤波器参数的方式实现补偿，因此通过 DIFS 回波信号估计目标速度难度较大。现有的绝大部分 ISAR 成像雷达都具备测速和测距功能，并且随着技术的发展，雷达测量精度不断提高。利用雷达窄带测距和测速数据可精确拟合出目标径向速度，为 DIFS 回波的高速运动补偿提供速度参数。本节首先分析 DIFS 信号中的高速运动对脉冲压缩结果影响的数学模型，然后给出基于匹配滤波器参数调整的高速运动补偿算法。

2.3.1　高速运动对成像的影响

当雷达与目标相对径向速度较小时，可以认为在脉冲持续时间内，雷达与目标的距离近似不变，这就是在 ISAR 雷达成像中通常采用的 "停—走—停" 假设。然而，空间目标在轨飞行速度大，其相对雷达的径向速度能达到几千米每秒，该假设不再成立。假设目标相对雷达的径向速度为 v，若目标还存在机动，则加速度设为 a，此时目标距离雷达的径向距离变为 $R_i' = R_i + vt + 1/2 \cdot at^2$。对于空间目标，其飞行轨迹相对稳定，在脉冲发射时间内可认为匀速运动，则有 $R_i' = R_i + vt$。对目标回波信号进行变量替换，可以得到速度较大时的回波信号为

$$s_r(t) = \text{rect}\left(\frac{t - 2R_i'/c}{T_p}\right) \cdot \exp\left\{j2\pi \cdot \left[f_c(t - 2R_i'/c) + \frac{1}{2}\gamma(t - 2R_i'/c)^2\right]\right\} \quad (2.60)$$

令 $t_i' = 2(R_i + vt)/c$，则有

$$s_r(t) = \text{rect}\left(\frac{t - t_i'}{T_p}\right) \cdot \exp\left\{j2\pi \cdot \left[f_c(t - t_i') + \frac{1}{2}\gamma(t - t_i')^2\right]\right\} \quad (2.61)$$

进一步，令 $v' = 2v/c$、$t_i = 2R_i/c$，则 $t_i' = t_i + v't$，回波可表示为

$$s_r(t) = \text{rect}\left(\frac{t - t_i - v' \cdot t}{T_p}\right) \cdot \exp\left\{j2\pi \cdot \left[f_c(t - t_i - v't) + \frac{1}{2}\gamma(t - t_i - v't)^2\right]\right\} \quad (2.62)$$

去除雷达载频后的中频复信号为

$$s_{r\_IF}(t) = \text{rect}\left(\frac{t - t_i - v't}{T_p}\right) \cdot \exp\left\{j2\pi \cdot \left[f_c(-t_i - v't) + \frac{1}{2}\gamma(t - t_i - v't)^2\right]\right\} \quad (2.63)$$

若仍采用静止点目标的回波信号的复共轭作为匹配滤波参考信号，即

$$h(t) = s^*(-t) = \text{rect}\left(\frac{t}{T_p}\right) \cdot \exp\left(-j\pi\gamma t^2\right) \quad (2.64)$$

则匹配滤波脉冲压缩结果为

$$\begin{aligned}
s_{\text{out}}(t) &= s_{r\_IF}(t) \otimes h(t) \\
&= \int_{-\infty}^{\infty} s_{r\_IF}(u) \cdot h(t-u)\mathrm{d}u \\
&= \int_{-\infty}^{\infty} \text{rect}\left(\frac{u - t_i - v'u}{T_p}\right) \cdot \exp\left[-j2\pi f_c(t_i + v'u) + j\pi\gamma(u - t_i - v'u)^2\right] \\
&\quad \cdot \text{rect}\left(\frac{t-u}{T_p}\right) \cdot \exp\left[-j\pi\gamma(t-u)^2\right]\mathrm{d}u \\
&= \int_{-\infty}^{\infty} \text{rect}\left(\frac{u - t_i - v'u}{T_p}\right) \cdot \text{rect}\left(\frac{t-u}{T_p}\right) \cdot \exp\left[j(a_0 + a_1u + a_2u^2)\right]\mathrm{d}u
\end{aligned} \quad (2.65)$$

式中，$a_0 = -2\pi f_c t_i + \pi\gamma(t_i^2 - t^2)$；$a_1 = 2\pi\gamma[(v-1)t_i + t] - 2\pi f_c v$；$a_2 = \pi k v(v-2)$。

当 $v \neq 0$ 时，积分函数的相位项中存在明显二次分量，由信号处理理论可知，此时的脉冲压缩结果峰将被展宽。下面通过一组散射点的仿真数据来显示目标高速运动对一维距离像的影响。仿真雷达参数设置如下：载频为 9GHz，带宽为 1GHz，脉宽为 200μs，中频复采样频率为 1.2GHz。首先通过图 2.22(a)中单个散射点的 DIFS 回波，仿真速度取不同值时对目标 DIFS 回波脉冲压缩结果的影响。目标速度分别取 0m/s、1000m/s、2000m/s 和 4000m/s，得到匹配滤波脉冲压缩后的散射点一维距离像，如图 2.22(b)所示。从图 2.22(b)中可知，随着目标径向速度的增大，散射点的一维距离像展宽更加严重。

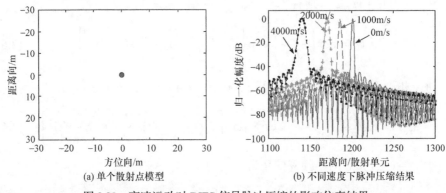

(a) 单个散射点模型　　　　　(b) 不同速度下脉冲压缩结果

图 2.22　高速运动对 DIFS 信号脉冲压缩的影响仿真结果

目标高速运动带来一维距离像展宽的同时，会破坏回波序列中的相位信息，对二维 ISAR 成像带来严重影响。下面采用卫星散射点模型仿真目标高速运动对二维 ISAR 成像的影响。分别仿真目标以 0m/s、1000m/s、2000m/s、4000m/s 和 5000m/s 五种径向速度飞行的回波序列。不同速度的仿真数据均包含 256 帧宽带 DIFS 回波数据，假设已经完成径向运动补偿，目标相对雷达视线可等效为标准转台模型。目标旋转速度为 0.067rad/s，雷达脉冲重频设置为 200Hz，从而可以计算出目标在仿真成像时间内的转角大小为 $\Theta = 4.9°$，由此可以对成像结果进行定标。分别对不同速度的仿真数据进行匹配滤波脉冲压缩和 RD 成像，得到不同径向速度下的二维 ISAR 图像，如图 2.23(b)～(f)所示。可以看出，随着目标径向速度的增大，成像结果在径向发生了平移，并且在距离向和方位向出现了散焦。值得注意的是，当目标速度为 0m/s 时，ISAR 成像结果在偏离转动中心越远的地方，散焦越严重，这是由成像过程中散射点的越分辨单元走动引起的。因此，随着雷达分辨率的提高，越分辨单元走动对成像结果的影响变得不容忽视，必须加以校正。

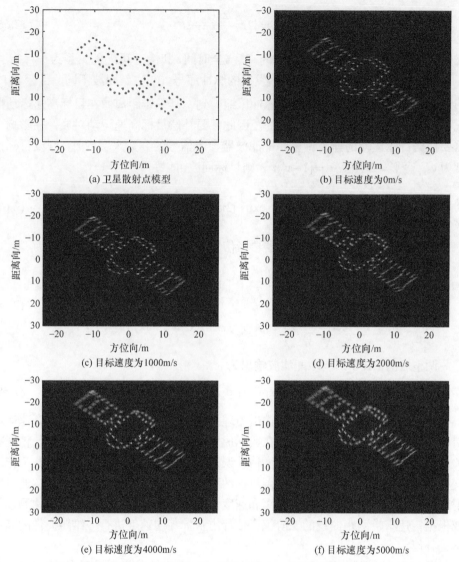

(a) 卫星散射点模型　　　　　　　　　(b) 目标速度为0m/s

(c) 目标速度为1000m/s　　　　　　　(d) 目标速度为2000m/s

(e) 目标速度为4000m/s　　　　　　　(f) 目标速度为5000m/s

图 2.23　高速运动对 DIFS 信号二维 ISAR 成像的影响分析

2.3.2　高速运动补偿算法

针对去斜回波脉冲压缩中的高速运动补偿，很多学者对其进行了研究，其补偿算法相对简单。若已知目标在不同回波脉冲时的径向速度为 $v(t_m)$，则只需对一维距离像中的速度引起的距离展宽项进行共轭相乘，这里直接给出去斜回波信号的高速运动补偿相位：

$$\varphi_v = \mathrm{j}2\pi\gamma \frac{2v(t_m)}{c}\cdot \hat{t}^2 \tag{2.66}$$

式中，$\hat{t}$ 为脉冲持续时间内的快时间，其与全时间 t 和慢时间 t_m 的关系为 $\hat{t}=t-t_m$；$t_m=mT_p\,(m=0,1,2,\cdots)$，$m$ 为雷达发射的脉冲序号。与去斜回波不同，目标 DIFS 回波的一维距离像通过匹配滤波脉冲压缩得到，其一维距离像在目标高速运动情况下的展宽是由滤波器失配引起的。因此，要补偿目标高速运动对成像的影响，需要根据目标运动的速度调整匹配滤波器参考信号的参数来实现[8]。假设目标速度为 v，令 $v'=2v/c$、$t'=(1-v')t$，则目标回波可以写为

$$s_{\mathrm{r\_IF}}(t') = \mathrm{rect}\left(\frac{t'-t_i}{T_p}\right)\cdot \exp\left\{\mathrm{j}2\pi\cdot\left[f_c(t'-t_i)+\frac{1}{2}\gamma(t'-t_i)^2\right]\right\} \tag{2.67}$$

根据目标速度调整匹配滤波器参考信号的参数，可得新的参考信号为

$$\begin{aligned}h(t') &= s_{\mathrm{r\_IF}}^*(-t') = \mathrm{rect}\left(\frac{t'}{T_p}\right)\cdot \exp\left[\mathrm{j}2\pi f_c v't'/(1-v')-\mathrm{j}\pi\gamma t'^2\right]\\ &= \mathrm{rect}\left(\frac{t-v't}{T_p}\right)\cdot \exp\left[\mathrm{j}2\pi f_c v't'/(1-v')-\mathrm{j}\pi\gamma(t-v't)^2\right]\end{aligned} \tag{2.68}$$

调整后的 DIFS 回波匹配滤波输出为

$$s_{\mathrm{out}}(t') \approx T_p\cdot \exp(-\mathrm{j}2\pi f_c t_i)\cdot \mathrm{sinc}\left[\gamma T_p(t'-t_i)\right] \tag{2.69}$$

可知，调整后的匹配滤波器输出与理想 DIFS 回波输出一致，目标高速运动引起的失真得到"完美"补偿。在实际成像中，补偿效果与目标速度估计精度有关，匹配滤波脉冲压缩对小的速度估计误差不敏感。通常，宽带成像雷达工作时交替发射窄带和宽带数据，以实现目标的稳定跟踪和宽带特性测量。雷达通过发射窄带信号，能够获得目标的距离和速度信息。因此，可以直接通过雷达测速值或根据雷达窄带测距曲线的二阶拟合估计出目标径向速度进行一维距离像的高速运动补偿。

以单散射点的仿真 DIFS 信号为例，假设散射点相对雷达的径向速度为 5000m/s，利用含速度补偿项的匹配滤波器对高速运动的回波进行补偿，分别取补偿速度为 4800m/s、5000m/s 和 5200m/s，图 2.24(a) 给出了补偿前和补偿后的一维距离像。从补偿结果可以看出，补偿后的一维距离像展宽畸变得到很好的校正，并且当补偿速度与目标真实速度误差很小时，除造成散射点位置偏移外，一维距离像形状无明显差异。为进一步说明高速运动补偿对速度误差的不敏感性，分别计算补偿速度在 (4000m/s，6000m/s) 范围内变化时补偿后一维距离像的主瓣宽度 (−3dB)，其变化曲线如图 2.24(b) 所示。图中同时给出了速度为 0m/s 和 5000m/s 时

的脉冲压缩宽度,很明显,当补偿速度与目标真实速度相等时,补偿后的主瓣宽度达到最小,但是当两者误差小于 500m/s 时,补偿后脉宽十分接近理想值。

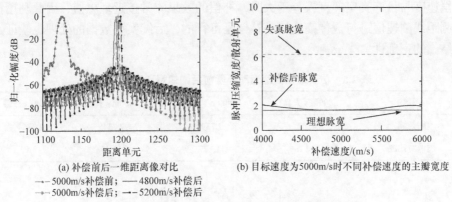

(a) 补偿前后一维距离像对比

—·— 5000m/s补偿前;　—— 4800m/s补偿后;
—+— 5000m/s补偿后;　—— 5200m/s补偿后

(b) 目标速度为5000m/s时不同补偿速度的主瓣宽度

图 2.24　单散射点 DIFS 信号高速运动补偿仿真结果

对空间目标散射点模型的 DIFS 数据进行高速运动补偿成像仿真实验,假设目标径向速度为 5000m/s,此时成像结果如图 2.23(f)所示。分别取补偿速度为 4800m/s、5000m/s 和 5200m/s 对 DIFS 回波序列进行补偿,得到的成像结果分别如图 2.25(a)、(b)和(c)所示,三者质量差异很小。分别计算图 2.23(f)和图 2.25(a)~(c)

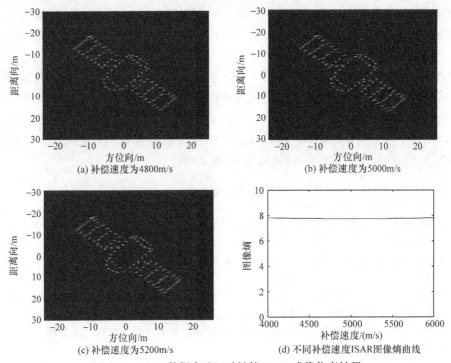

(a) 补偿速度为4800m/s

(b) 补偿速度为5000m/s

(c) 补偿速度为5200m/s

(d) 不同补偿速度ISAR图像熵曲线

图 2.25　DIFS 数据高速运动补偿 ISAR 成像仿真结果

的图像熵值与对比度，如表 2.2 所示，补偿后的 ISAR 图像明显优于补偿前 ISAR 图像，且对速度误差不敏感。图 2.25(d)给出了在不同补偿速度下图像的熵值，当补偿速度与目标真实速度误差不大时，补偿的效果非常接近理想值，因此利用雷达测距或测速值进行成像高速运动补偿是可行的，后续实测数据的处理也验证了该结论的正确性。

表 2.2　仿真数据高速运动补偿前后图像熵和对比度比较

图像	5000m/s 失真	4800m/s 补偿	5000m/s 补偿	5200m/s 补偿
图像熵	8.4264	7.7397	7.7345	7.7364
图像对比度	12.12	13.27	13.45	13.19

2.4　本 章 小 结

高质量一维距离像是空间目标高分辨 ISAR 成像的基础。本章围绕雷达目标高质量一维距离像获取技术，研究了雷达目标回波脉冲压缩技术、基于 DIFS 回波数据的系统幅相失真和高速运动补偿技术。首先，针对 LFM 信号的去斜和匹配滤波两种脉冲压缩方式进行了分析和推导。然后，根据 DIFS 信号匹配滤波脉冲压缩处理的流程特点，分析了宽带雷达系统失真对 DIFS 信号的影响，确定了系统幅相失真在 DIFS 信号失真中的主导作用。分别从周期性失真分量和非周期性失真分量两个方面，通过理论推导和仿真实验详细分析了系统幅相失真对 DIFS 信号脉冲压缩性能的影响。提出了一种基于频域均衡的系统幅相失真补偿算法以及基于横向距离像的宽带雷达信号脉内相位失真自适应补偿算法，对 DIFS 回波数据进行系统幅相失真补偿。最后，分析了 DIFS 信号匹配滤波脉冲下的目标高速运动对一维距离像的影响，从而给出了 DIFS 回波速度补偿的匹配滤波器模型，根据估计出的速度对 DIFS 回波进行了高速运动补偿。

参 考 文 献

[1] 保铮, 邢孟道, 王彤. 雷达成像技术[M]. 北京：电子工业出版社, 2005.

[2] Krichene H A, Brawley E B, Lauritzen K C, et al. Time sidelobe correction of hardware errors in stretch processing [J]. IEEE Transactions on Aerospace and Electronic Systems, 2012, 48(1): 637-647.

[3] Lin Q Q, Chen Z P, Zhang Y, et al. Coherent phase compensation method based on direct if sampling in wideband radar [J]. Progress in Electromagnetics Research, 2013, 136: 753-764.

[4] 宿绍莹, 刘万全, 陈曾平. 宽带直接采样接收机的高速运动补偿方法[J]. 深圳大学学报(理工版), 2012, 29(5): 13-18.

[5] 陆必应, 梁甸农. 调频线性度对线性调频信号性能影响分析[J]. 系统工程与电子技术, 2005, 27(8): 1384-1386.

[6] Liu Y, Hou Q K, Xu S Y, et al. System distortion analysis and compensation of DIFS signals for wideband imaging radar [J]. Science China: Information Sciences, 2015, 58(2): 1-16.

[7] Hu P J, Xu S Y, Wu W Z. Adaptive compensation for wideband radar system distortion based on cross range profiles [J]. Journal of Applied Remote Sensing, 2019, 13(1): 14520.

[8] Tian B, Lu Z J, Liu Y X, et al. High velocity motion compensation of IFDS data in ISAR imaging based on adaptive parameter adjustment of matched filter and entropy minimization[J]. IEEE Access, 2018, 6: 34272-34278.

第 3 章　ISAR 成像精细化运动补偿技术

在 ISAR 成像过程中，目标相对雷达的运动包含平动和转动两部分，其中只有转动分量对 ISAR 成像有贡献。由于目标运动的非合作性，平动分量会导致目标回波相位的扰动，影响回波序列的相干性，需要对其进行补偿。因此，在 ISAR 成像研究中，研究人员始终围绕如何恢复目标回波序列的相干性进行展开。本章主要针对其中的平动补偿技术和转动补偿技术进行研究，介绍精细化的运动补偿算法，特别是相干化的平动补偿算法、大转角情况下的越分辨单元走动校正以及非均匀转动补偿算法。

3.1　基于数字去斜的 ISAR 成像平动补偿

ISAR 成像针对的是非合作运动目标，目标的非合作运动相对于雷达可分解为提供成像信息的转动分量和干扰成像的平动分量。其中，消除平动分量对回波包络的影响称为包络对齐，而消除平动分量对回波相位的影响称为相位补偿。ISAR 成像平动补偿的优劣将对成像质量产生重大影响。为此，国内外学者开展了大量研究，取得了众多的研究成果。然而，已有的各种补偿算法都是基于模拟去斜处理，模拟去斜处理导致雷达回波信号蜕化为非相参信号，无法利用目标回波的相参性来完成 ISAR 成像的平动补偿，包络对齐与相位补偿是在回波相位混乱状态下进行的。目标回波的相参性对 ISAR 成像虽非必要，但该特性在许多场合可为处理带来方便。基于中频直接采样的数字去斜处理的目标回波可以保留其相参特性，在进行包络对齐与相位补偿处理时，可利用该特性达到更好的效果。因此，本节介绍针对数字去斜处理的回波研究的包络对齐与相位补偿新算法[1]。

3.1.1　基于目标径向运动轨迹拟合的亚距离单元包络对齐

目标的宽带回波信号经过脉冲压缩后，得到的是目标一维距离像。通常将脉冲压缩结果的幅度分布称为一维实距离像，它反映的是目标沿雷达径向(雷达视线方向)散射强度分布情况。若将一段连续观测时间内的目标一维距离像按照时间序列依次排列(后面称为一维距离像序列)，则可以观察到目标在雷达径向的运动趋势(后面称为目标的径向运动轨迹)。径向运动轨迹反映了目标平动带来的回波包络的移位情况。ISAR 成像平动补偿的第一步即包络对齐，因此本小节拟从目标径向运动轨迹入手，提取目标平动信息用于包络对齐。

1. 传统的相关包络对齐算法

包络对齐是 ISAR 成像处理中相位补偿与图像重构的基础，虽然它被称为平动补偿中的"粗补偿"，但是大量的研究表明，包络对齐精度对 ISAR 的图像质量影响较大。当前，较常运用的包络对齐算法主要是由 Chen 等提出的包络最大相关法[2]和王根原等引入的最小熵包络对齐算法[3]以及两者的改进算法。其中，包络最大相关法运算量小、实现简单，从而使得该算法及其改进算法获得了广泛的应用。

Chen 等提出的包络最大相关法假设目标相邻一维距离像的包络形状变化不大，当目标的相邻两帧回波一维距离像包络对齐时，其相关系数取得最大值。以此为准则，将目标的一维距离像包络相对基准包络进行循环移位计算相关系数，求得当相关系数取得最大值时对应的包络平移量，用于目标包络的移动对齐。该算法主要的衡量参数为相邻一维距离像的归一化相关系数，定义为

$$\gamma(S_1, S_2) = \frac{\max\limits_{m}\left\{\sum\limits_{n=1}^{N-|m|} S_1(n) S_2(n+m)\right\}}{\sqrt{\sum\limits_{n=1}^{N} S_1^2(n) \sum\limits_{n=1}^{N} S_2^2(n)}} \tag{3.1}$$

式中，$S_1(n)$ 和 $S_2(n)$ 分别为相邻两回波的实一维距离像($1 \leqslant n \leqslant N$)；$N$ 为回波的距离单元个数。

包络最大相关法存在包络对齐误差积累与传递的问题，容易导致对齐后的包络出现漂移与突跳现象。积累相关法在做包络相关运算时，采用多个已对齐的包络加权作为对齐基准，基本上消除了包络漂移与突跳现象，提高了包络对齐的效果。基于自适应幂变换的相关包络对齐法在积累相关法的基础上引入幂变换的思想，对目标的一维距离像进行幂变换，以此降低含螺旋桨等微动部件的目标一维距离像的突变，以提高距离像之间的相关性，再用积累相关法进行距离对准，最终达到改善包络对齐效果的目的。该算法的原理可用表达式描述为

$$\begin{cases} \text{temp}_1 = \text{pro}_1^v \\ \text{temp}_{m+1} = \text{temp}_m \cdot \eta + \text{pro}_m^v \end{cases} \tag{3.2}$$

式中，temp_m 为第 m 个包络对齐时所用的基准($m = 2, 3, \cdots$)；pro_m 为第 m 个待对齐的包络；η 为积累相关法的加权系数；v 为幂变换系数。

上述各种基于包络相关的对齐算法能实现整数个距离单元的移位对准，其对

齐精度为 0.5 个距离单元。实际目标的回波一维距离像对齐时的平移量不一定为整数倍的距离单元，因此有学者提出了各种亚距离单元的包络对齐算法，包括距离像插值处理、超分辨算法、相位斜坡、二次拟合法等，但这些算法复杂，增加了运算量，使得其应用受到了一定的限制。

2. 目标径向运动轨迹的特点分析

通常情况下，宽带成像雷达工作于宽/窄带交替模式下。窄带信号用于实现对目标的发现与自动跟踪，其获取的目标位置信息用于引导雷达以宽带信号对目标照射并进行成像。对于大部分空中目标，在雷达一次成像观测时间内，目标平动引起的径向距离变化通常比较大，因此目标的窄带距离信息在 ISAR 成像期间也随着目标的运动而不断变化，从而保证雷达由此换算得到的目标宽带回波信号接收的时间基准点与目标回波的到达时间始终保持较近，即使得目标的宽带回波信号始终落入雷达的宽带采样波门内。图 3.1 给出了雷达宽/窄带交替工作模式时序关系示意图。在较短的一段时间内，目标回波可以较好地落在宽带采样波门内；当观测时间较长时，目标的运动可能使得回波逐渐偏离采样波门中心而靠近采样波门边界，此时雷达依据窄带信息改变宽带采样波门的时间基准点，重新使得宽带回波信号落入新的采样波门内。

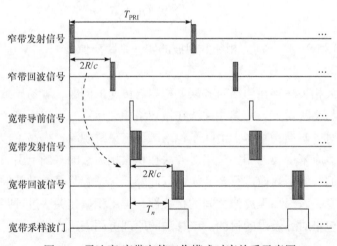

图 3.1　雷达宽/窄带交替工作模式时序关系示意图

显然，以采样波门为参照，对一段观测时间内的目标回波信号进行脉冲压缩处理，得到的一维距离像序列所反映的目标径向运动轨迹将是来回往复的，如图 3.2 所示。这是由于目标运动导致宽带采样波门跟着变化的结果，传统的包络对齐算法都是在这一前提下进行的。如果以宽带导前信号为时间基准点，利用目标回波相对采样波门移动的信息加上雷达宽带采样波门相对宽带导前信号的时延信息，则可以得出观测时间内目标完整真实的径向运动轨迹。对于模拟去斜脉冲压缩处理，其参考信号的时延是利用窄带测量得到的，相对于雷达的距离分辨率，其误差是比较大的，很难用其准确恢复出目标的径向运动轨迹；基于中频直接采样的数字去斜脉冲压缩算法则可在目标回波中频采样时，利用相参的中频高速采样时钟记录 T_n 的精确大小，其最小量化单元为一个数据采样间隔，完全满足用于恢复目标径向运动轨迹的精度要求。图 3.3 给出的是对图 3.2 的一维距离像序列利用宽带采样时钟记录的 T_n 取值恢复目标径向运动轨迹得到的目标一维距离像序列。由图 3.3 可以明显看出，一维距离像序列显示的目标径向运动轨迹是光滑的，不存在间断与跳跃，可以真实地反映出目标径向的运动特点，可以辅助目标的包络对齐处理。

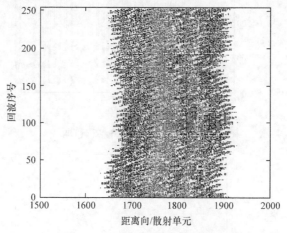

图 3.2　原始的一维距离像序列

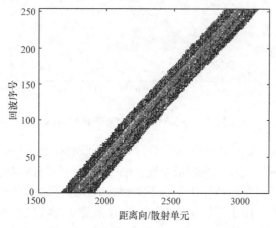

图 3.3　恢复目标径向运动轨迹后的一维距离像序列

3. 基于目标径向运动轨迹拟合的亚距离单元包络对齐算法

利用自适应幂变换的相关包络对齐算法计算得到每一帧一维距离像包络相对基准模板的对齐平移量。以回波序列为横坐标画出各包络对齐平移量的变化曲线图。图 3.2 的包络对齐平移量曲线如图 3.4 所示,图 3.5 则是与图 3.3 对应的包络对齐平移量曲线。

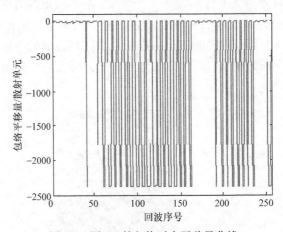

图 3.4　图 3.2 的包络对齐平移量曲线

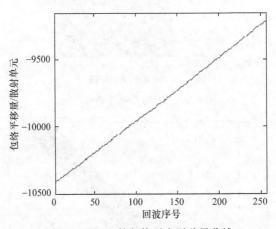

图 3.5　图 3.3 的包络对齐平移量曲线

由图 3.4 可知,原始的一维距离像序列由于没有恢复出目标径向运动轨迹,其包络对齐平移量是无规则的起伏曲线。图 3.5 中各包络的对齐平移量曲线近似连续平滑,这与目标在惯性作用下其平动轨迹为连续平滑的状况是相符的,而曲线上的微小起伏正是用于计算包络对齐平移量的算法存在的误差及其整数倍距离单元位移量的限制条件导致的。若能够估计得出更精确、更平滑的包络对齐平移量曲线，则将提高包络对齐的精度。本节利用最小二乘多项式曲线拟合法来获取更精确的包络对齐平移量。大量的实验结果表明，对于空中飞行的民航客机一类的目标，为了保证曲线拟合的结果与其真实运动轨迹曲线具有较高的吻合度，多项式阶数选择 3 阶最为合适。对于图 3.5 的包络对齐平移量曲线，其拟合前后包络对齐平移量差值曲线如图 3.6 所示。由图 3.6 可以看到，基于自适应幂变换的相关包络对齐法计算得到的包络对齐平移量仍存在一定的误差，其误差范围为[−0.7, 0.7]。

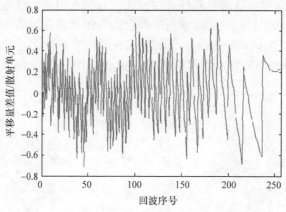

图 3.6　拟合前后包络对齐平移量差值曲线

至此，可以采用拟合后所得到的包络对齐平移量进行包络的精对齐。此时得到的包络对齐平移量不再是整数倍的距离单元，无法在时域对包络进行简单搬移来完成包络对齐，而时域的包络平移可对应为频域上的频谱乘以相应的相位因子，因此可利用傅里叶变换来完成一维距离像包络的任意移位。对于平移量为 τ 的包络平移，其平移后的包络可表示为

$$S(m+\tau,n) = \text{IFFT}\left\{\text{FFT}\left[S(m,n)\right] \cdot \exp\left(j2\pi \cdot \tau \cdot \Delta f \cdot nT_s\right)\right\} \tag{3.3}$$

式中，$S(m,n)$ 为待对齐包络的第 n 个数据采样点；$S(m+\tau,n)$ 为根据平移量 τ 进行移位后对齐包络的第 n 个数据采样点；Δf 为包络频域的频谱分辨率；T_s 为数据采样周期。

综上所述，将基于目标径向运动轨迹拟合的亚距离单元包络对齐算法的步骤总结如下：

(1) 针对数字去斜脉冲压缩得到的一维距离像序列，利用中频高速采样时钟所记录的 T_n 信息恢复出目标的径向运动轨迹。

(2) 采用基于自适应幂变换的相关包络对齐法计算一维距离像序列中各包络的对齐平移量。

(3) 对步骤(2)中得到的包络对齐平移量曲线，以最小二乘多项式曲线拟合法进行曲线拟合，得到与目标真实的径向运动轨迹相吻合的精确包络对齐平移量。

(4) 通过傅里叶变换将各一维距离像包络变换到频域进行频域的包络移位，再将结果通过傅里叶逆变换变换到时域，在对所有一维距离像序列处理后，即可得到对齐后的一维距离像序列，完成包络对齐。

4. 算法验证实例

采用实测数据对算法的有效性进行验证，分别采用基于自适应幂变换的相关包络对齐算法与基于目标径向运动轨迹拟合的亚距离单元包络对齐算法进行包络对齐处理，同时采用相同的相位补偿算法(这里采用改进的多普勒质心跟踪相位补偿算法)，最终得到两种算法处理后的目标 ISAR 图像分别如图 3.7(a)、(b)所示。

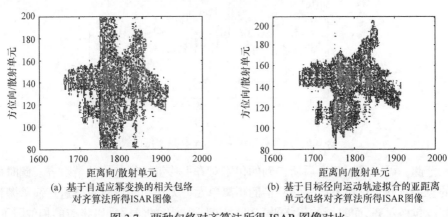

(a) 基于自适应幂变换的相关包络
对齐算法所得ISAR图像

(b) 基于目标径向运动轨迹拟合的亚距离
单元包络对齐算法所得ISAR图像

图 3.7　两种包络对齐算法所得 ISAR 图像对比

对比图 3.7(a)和(b)可以明显看出，相对于基于自适应幂变换的相关包络对齐算法，本节提出的包络对齐算法明显地改善了 ISAR 成像的质量。为了定量分析两幅图像的优劣，分别计算两幅图像的图像熵，如表 3.1 所示。由表 3.1 可见，本节提出了包络对齐算法所得的 ISAR 图像熵明显小于采用自适应幂变换的相关包络对齐算法所得的 ISAR 图像熵，进一步证明了本节提出了包络对齐算法能够有效地提高 ISAR 成像中包络对齐的效果。

表 3.1　两种包络对齐算法所得 ISAR 图像的熵值对比

包络对齐算法	ISAR 图像熵值
基于自适应幂变换的相关包络对齐算法	8.3718
本节提出的包络对齐算法	7.9549

3.1.2　相参多普勒质心跟踪相位补偿

相位补偿是 ISAR 成像处理中另一个非常重要的过程,与包络对齐一样都是为了消除目标相对雷达平动引起的多普勒频率变化,最终转换成转台目标的成像。但两者对补偿精度的要求却有很大的差别:包络对齐是对距离分辨单元(通常为分米级)而言的,一般要求对齐精度为 1/8～1/4 个距离单元即可;相位补偿是相对雷达波长(以 X 波段为例,对应波长为厘米级)而言的,即使是毫米级的径向移动都会产生较大的相位变化。目标径向距离变化 ΔR 所引起的相位变化为 $-4\pi f_c \Delta R/c = -4\pi \Delta R/\lambda$,取 $\Delta R = 1\text{mm}$ 、 $\lambda = 3\text{cm}$,则相应的相位变化量约为 $24°$,由此可见相位补偿需要很高的精度。

围绕着相位补偿这个课题,国内外学者开展了大量研究,也取得了众多的研究成果,主要分为参数化算法与非参数化算法两大类[4]。在众多的补偿算法中,多普勒质心跟踪(Doppler centroid tracking,DCT)法在最大似然准则下是一种最优的算法,且该算法跟踪的是目标整体,而不是任何一个散射点,可以减少由闪烁和遮挡引起的跟踪损失;同时该算法运算量小,利于实时成像。然而,目标转动相位分量的存在导致 DCT 法对平动相位分量的估计精度下降;文献[5]提出的改进 DCT (modefied DCT,MDCT)法在 DCT 法的基础上,通过循环移位和加窗消除了转动相位分量对平动相位分量估计的影响。然而,该算法需要经过多次迭代运算,使其难以在实时成像工程中应用。

众所周知,现代雷达大多数采用相参体制,充分利用相位或频率信息来完成系统的主要功能。雷达的相参性在系统性能中发挥着越来越重要的作用,而数字去斜处理保留了目标回波信号的相参特性。因此,本节讨论利用数字去斜处理的回波信号相参特性,以 DCT 法为基础,提出一种相参化的 DCT(coherent DCT,CDCT)相位补偿算法,以提高平动相位分量估计的精度,从而达到更好的相位补偿效果,进而提高 ISAR 成像的质量。

1. DCT 法及其改进算法

DCT 法通过跟踪目标重心迫使其平均多普勒为零,即消去按距离单元平均算出的目标重心多普勒,以此达到相位补偿的效果。

目标回波复包络如下:

$$s(t) = \sum_{p=1}^{P} \delta_p u \left[t - \frac{2R_p(t)}{c} \right] \cdot \exp\left[-j4\pi f_c \frac{R(t)}{c} \right] \cdot \exp\left\{ -j4\pi f_c \frac{y\cos[\theta(t)] - x\sin[\theta(t)]}{c} \right\}$$

$$(3.4)$$

式中,每一个散射点的回波相位由两个分量构成,其一为目标平动带来的平动相位分量，即第一相位项；其二为目标转动引起的转动相位分量，即第二相位项。如果忽略转动相位分量，则式(3.4)中只剩下第一相位项。模拟去斜脉冲压缩处理后，目标回波平动相位分量转换为 $\exp\left[-\mathrm{j}4\pi f_c\Delta R(t)/c\right]$，而采用匹配滤波脉冲压缩算法或数字去斜脉冲压缩算法处理后，目标回波平动相位分量仍为 $\exp\left[-\mathrm{j}4\pi f_c R(t)/c\right]$，而相位补偿的目的就是补偿掉平动相位分量。在 DCT 法中，相位补偿的具体做法是：在包络对齐完成之后，将相邻回波各距离单元相位差复指数函数以幅度为权重进行加权平均，求得多普勒中心相位差的复指数函数，即

$$\exp\left[\mathrm{j}\Delta\zeta(m)\right]=\frac{\displaystyle\sum_{n=1}^{N}s_{m,n}^{*}s_{m+1,n}}{\left|\displaystyle\sum_{n=1}^{N}s_{m,n}^{*}s_{m+1,n}\right|} \tag{3.5}$$

式中，$m=1,2,\cdots$ 为回波序号；$s_{m,n}$、$s_{m+1,n}$ 为相邻两回波(第 m 次回波与第 $m+1$ 次回波)的第 n 个距离单元的子回波；$\Delta\zeta(m)$ 为相邻两回波的相位差，即相邻包络平动引起的附加多普勒相位。依次求得各相邻包络的多普勒中心相位差，用它对各次回波的相位进行校正，从而完成相位补偿。

文献[5]证明了对于不考虑目标转动相位分量的理想模型，DCT 法是对平动相位分量的最大似然估计与补偿。然而实际上，转台模型的 ISAR 成像正是利用目标转动产生的多普勒分量对目标横向进行分辨，因此目标的转动相位分量存在且不能忽略。这显然会对 DCT 法对目标平动相位分量的估计造成影响，因此 DCT 法求得的平动相位分量与目标真实的平动相位分量之间必然存在差异，也就无法准确地对目标回波进行相位补偿。基于相位梯度自聚焦(phase gradient autofocus，PGA)算法的圆位移思想，文献[5]提出了 MDCT 法，可以较好地消除目标转动相位分量对平动相位分量估计的干扰，但该算法的多次迭代运算带来很大的运算量，影响其在工程实践中的应用。

2. 目标相邻回波平动相位差曲线特性分析

本小节对 DCT 法估计得到的目标相邻回波平动相位差曲线特性进行详细分析。对于通常采用的模拟去斜脉冲压缩算法，相邻回波平动相位差复指数函数为

$$\exp\left[\mathrm{j}\Delta\zeta(i)\right]=\exp\left[-\mathrm{j}4\pi f_c\Delta R(t_i)/c\right] \tag{3.6}$$

$$\begin{aligned}\Delta R(t_i)&=\left[R(t_i)-R_{\mathrm{ref}}(t_i)\right]-\left[R(t_{i-1})-R_{\mathrm{ref}}(t_{i-1})\right]\\&=\left[R(t_i)-R(t_{i-1})\right]+\left[R_{\mathrm{ref}}(t_{i-1})-R_{\mathrm{ref}}(t_i)\right]\\&=\Delta R'(t_i)+\Delta R_{\mathrm{ref}}(t_i)\end{aligned} \tag{3.7}$$

式中，$R(t_i)$ 为第 i 次回波目标与雷达之间的径向距离；$R_{\text{ref}}(t_i)$ 为第 i 次回波进行模拟去斜混频时参考信号的参考距离。模拟去斜处理的相邻回波相位差与目标径向距离 $R(t_i)$ 和参考距离 $R_{\text{ref}}(t_i)$ 有关。通常情况下，$R_{\text{ref}}(t_i)$ 随着目标的运动而变化，而且是通过窄带回波附加固定延时来确定的。窄带回波的延时本身不够精确，从而使得 $R_{\text{ref}}(t_i)$ 不能精确获得，因此 $\Delta R_{\text{ref}}(t_i)$ 并非定值且不够精确，从而导致 $\Delta R(t_i)$ 与目标平动情况不吻合，所得的相邻回波平动相位差具有较大的随机误差，即回波为非相参的，无法反映目标的平动情况。图 3.8 为对应的同一目标在同一时刻采用模拟去斜脉冲压缩处理的目标回波信号经包络对齐后，采用 DCT 法估计得到的相邻回波多普勒质心平动相位差曲线，图中曲线起伏较为剧烈且明显与目标平动情况不符，无法真实反映目标的平动情况。

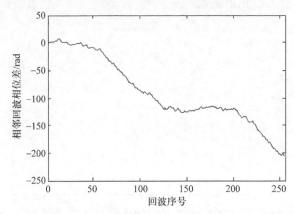

图 3.8　模拟去斜脉冲压缩所得相邻回波多普勒质心平动相位差曲线

对于采用相参信号体制的雷达，当中频直接采样的采样频率等于雷达脉冲重复频率的整数倍时，即可保证采样后各回波脉冲保持脉间初相的相参性；在基于中频直接采样的数字去斜系统失真补偿过程中，消除了数字去斜脉冲压缩信号的 RVP 项以及包络斜置相位项，可得点目标回波信号经过失真补偿和脉冲压缩后的信号为

$$S_{if}(f_i) = T_i \text{sinc}\left[T_t\left(f_i + \gamma \frac{2R_\Delta}{c} \right) \right] \cdot \exp\left(-\text{j}4\pi f_c \frac{R_i}{c} \right) \tag{3.8}$$

则此时目标回波相位为

$$\phi_d = -4\pi f_c R_i / c \tag{3.9}$$

式中，ϕ_d 只与目标相对雷达的径向距离 R_i 有关，随着 R_i 变化而发生相应的变化，即回波相位与发射信号的相位保持着严格稳定的关系。因此，各次回波脉冲间相位是相参的，回波相位真实反映了该点目标相对雷达的平动带来的相位变化。对

于多散射点的复杂目标，其散射点回波相位仍然由平动相位分量与转动相位分量组成。如果此时利用 DCT 法估算其相邻回波多普勒质心的平动相位差，虽然仍会受到转动相位分量的干扰，但是从估计的多次回波的平动相位差曲线来看，仍能反映出目标整体平动的运动特性。雷达观测的目标即使在运动过程中存在加速度或者复杂机动的运动，但由于目标惯性的存在，在成像所需的小观测转角期间，对应运动带来的相邻回波相位变化也应该是一条连续的近似平滑的曲线，目标回波的转动相位分量、系统失真以及电波空间传播等非理想因素对相位差的影响只是在连续平滑的曲线上叠加小的起伏。图 3.9 为某地基雷达实验平台录取的回波数据经过数字去斜脉冲压缩并利用 DCT 法估算得到的相邻回波相位差曲线，与上述分析结果相吻合，并且从图中可以看出，相邻两帧回波相位差呈递增的趋势，说明目标在雷达径向存在加速运动。

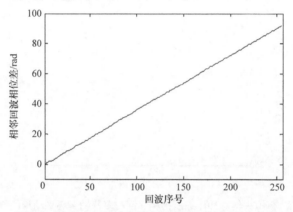

图 3.9　数字去斜脉冲压缩所得相邻回波相位差曲线

3. CDCT 相位补偿算法

对于数字去斜脉冲压缩所得目标的回波，其相邻两回波平动相位差曲线近似为连续平滑，曲线上的小波动是由目标转动相位分量及系统和电波空间传播等非理想因素对相位造成的影响，相位差曲线仍能真实地反映目标平动带来的相位变化趋势。ISAR 成像中的相位补偿正是要消除目标平动所带来的相位变化，因此可以充分利用数字去斜脉冲压缩回波信号相邻相位差曲线的这一特点进行相位补偿。

对 DCT 法求得的相位差曲线进行拟合估计，即可修正由目标转动相位分量干扰带来的平动相位分量估计误差而导致的曲线起伏，同时消除系统和电波空间传播等非理想因素带来的误差，即可获取较精确的目标相邻回波平动相位差变化曲线，据此对各帧回波进行相位补偿，可提高补偿的效果。

下面给出该算法的具体步骤：

(1) 用 DCT 法估计数字去斜处理所得的目标各相邻回波相位差复指数函数，

由此可得各相邻回波平动相位差 $\Delta\zeta(m)$ 的曲线，该曲线反映了目标运动带来的回波相位变化趋势。

（2）用最小二乘多项式曲线拟合法对构造的相位差曲线进行曲线拟合，得到拟合后精确的相位差函数 $\Delta\zeta'(m)$。

（3）用拟合后的相位差函数计算各次回波相对于第一次回波的平动相位差，重新构造相位补偿的复指数函数：

$$C(m) = \exp\left[j\sum_{i=1}^{m} \Delta\zeta'(i) \right] \tag{3.10}$$

（4）将各次回波一维距离像分别乘以对应的 $C(m)$，即完成包络对齐后的一维距离像序列的相位补偿。

从上面的步骤可以看出，该算法是在 DCT 法的基础上利用数字去斜脉冲压缩的回波相参性，通过一次曲线拟合就可以解决 DCT 法中的平动相位分量估计精度问题，避免了文献[5]提出的 MDCT 法多次迭代带来的运算量增大的问题，更适合工程应用。

4. 算法验证与分析

本小节对某相控阵雷达实验平台采集得到的两组民航飞机回波数据均以 DCT 法、MDCT 法以及本节提出的 CDCT 法进行相位补偿，再进行 ISAR 成像处理并计算图像熵，以此验证 CDCT 法的有效性以及性能的优越性。三种算法所得 ISAR 成像结果如图 3.10 所示，其中图 3.10(a)为 DCT 法的成像结果，图 3.10(b)为 MDCT 法的成像结果，图 3.10(c)为本节算法进行相位补偿后所得到的 ISAR 图像。ISAR 成像时的包络对齐算法均选用基于目标径向运动轨迹拟合的亚距离单元包络对齐算法，而 ISAR 图像重构算法选择的是常用的 RD 算法。从图中可以看出，图 3.10(c)的目标图像质量相对图 3.10(a)有明显的改善，图像

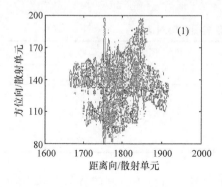

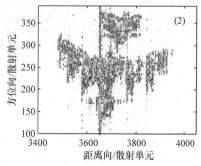

(a) DCT法

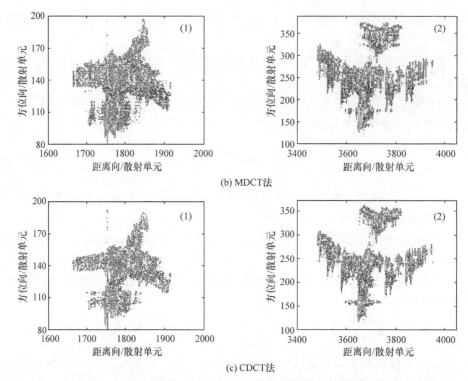

(c) CDCT法

图 3.10　两组数据分别采用三种相位补偿算法所得 ISAR 图像对比

聚焦效果更好，从而说明本节利用数字去斜回波相参性的 CDCT 法是有效可行的。

　　下面以图像熵来定量评价图 3.10 所示的 ISAR 图像的质量，从而评估三种相位补偿算法的性能。经过计算得到图 3.10 中各 ISAR 图像的图像熵如表 3.2 所示。由表 3.2 可知，本节算法所得 ISAR 图像熵的值最小，即相对于 DCT 法与 MDCT法，本节算法具有最好的相位补偿效果。

表 3.2　各 ISAR 图像的图像熵对比

相位补偿算法	ISAR 图像熵	
	(1)	(2)
DCT 法	8.0347	7.8665
MDCT 法	7.9549	7.5166
CDCT 法	7.5078	7.4665

　　综上所述，本节提出的 CDCT 法在 DCT 法的基础上，利用数字去斜处理的回波相位特性，通过最小二乘多项式曲线拟合估计目标的多普勒质心平动相位分

量,完成目标的相位补偿处理。该算法避免了 MDCT 法中多次迭代带来的运算量增加,以一次曲线拟合达到较好的相位补偿效果。

3.2　目标高分辨 ISAR 成像越分辨单元走动校正技术

在目标高分辨 ISAR 成像中,径向的高分辨由雷达系统发射的信号带宽决定,即距离分辨率为 $\rho_r = c/(2B)$。方位向或多普勒向的分辨率取决于雷达载频和目标在成像观测时间内相对雷达视线转过的角度 Θ,可以表示为 $\rho_a = \lambda/(2\Theta)$。随着 ISAR 成像雷达载频的提高和带宽的增大,空间目标 ISAR 成像的二维分辨率也在提升,将不可避免地引起成像过程中的 MTRC,从而导致成像结果在距离向和方位向的散焦,必须加以校正。

经过理想平动补偿后,目标回波中仅包含转动分量,可等效为转台模型,可通过一定的成像算法得到目标二维 ISAR 图像。其中,最常用的有 RD 算法、Keystone 变换算法和极坐标插值算法(polar formation algorithm, PFA)等。RD 算法适用于小转角、目标无明显 MTRC 情况下的成像,一旦目标散射点在成像观测时间内发生 MTRC,目标二维图像将出现严重散焦。Keystone 变换算法和 PFA 均被用于存在 MTRC 的 ISAR 成像中,但两者的适用条件略有不同。Keystone 变换算法适用于校正目标散射点中存在的线性 MTRC,其优点是无须知道目标成像观测时间内转过的角度。然而,当目标发生越多普勒分辨单元走动或目标转角过大时,目标回波中将出现高次项 MTRC, Keystone 变换算法将失效。PFA 可同时实现距离向和多普勒向的 MTRC 校正,其首先将目标回波信号由笛卡儿矩形区域插值到极坐标支撑区域,然后通过二维 FFT 获得聚焦良好的目标 ISAR 图像。PFA 插值能同时将距离向和多普勒向的散射点校正到理想分布上,因此相对于 RD 算法和 Keystone 变换算法,其适用的成像转角范围更大。然而,PFA 必须知道精确的转动参数,包括转角大小和转动中心位置,在主要针对非合作目标的 ISAR 中,转动参数的获取较为困难,这大大限制了 PFA 在实测数据 ISAR 成像中的应用。

对于平稳飞行的空间目标,其轨道高度通常大于几百千米,由雷达视线和目标运动轨迹的几何关系可知,成像期间目标相对雷达视线转过的角度近似等于雷达视线本身转过的角度。对于大多数宽带成像雷达,雷达数据记录系统会存储其天线伺服系统的俯仰角和方位角,从而为粗略估计目标转角提供了数据基础。同时,平动补偿后的目标等效转动中心位于目标区域,这也为快速确定等效转动中心提供了依据。

本节针对空间目标高分辨 ISAR 成像中的 MTRC 校正,研究一种非参数化转动参数搜索的分步 MTRC 校正算法,在雷达视线转动数据已知的情况下,首先采用传统 Keystone 变换算法校正距离向的 MTRC，然后利用空间目标的轨道运动特性提出一种基于最小熵黄金分割快速搜索的非参数化转动参数估计算法，估计出成像转角和等效转动中心，从而实现多普勒向的 MTRC 校正[6]。

3.2.1　高分辨 ISAR 成像越分辨单元走动模型

在高分辨 ISAR 成像中，通常利用散射点来表征成像模型。假设成像过程中目标平动得到完美补偿，则雷达成像过程可等效为图 3.11 所示的 ISAR 转台成像模型。以图中的目标散射点 p_k 为例，对于发射 LFM 信号的宽带 ISAR，散射点的回波为

$$s_k\left(\hat{t}, t_m\right) = \sigma_k \mathrm{rect}\left(\left\{\hat{t} - \left[2R_k\left(t_m\right)/c\right]\right\}/T_p\right)$$
$$\cdot \exp\left[-\mathrm{j}2\pi\left(f_c\left\{\hat{t} - \left[2R_k\left(t_m\right)/c\right]\right\} + \frac{1}{2}\gamma\left\{\hat{t} - \left[2R_k\left(t_m\right)/c\right]\right\}^2\right)\right] \quad (3.11)$$

式中，σ_k 为散射点后向散射系数；$R_k\left(t_m\right)$ 为散射点在慢时刻 t_m(雷达发射第 m 个脉冲时刻)到雷达的径向距离；$\hat{t}$ 为快时间。假设散射点 p_k 在目标转台坐标系中的位置为 (x_k, y_k)，则散射点 p_k 到雷达的瞬时距离可以表示为

$$R_k\left(t_m\right) = \sqrt{R_0^2\left(t_m\right) + r_k^2 - 2R_0\left(t_m\right)r_k\cos\left[\theta\left(t_m\right) + \frac{\pi}{2} + \alpha_k\left(t_m\right)\right]} \quad (3.12)$$

式中，$\theta(t_m)$ 为散射点在慢时刻 t_m 相对于成像观测起始时刻转过的角度；r_k 为散射点 p_k 到目标转动中心 O 的直线距离；$\alpha_k\left(t_m\right)$ 为在慢时刻 t_m 雷达到散射点 p_k 的视线和雷达到转动中心 O 视线间的夹角。当目标转动中心到雷达距离 R_0 远大于目标尺寸时，散射点 p_k 到雷达的瞬时距离可以近似为

$$R_k(t_m) \approx R_0\left(t_m\right) + x_k\sin[\theta(t_m)] + y_k\cos[\theta(t_m)] \quad (3.13)$$

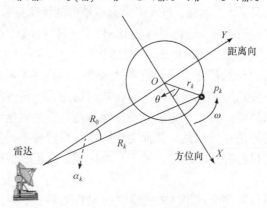

图 3.11　ISAR 转台成像模型

假设雷达去斜参考点 p_a 到雷达的径向距离为 $R_a(t_m)$，则散射点 p_k 去斜后的回波为

$$s_k(\hat{t}, t_m) = \sigma_k \text{rect}\left\{\left[\hat{t} - 2R_k(t_m)/c\right]/T_p\right\}$$
$$\cdot \exp\left(-j\frac{4\pi}{c}\left\{f_c + \gamma\left[\hat{t} - 2R_a(t_m)/c\right]\right\}\Delta R_k(t_m)\right) \cdot \exp\left[j\psi_k(t_m)\right] \quad (3.14)$$

式中，$\Delta R_k(t_m) = R_k(t_m) - R_a(t_m)$ 为散射点 p_k 到参考点 p_a 的径向距离。进一步假设 p_a 位于转动中心 O，即有 $R_a(t_m) = R_0(t_m)$，从而可以得到散射点 p_k 去斜后的回波为

$$s_k(\hat{t}, t_m) = \sigma_k \text{rect}\left\{\left[\hat{t} - 2R_k(t_m)/c\right]/T_p\right\}$$
$$\cdot \exp\left(-j\frac{4\pi}{c}\left\{f_c + \gamma\left[\hat{t} - 2R_0(t_m)/c\right]\right\}\Delta R_k(t_m)\right) \cdot \exp\left[j\psi_k(t_m)\right] \quad (3.15)$$

式中，$\psi_k(t_m)$ 为残余视频相位。需要说明的是，在 DIFS 信号中，不存在 RVP。当目标尺寸不大时，去斜信号中的 RVP 能够被补偿掉。因此，在后续的分析中，忽略回波相位中的 RVP 项 $\psi_k(t_m)$，得到散射点 p_k 的回波为

$$s_k(\hat{t}, t_m) = \sigma_k \text{rect}\left\{\left[\hat{t} - 2R_k(t_m)/c\right]/T_p\right\}$$
$$\cdot \exp\left(-j\frac{4\pi}{c}\left\{f_c + \gamma\left[\hat{t} - 2R_0(t_m)/c\right]\right\}\Delta R_k(t_m)\right) \quad (3.16)$$

对散射点 p_k 的回波进行距离向压缩，忽略压缩后信号的常数相位项，可得

$$s_k(r, t_m) = \sigma_k \text{sinc}\left\{T_p\left[r - \frac{2\gamma}{c}\Delta R_k(t_m)\right]\right\} \cdot \exp\left[-j\frac{4\pi}{\lambda}\Delta R_k(t_m)\right] \quad (3.17)$$

假设目标由 K 个散射点构成，则目标回波可表示为其散射点回波信号的叠加：

$$s(r, t_m) = \sum_{k=1}^{K}\sigma_k \text{sinc}\left\{T_p\left[r - \frac{2\gamma}{c}\Delta R_k(t_m)\right]\right\} \cdot \exp\left[-j\frac{4\pi}{\lambda}\Delta R_k(t_m)\right] \quad (3.18)$$

当 $R_a(t_m) = R_0(t_m)$ 时，有

$$\Delta R_k(t_m) = x_k \sin[\theta(t_m)] + y_k \cos[\theta(t_m)] \quad (3.19)$$

在对空间目标的 ISAR 成像过程中，目标通常在成像时间内满足匀速转动，从而可以记目标在慢时刻 t_m 相对雷达视线转过的角度为 $\theta(t_m) = \omega t_m$，其中 ω 为目标转速。当目标在成像观测期间转过的总角度 Θ 不大时，$\sin[\theta(t_m)]$ 和 $\cos[\theta(t_m)]$ 可以近似用二阶泰勒级数展开表示为

$$\cos[\theta(t_m)] \approx 1 - \theta(t_m)^2/2, \quad \sin[\theta(t_m)] \approx \theta(t_m) \quad (3.20)$$

则式(3.18)中目标回波可表示为

$$
s(r,t_m) = \sum_{k=1}^{K} \sigma_k \mathrm{sinc}\left\{ T_p \left[r - \frac{2\gamma}{c}\left(y_k + x_k\omega t_m - y_k\omega^2 t_m^2 / 2\right)\right]\right\}
$$
$$
\cdot \exp\left[-\mathrm{j}\frac{4\pi}{\lambda}\left(y_k + x_k\omega t_m - y_k\omega^2 t_m^2 / 2\right)\right] \tag{3.21}
$$

若忽略包络中的二次项和相位中的常数项，则目标回波可表示为

$$
s(r,t_m) = \sum_{k=1}^{K} \sigma_k \mathrm{sinc}\left\{ T_p \left[r - \frac{2\gamma}{c}\left(y_k + x_k\omega t_m\right)\right]\right\}
$$
$$
\cdot \exp\left[-\mathrm{j}\frac{4\pi}{\lambda}\left(x_k\omega t_m - y_k\omega^2 t_m^2 / 2\right)\right] \tag{3.22}
$$

当 $x_k\omega t_m$ 的值大于雷达径向分辨率 ρ_r 时，散射点在成像积累时间内将跨越多个距离分辨单元，而相位中的二次项 $y_k\omega^2 t_m^2 / 2$ 将引起成像结果在方位向的模糊。因此，在高分辨 ISAR 成像中，时变分量 $x_k\omega t_m$ 和相位中的二次分量 $y_k\omega^2 t_m^2 / 2$ 分别是引起距离向和方位向 MTRC 的首要原因，必须设法加以补偿。

3.2.2　基于最小熵黄金分割搜索的 MTRC 校正

由 3.2.1 节给出的高分辨 ISAR 成像 MTRC 信号模型可知，在 MTRC 不是特别严重的情况下，可以通过分步校正实现 ISAR 成像两个维度的 MTRC。首先，利用 Keystone 变换算法实现径向 MTRC 校正，得到校正后的一维距离像序列为

$$
s(r,t_m) = \sum_{k=1}^{K} \sigma_k \mathrm{sinc}\left[T_p \left(r - \frac{2\gamma}{c} y_k \right)\right] \cdot \exp\left[-\mathrm{j}\frac{4\pi}{\lambda}\left(x_k\omega t_m + y_k\omega^2 t_m^2 / 2\right)\right] \tag{3.23}
$$

此时，回波中只存在引起方位向 MTRC 的随慢时间变化的二次相位项，对该相位项进行补偿可实现对方位向 MTRC 的校正，相位补偿公式为

$$
\varphi_c(t_m) = \exp\left(\frac{4\pi}{\lambda}\frac{1}{2}y_k\omega^2 t_m^2\right) = \exp\left[\frac{4\pi}{\lambda}\frac{1}{2}y_k\left(\frac{m\cdot\Theta}{M}\right)^2\right] \tag{3.24}
$$

式中，$m = 1,2,\cdots,M$，M 为成像期间的宽带脉冲数；y_k 为目标散射点相对转动中心的径向坐标。将距离向 MTRC 补偿后的信号与补偿相位相乘，即可实现多普勒向的 MTRC 补偿，补偿模型如下：

$$
s_c(r,t_m) = s(r,t_m)\varphi_c(t_m) \tag{3.25}
$$

在上述的分步 MTRC 校正方案中，方位向 MTRC 校正必须精确已知成像过程中的转动参数，包括总转角 Θ 和等效转动中心在一维距离像中的位置 y_0。若以图像熵来衡量 MTRC 校正后的二维 ISAR 图像聚焦程度，则经过 MTRC 校正的

图像熵将达到最小。从而，方位向 MTRC 的校正可以转换为在转角-转动中心二维平面内以最小图像熵原则的二维搜索过程。

对于平稳飞行的空间目标，可以通过一定的先验信息提高搜索效率。如图 3.12 所示，空间目标到雷达距离通常大于几百千米，而成像转角 Θ 通常小于10°，目标运动轨迹可近似看作直线。从图 3.12(a)中给出的成像观测几何模型可知，目标相对雷达视线转过的总角度 Θ 近似等于雷达视线摆过的角度 Θ_V，而一维距离像等效转动中心总是位于目标区域内。因此，可以将二维转动参数搜索区域限定在式(3.26)表示的区间内：

$$\left[\Theta_V-\Delta\Theta/2,\Theta_V+\Delta\Theta/2\right],\left[y_u,y_d\right] \tag{3.26}$$

式中，$\Delta\Theta$ 为角度搜索窗，一般取值为10°左右；y_u 和 y_d 分别为目标一维距离像的上、下边界点坐标，可以通过一维距离像散射中心提取算法获得。

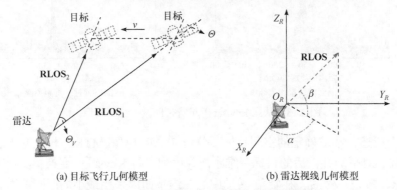

(a) 目标飞行几何模型　　　　　　　(b) 雷达视线几何模型

图 3.12　空间目标 ISAR 成像几何观测模型

大部分 ISAR 成像雷达在进行成像观测时，会同时记录下雷达伺服系统的方位角和俯仰角，通过这两个角度可以得到雷达视线矢量 **RLOS**，如图 3.12(b)所示。根据图中给出的雷达坐标系 O_R-$X_RY_RZ_R$ 中方位角 α 和俯仰角 β 的定义，可以求得雷达视线单位矢量为

$$\mathbf{RLOS}_{\text{unit}}=\left(\cos\beta\cos\alpha,\cos\beta\sin\alpha,\sin\beta\right) \tag{3.27}$$

分别记成像观测起始时刻和结束时刻的方位角为 α_1 和 α_2、俯仰角为 β_1 和 β_2，得到起始时刻和结束时刻的雷达视线矢量分别为 **RLOS**$_1$ 和 **RLOS**$_2$，从而可以得到雷达视线在成像时间内转过的角度 Θ_V 为

$$\Theta_V=\arccos\left(\mathbf{RLOS}_1\cdot\mathbf{RLOS}_2\right) \tag{3.28}$$

另外，在进行转动中心位置搜索时，利用完整的宽带雷达成像窗口存在较大冗余。以 X 波段雷达观测获取的宽带回波为例，同时采用模拟去斜和 DIFS 数字匹配滤波两种方式接收得到目标一维距离像。该雷达发射信号带宽为 1GHz，复

采样频率为 1.2GHz，计算得到去斜和 DIFS 数据径向分辨率分别为 0.15m 和 0.125m。进行尺寸定标，从而得到定标后的法国 Envisat 卫星宽带回波一维距离像，如图 3.13 所示。雷达数据采集系统在去斜和直接采样两种模式下的开窗时间分别为 2μs 和 3μs，由关系式 $\Delta R = c \cdot \Delta T / 2$ 可计算得到对应的开窗距离为 300m 和 450m，而空间目标的径向尺寸通常小于 100m，由图 3.13 可以看出，目标一维距离像存在较大冗余。倘若能够通过一维距离像散射中心提取算法确定目标区域 $[y_u, y_d]$，则能大大提高转动中心搜索的效率和精度。

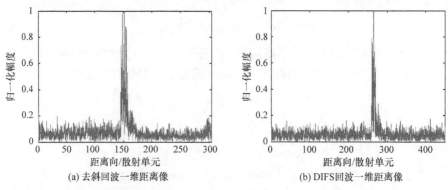

(a) 去斜回波一维距离像　　　　　　　(b) DIFS回波一维距离像

图 3.13　法国 Envisat 卫星宽带回波一维距离像

综上所述，本节确定的空间目标高分辨 ISAR 成像 MTRC 校正基本思路如下：首先，对平动补偿后的目标一维距离像序列进行 Keystone 变换，实现距离向的 MTRC 校正；然后，在转角-转动中心二维平面内采用最小熵原则搜索总转角 Θ 和转动中心位置 y_0，其中转角搜索区间和转动中心搜索区间分别由雷达视线转角和目标区域确定；最后，根据搜索得到的转动参数，实现多普勒向的 MTRC 校正。其算法具体流程见图 3.14，其中核心部分是转动参数的二维搜索。

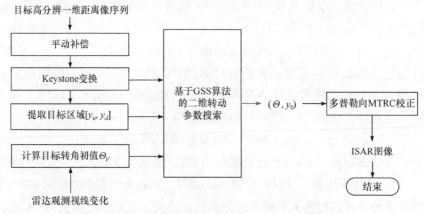

图 3.14　基于二维转动参数搜索的 MTRC 校正算法流程

从前面的分析可知,补偿后的图像熵在转角 Θ 和转动中心 y_0 精确获取时达到最小,因此若以转角-转动中心二维坐标上绘制 MTRC 补偿后的目标 ISAR 图像熵曲面,将在 (Θ, y_0) 处形成谷底。那么,对成像过程中多普勒向 MTRC 的校正可等效为在二维图像熵曲面上对谷底的检测。为直观表述本节算法开展的基础,首先给出一组 Mig-25 飞机转台模型仿真数据的图像熵曲面,该仿真数据由美国海军研究实验室(Naval Research Laboratory, NRL)发布。仿真的 Mig-25 飞机转台模型由 120 个等强度散射点组成,回波数据由 512 个回波序列构成,雷达载频和带宽分别为 9GHz 和 512MHz。直接对 Mig-25 仿真宽带回波序列采用 RD 算法进行成像,得到目标二维 ISAR 图像,如图 3.15(a)所示,图像的距离向和方位向存在由 MTRC 引起的严重散焦。对仿真数据进行 Keystone 变换,得到目标二维 ISAR 图像,如图 3.15(b)所示,径向 MTRC 获得很好的校正。但由于 Keystone 变换算法无法补偿多普勒向 MTRC 引起的高次相位,成像结果仍然在多普勒向出现严重散焦。取转角范围 $\Theta \in [0°, 30°]$、转动中心范围 $y_0 \in [0, 60]$,分别按照 0.1° 和 0.5 个距离单元的步进间隔遍历转角和转动中心,对仿真数据进行补偿,画出补偿后图像熵在转角和转动中心的二维平面分布,如图 3.15(c)所示。观察图像可知,补偿后目

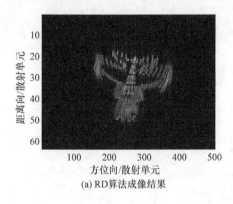

(a) RD算法成像结果

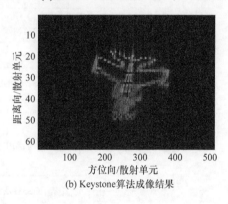

(b) Keystone算法成像结果

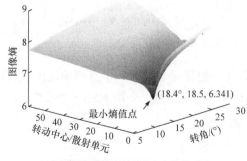

(c) 图像熵随转角和转动中心变化曲面图

图 3.15　Mig-25 仿真数据 MTRC 补偿后图像熵曲面

标图像熵最小值近似位于(18.4°,18.5)点处。根据文献[7]和文献[8]对 Mig-25 仿真数据的处理结果，其转角约为18.4°，转动中心位于第18个距离单元附近。因此，若能在图 3.15(c)所示的图像熵曲面中检测出最小熵值位置，则能够估计出成像转动参数，进而实现多普勒向的 MTRC 补偿。

本节算法的核心是在图像熵曲面上搜索成像转动参数，为表述方便，本书中将转动参数的值记为 $\mathcal{R}=(\Theta,y_0)$。实现上述转动参数搜索最直观的算法是二维遍历法：首先在转角-转动中心二维平面上以一定步长$(\mathrm{d}\Theta,\mathrm{d}y)$遍历不同的转动参数点 $\mathcal{R}_{i,j}=(\Theta_i,y_{0\_j})$，其中 $\Theta_i\in[\Theta_V-\Delta\Theta/2,\Theta_V+\Delta\Theta/2]$，$y_{0\_j}\in[y_u,y_d]$，据此计算得到不同 $\mathrm{RT}_{i,j}$ 下校正后的图像熵值二维矩阵 EP；然后在 EP 中取出最小值对应的转动参数点作为 $\mathcal{R}$ 估计值 $\hat{\mathcal{R}}$，即 $\hat{\mathcal{R}}=\min_{\mathcal{R}}(\mathrm{EP})$。二维遍历法存在运算量大、搜索精度受步长限制、搜索结果受曲面噪声伪峰影响严重等不足。为解决二维遍历法的不足，本节将二维参数平面搜索分解为转角和转动中心两个一维区间的搜索，并将黄金分割搜索(golden section search，GSS)引入一维搜索中，显著提高了搜索速度和精度，其处理流程如图 3.16 所示。

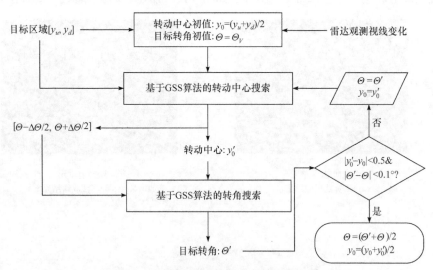

图 3.16　基于 GSS 的转动参数搜索流程

GSS 算法是一种在一维衡量函数曲线中进行单极值点快速精确搜索的算法，这里以图 3.17(a)的图像熵曲线为例，介绍 GSS 在参数搜索区间 $[a,b]$ 内快速搜索极小值点 x^* 的原理和过程。

首先在参数搜索区间 $[a,b]$ 内选择两个参数点 x_1 和 x_2，满足 $a<x_1<x_2<b$。将 x_1 称为"左点"，x_2 称为"右点"，其对应的熵值分别记为 $\mathrm{EP}(x_1)$ 和 $\mathrm{EP}(x_2)$。比较

$\mathrm{EP}(x_1)$ 和 $\mathrm{EP}(x_2)$ 的大小，当 $\mathrm{EP}(x_1) < \mathrm{EP}(x_2)$ 时，可推知 $x^* \in [a, x_2]$，从而可以将下一次搜索区间锁定在 $[a, x_2]$ 内，即设置新的搜索区间的右边界 $b' = x_2$，如图 3.17(b) 所示。反之，若 $\mathrm{EP}(x_1) > \mathrm{EP}(x_2)$，则新的搜索区间更新为 $[x_1, b]$，即令搜索区间的左边界 $a' = x_1$，如图 3.17(c) 所示。根据搜索区间更新原则，不断重复上述步骤，使搜索区间 $[a, b]$ 不断逼近目标点 x^*，当区间长度小于预定阈值 ε 时，迭代结束，以区间的中值作为目标点 x^* 的最终估计值。此时，估计值和真值的误差小于 $\varepsilon / 2$。

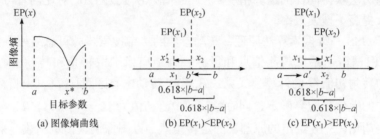

图 3.17　基于熵函数曲线的 GSS 一维搜索原理示意图

易知，在上述迭代过程中，"左点" 和 "右点" 的选择至关重要，一个合理的选择准则能够大大提高迭代收敛的速度。首先，根据 "对等性" 原则，x_1 和 x_2 应关于搜索区间中间点对称，为此可以假设 x_1 满足

$$x_1 = b - \tau(b - a) \tag{3.29}$$

式中，τ 为缩进系数，其值将在后续推导中给出。进一步，可以假设 x_2 满足

$$x_2 = a + \tau(b - a) \tag{3.30}$$

为了提高搜索效率，人们总是希望下一次搜索的 "左点" x_1' 是前一次的 "右点" x_2，或者下一次搜索的 "右点" x_2' 是前一次的 "左点" x_1，如图 3.17(b) 和(c) 所示，这样在每次迭代中(除首次搜索)减少了一次衡量函数的运算。由此，可以得到关系式：

$$\begin{cases} b - \tau(b - x_1) = x_2 \\ a + \tau(x_2 - a) = x_1 \end{cases} \tag{3.31}$$

从而得

$$\tau^2(b - a) + \tau(b - a) - (b - a) = 0 \tag{3.32}$$

显然，迭代过程满足 $b - a \neq 0$ 和 $\tau > 0$，求解一元二次方程容易得到 $\tau = 0.618$，即著名的黄金分割比例，这也是 GSS 算法名字的由来。考察 GSS 的迭代收敛速度，记原始搜索区间长度为 $L = |b - a|$，容易得到搜索结束时的总迭代次数为

$$N_{IS} = \log_{0.618} \frac{\varepsilon}{L} = -4.78 \lg \frac{\varepsilon}{L} \tag{3.33}$$

仍以 Mig-25 仿真数据为例，假设转动中心的搜索区间为 $y_0 \in [0,60]$，迭代终止阈值为 $\varepsilon = 0.5$，则运算(含补偿运算和图像熵计算)总次数为

$$N_{IS} + 1 = -4.78 \lg \frac{0.5}{60} + 1 \approx 11 \tag{3.34}$$

而采用遍历法获得同样的运算精度 $\varepsilon/2$，运算总次数为 120。对比两者可知，GSS 算法大大提高了搜索效率。

基于 GSS 一维搜索算法原理，转动参数的二维搜索步骤可总结如下：

(1) 根据雷达系统观测信息和目标一维距离像求取转角和转动中心区间初值，其中转角初值 Θ 的计算公式见式(3.28)，转动中心区间 $[y_u, y_d]$ 由目标在一维距离像中的上、下边界确定，同时令转动中心初值为 $y_0 = (y_u + y_d)/2$。

(2) 按照图 3.16 给出的原理，固定转角值，以图像熵为衡量函数，采用 GSS 一维搜索法在区间 $[y_u, y_d]$ 中快速搜索得到新的转动中心位置 y_0'。

(3) 固定转动中心位置，以图像熵为衡量函数，在区间 $[\Theta - \Delta\Theta/2, \Theta + \Delta\Theta/2]$（$\Delta\Theta$ 通常取为 10°）内采用 GSS 算法快速搜索转角 Θ'。

(4) 确定收敛条件。比较 GSS 算法得到新的转角 Θ' 和转动中心位置 y_0' 与前一次结果 Θ 和 y_0 的差，当 $|\Theta' - \Theta| < 0.1°$ 且 $|y_0' - y_0| < 0.5$ 时，迭代结束，进入步骤(5)，否则将转动参数初值更新为 $\Theta = \Theta'$ 和 $y_0' = y_0$ 并回到步骤(2)。

(5) 结束参数搜索。最终的转动参数分别设置为 $\Theta = (\Theta' + \Theta)/2$ 和 $y_0 = (y_0' + y_0)/2$。

得到空间目标 ISAR 成像准确的转角 Θ 和 y_0，即可采用式(3.25)实现成像过程中多普勒向 MTRC 的校正。

首先利用 Mig-25 仿真数据验证前面算法的有效性。该仿真数据直接给出的是转台模型，数据不包含雷达观测信息，因此不妨假设成像转角的初始值为 $\Theta = 10°$。从图 3.18(a)中给出的目标一维距离像中可以提取出目标所在的区域为 $[y_u, y_d] = [16, 55]$，从而得到转动中心初始位置为 $y_0 = (16 + 55)/2 = 35.5$。基于 Keystone 变换后的 Mig-25 仿真数据，搜索得到成像转角和转动中心的估计值分别为 18.44° 和 18.67。以奔腾 Dual-Core 双核 2GHz CPU、3GB 内存、安装微软 Windows SP3 操作系统的计算机为例，程序运行在某仿真软件平台上，算法的总运算时间为 3.19s。利用转动参数估计值进行多普勒向 MTRC 补偿，得到 Mig-25 的 ISAR 成像结果，如图 3.18(b)所示。对比图 3.15(a)和(b)中的结果可知，补偿后的图像在距离向和方位向上聚焦良好，两个维度的 MTRC 均获得很好的校正。根据给出的 ISAR 成像方位分辨率的定义，可以利用估计得到的目标转角 Θ 实现成

像结果的横向定标,定标结果见图 3.18(c)。根据定标结果,测量得到 Mig-25 仿真模型的机身长度约为 8.6m,翼展约为 10.7m。为显示算法对迭代初始转角的鲁棒性,图 3.18(d)给出了初始转角从 5° 变到 30° 时算法处理时间和补偿后图像熵值。可以看出,初始转角离真实值越近,算法收敛速度越快,然而即使初始转角与真实转角偏差很大,算法仍能有效估计出转动参数,实现 MTRC 的补偿,同时运算速度仍在可接受的程度。

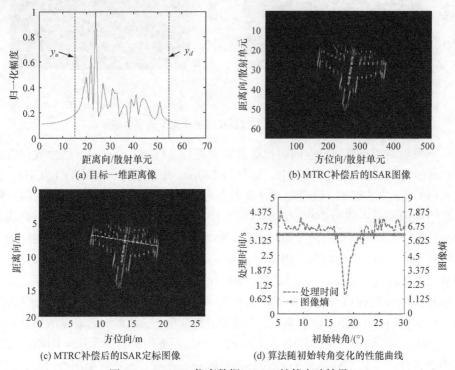

(a) 目标一维距离像

(b) MTRC 补偿后的ISAR图像

(c) MTRC补偿后的ISAR定标图像

(d) 算法随初始转角变化的性能曲线

图 3.18　Mig-25 仿真数据 MTRC 补偿实验结果

　　分别计算 Mig-25 飞机仿真数据 RD 算法、Keystone 变换算法和本节算法成像结果的图像熵和对比度,结果如表 3.3 所示。可以看出,MTRC 补偿后的聚焦程度获得明显改善。

表 3.3　**Mig-25 仿真数据 MTRC 补偿前后图像熵和对比度比较**

成像算法	RD 算法	Keystone 变换算法	本节算法
图像熵	7.82	7.65	6.34
图像对比度	16.37	17.22	19.87

　　进一步,考察算法对噪声的鲁棒性。在仿真数据中添加高斯白噪声,令目标回波信噪比分别为 0dB 和−5dB。利用本节算法对低信噪比数据开展 MTRC 校正,

得到补偿后的 ISAR 图像如图 3.19 所示。可以看出,在受噪声严重污染的情况下,本节算法仍能取得较好的补偿效果。

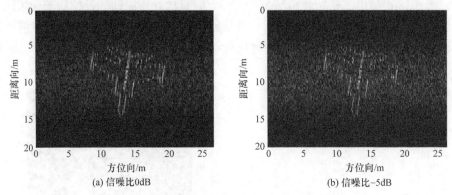

(a) 信噪比0dB

(b) 信噪比-5dB

图 3.19 Mig-25 仿真数据在低信噪比下的实验结果

下面利用本节算法对空间目标仿真数据进行 MTRC 校正。雷达参数设置如下:载频为 9GHz,带宽为 1GHz,脉宽为 200μs,中频复采样频率为 1.2GHz。回波采用 DIFS 方式获取,设置距离开窗大小为 202μs,从而可得匹配滤波后的目标一维距离像采样点数为 2400,目标区域为 [1057,1347],如图 3.20(a) 所示。共选取 256 个脉冲,由目标旋转速度 0.067rad/s 和雷达脉冲重频 200Hz 可知,目标的真实转角为 $\Theta = 4.9°$,转动中心则位于一维距离像中心的第 1200.5 个距离单元。分别利用 RD 算法、Keystone 变换算法和本节算法对仿真数据进行成像处理,其中本节算法的搜索初值设置为 3° 和 1100 距离散射单元,转动参数的估计结果为 $\Theta = 4.70°$ 和 1200.8 距离散射单元,十分接近真实值。三种算法的成像结果分别如图 3.20(b)、(c) 和 (d) 所示,其中图 3.20(b)、(c) 的距离向散射单元选取 [1000,1400] 范围进行显示,图 3.20(d) 为 MTRC 补偿后的定标图像。对比三幅图像可知,本节算法能够快速、有效地校正高分辨 ISAR 成像过程中的 MTRC,同时能够准确地对目标图像进行尺寸定标。

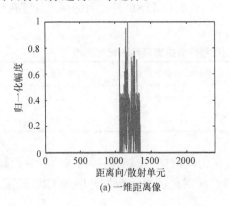

(a) 一维距离像

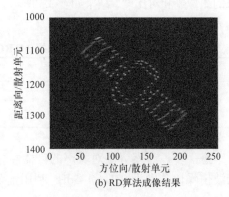

(b) RD算法成像结果

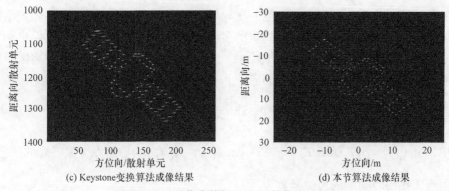

(c) Keystone 变换算法成像结果　　　　　　　　(d) 本节算法成像结果

图 3.20　卫星仿真数据 MTRC 补偿实验结果

分别计算空间目标仿真数据的 RD 算法、Keystone 变换算法、本节算法成像结果的图像熵和对比度，结果见表 3.4。可以看出，MTRC 补偿后的聚焦程度获得明显改善。

表 3.4　空间目标仿真 DIFS 数据 MTRC 补偿前后图像熵和对比度比较

成像算法	RD 算法	Keystone 变换算法	本节算法
图像熵	7.73	7.07	6.35
图像对比度	13.45	14.54	16.13

3.3　机动目标 ISAR 成像中的非均匀转动补偿

一般情况下的 ISAR 成像问题，即目标平稳运动，平动补偿后目标可等效为匀速转动，也就是均匀转动。在实际 ISAR 成像场景中，目标的运动状态是多样的，可能存在加速机动、航向变化、姿态翻滚等非平稳运动模式。本节将目标的非平稳运动统称为机动。对于机动目标，经过平动补偿，其运动可等效为非平稳转动。目标的非平稳转动投影到二维 ISAR 成像平面中，不能继续使用一般的均匀转动模型来描述，否则 RD 算法得到的 ISAR 图像会出现方位向模糊。考虑到目标的刚体性质，本节使用非均匀转动模型来描述机动目标在二维 ISAR 成像平面内的转动特征，定义机动因子来定量描述目标的非均匀转动程度，并提出一种基于非均匀转动变换的机动目标 ISAR 成像新算法[9]。另外，本节还提出一种迭代相位自聚焦补偿策略，用于补偿机动目标平动相位补偿中可能存在的剩余误差。

3.3.1　基于非均匀转动变换的机动目标 ISAR 成像新算法

机动目标经过平动补偿后，其相对雷达的转角函数需要使用多项式函数来描述。记目标转角为 $\theta(t_m) = \omega t_m + \alpha t_m^2 + \beta t_m^3$，其中多项式系数 ω、α、β 分别表示目标的角速度、角加速度和角加速度一次导数。在大多数情况下，三次多项式足以描述目标的非均匀转动特征，更高次的多项式系数较小，故将其省略。设机动目标在 ISAR 成像期间的总转角仍然较小，为了表述方便，只关注一维距离像中的尖峰相位部分，一维距离像序列的表达式可简化为

$$S\left(f_n, t_m\right) = \sum_{k=1}^{K} A_k\left(f_n\right) \cdot \exp\left\{-\mathrm{j}\frac{4\pi f_c}{c}\left[x_k\left(\omega t_m + \alpha t_m^2 + \beta t_m^3\right) + y_k\right]\right\} \tag{3.35}$$

式中，$A_k\left(f_n\right) = \sigma_k T_p \mathrm{sinc}\left(T_p\left\{f_n + 2\frac{\gamma}{c}\left[x_k\theta\left(t_m\right) + y_k\right]\right\}\right)$ 为散射点 k 尖峰处的幅值。

散射点 k 在慢时间维的相位函数为

$$\varphi_k\left(t_m\right) = -\frac{4\pi f_c}{c}\left[x_k\left(\omega t_m + \alpha t_m^2 + \beta t_m^3\right) + y_k\right] \tag{3.36}$$

将相位函数相对慢时间进行求导，得到其方位向多普勒函数为

$$\begin{aligned} f_k\left(t_m\right) &= \frac{1}{2\pi}\frac{\mathrm{d}\varphi_k\left(t_m\right)}{\mathrm{d}t_m} \\ &= -\frac{2x_k f_c}{c}\left(\omega + 2\alpha t_m + 3\beta t_m^2\right) \end{aligned} \tag{3.37}$$

函数 $f_k\left(t_m\right)$ 描述了散射点的方位向多普勒和目标转动参数之间的关系。平稳运动目标经过平动补偿后可等效为匀速转动，$\alpha = 0$、$\beta = 0$，故 $f_k = -\dfrac{2x_k\omega f_c}{c}$ 为常量，散射点在慢时间维的信号是平稳信号，因而能够采用傅里叶变换获得清晰的多普勒分布。机动目标经过平动补偿后的等效转动是非均匀的，α、β 可能不为零，散射点在慢时间维的信号是非平稳的。傅里叶变换不适用于非平稳信号的频率分析问题，因而采用 RD 算法得到机动目标 ISAR 图像，其方位向会出现模糊。

如何对慢时间维的非平稳信号进行相干累积，是机动目标 ISAR 成像算法的关键。进一步地，将散射点慢时间维的信号分为平稳分量和非平稳分量两部分。其中，平稳分量对应目标的角速度 ω；非平稳分量对应目标的角加速度 α 和角加速度的一次导数 β。若能够在平稳信号分量能量累积的同时，对非平稳信号分量进行相干补偿，则能够实现对总的散射点慢时间信号的有效相干累积。按照由易到难的顺序，本节首先探讨目标机动程度较小时的 ISAR 成像问题，此时 $\alpha \neq 0$、$\beta = 0$，散射点慢时间信号符合 LFM 信号模型；然后探讨目标机动程度较大时的 ISAR 成像问题，此时 $\alpha \neq 0$、$\beta \neq 0$，散射点慢时间信号符合三次相位信号(cubic phase signal，CPS)模型。

1. 目标机动程度较小情况下的 ISAR 成像

目标机动程度较小的情况下，$\alpha \neq 0$、$\beta = 0$。散射点慢时间信号满足 LFM 信

号模型，针对散射点 k 的慢时间二次相位的补偿项为

$$C_1(t_m) = \exp\left(\mathrm{j}\frac{4\pi f_c}{c} x_k \alpha t_m^2\right) \tag{3.38}$$

式中，x_k、α 均为未知量，因此无法直接构造补偿函数。值得注意的是，补偿函数和散射点 k 慢时间信号平稳分量的多普勒 f_k 之间存在必然的联系。将 $f_k = -\dfrac{2x_k \omega f_c}{c}$ 代入式(3.38)中，得到

$$C_1(f_k, t_m) = \exp\left(\mathrm{j}2\pi f_k \frac{\alpha}{\omega} t_m^2\right) \tag{3.39}$$

式中，$\dfrac{\alpha}{\omega}$ 为机动因子，是目标转动角加速度和角速度的比值。将其记为 $\mu \overset{\text{def}}{=} \dfrac{\alpha}{\omega}$，$\mu$ 的值取决于目标的转动状态，针对目标上所有的散射点均相同。针对散射点 k 的慢时间维二次相位的补偿项可简化为

$$C_1(f_k, t_m) = \exp\left(\mathrm{j}2\pi f_k \mu t_m^2\right) \tag{3.40}$$

针对散射点慢时间信号进行二次相位补偿需要该散射点的方位多普勒值 f_k。然而在模糊的 ISAR 图像中，f_k 值无法准确获取，因此无法直接构造补偿函数。从另外的角度，在离散的 ISAR 图像中，散射点的方位向位置分布于离散的多普勒单元中，因此可以将 f_k 近似为散射点 k 所处的方位向单元的多普勒值。设雷达的脉冲重复频率为 PRF，对应的脉冲重复间隔为 $T_{\mathrm{PRI}} = 1/\mathrm{PRF}$；连续积累 M 个回波用于 ISAR 成像。在离散 ISAR 图像中，第 q 个方位分辨单元对应的多普勒为

$$d_q = \left(q - \frac{M}{2}\right)\frac{\mathrm{PRF}}{M}, \quad q = 1, 2, \cdots, M \tag{3.41}$$

因此，散射点慢时间维二次相位的补偿序列为

$$C_\mu(d_q, t_m) = \exp\left(\mathrm{j}2\pi d_q \mu t_m^2\right), \quad m = 1, 2, \cdots, M \tag{3.42}$$

注意，式(3.40)和式(3.42)的含义存在差别。前者仅是针对散射点 k 慢时间信号的二次相位项的补偿函数；后者是针对多个散射点慢时间信号二次相位项的补偿序列，这些散射点的方位多普勒满足 $d_{q-1} < f_m \leqslant d_q$。式(3.42)将所有散射点的补偿函数分成了 M 组，因此只需要构造 M 个不同的补偿序列，就能够对所有散射点的慢时间信号二次相位项进行补偿。M 个补偿序列构成了 $M \times M$ 的补偿矩阵。

式(3.42)中的关键变量是机动因子 μ，它可以通过 LFM 信号参数估计的算法获得。其具体操作步骤是，在一维距离像序列中挑选存在孤立强散射点的距离单元，取该距离单元的慢时间信号，估计其中 LFM 信号的中频和调频率，两者相除

得到机动因子。基于单个散射点估计得到的机动因子可能存在误差，因此可以将多个散射点机动因子的估计值进行平均，以减小随机误差。

在获取机动因子估计值后，构造补偿矩阵，并对慢时间维信号进行补偿。分析发现，$M×M$ 补偿矩阵和 $M×M$ 方位向傅里叶变换矩阵具有相似的结构，两个矩阵包含的 M 个行向量分别对应 ISAR 图像的 M 个方位向多普勒单元。因此，可以根据傅里叶变换矩阵构造相应的慢时间二次相位补偿矩阵。记 $W = \exp(-\mathrm{j}2\pi / M)$，则傅里叶变换矩阵 $\boldsymbol{P}$ 可表述为

$$
\boldsymbol{P} = \begin{bmatrix}
1 & 1 & 1 & \cdots & 1 & 1 \\
1 & W^1 & W^2 & \cdots & W^{M-2} & W^{M-1} \\
\vdots & \vdots & \vdots & & \vdots & \vdots \\
1 & W^{\frac{M}{2}-1} & W^{2\left(\frac{M}{2}-1\right)} & \cdots & W^{(M-2)\left(\frac{M}{2}-1\right)} & W^{(M-1)\left(\frac{M}{2}-1\right)} \\
1 & W^{\frac{M}{2}} & W^M & \cdots & W^{(M-2)\frac{M}{2}} & W^{(M-1)\frac{M}{2}} \\
\vdots & \vdots & \vdots & & \vdots & \vdots \\
1 & W^{M-2} & W^{2(M-2)} & \cdots & W^{(M-2)(M-2)} & W^{(M-1)(M-2)} \\
1 & W^{M-1} & W^{2(M-1)} & \cdots & W^{(M-2)(M-1)} & W^{(M-1)(M-1)}
\end{bmatrix}
\begin{matrix}
d_{\frac{M}{2}} \\
d_{\frac{M}{2}+1} \\
\vdots \\
d_M \\
d_1 \\
\vdots \\
d_{\frac{M}{2}-2} \\
d_{\frac{M}{2}-1}
\end{matrix}
\tag{3.43}
$$

式中，矩阵右侧为 $\boldsymbol{P}$ 的 M 个行向量对应的多普勒值。

将离散后的一维距离像序列记为 $\boldsymbol{G}_{N×M}$，其中每个列向量对应一个一维距离像，ISAR 图像记为 $\boldsymbol{I}$。在目标平稳运动的情况下，$\alpha = \beta = 0$，通过 RD 算法获得 $\boldsymbol{I}$ 的表达式为

$$
\boldsymbol{I} = \boldsymbol{P} \cdot \boldsymbol{G}^{\mathrm{T}}
\tag{3.44}
$$

矩阵 $\boldsymbol{P}$ 的 M 行对应图像 $\boldsymbol{I}$ 的 M 个方位向多普勒单元。慢时间二次相位的补偿矩阵 $\boldsymbol{P}_\mu$ 可构造如下：

$$
\boldsymbol{P}_\mu = \begin{bmatrix}
C_\mu\left(d_{M/2}, t_1\right) & C_\mu\left(d_{M/2}, t_2\right) & C_\mu\left(d_{M/2}, t_3\right) & \cdots & C_\mu\left(d_{M/2}, t_{M-1}\right) & C_\mu\left(d_{M/2}, t_M\right) \\
C_\mu\left(d_{M/2+1}, t_1\right) & C_\mu\left(d_{M/2+1}, t_2\right) & C_\mu\left(d_{M/2+1}, t_3\right) & \cdots & C_\mu\left(d_{M/2+1}, t_{M-1}\right) & C_\mu\left(d_{M/2+1}, t_M\right) \\
\vdots & \vdots & \vdots & & \vdots & \vdots \\
C_\mu\left(d_M, t_1\right) & C_\mu\left(d_M, t_2\right) & C_\mu\left(d_M, t_3\right) & \cdots & C_\mu\left(d_M, t_{M-1}\right) & C_\mu\left(d_M, t_M\right) \\
C_\mu\left(d_1, t_1\right) & C_\mu\left(d_1, t_2\right) & C_\mu\left(d_1, t_3\right) & \cdots & C_\mu\left(d_1, t_{M-1}\right) & C_\mu\left(d_1, t_M\right) \\
\vdots & \vdots & \vdots & & \vdots & \vdots \\
C_\mu\left(d_{M/2-2}, t_1\right) & C_\mu\left(d_{M/2-2}, t_2\right) & C_\mu\left(d_{M/2-2}, t_3\right) & \cdots & C_\mu\left(d_{M/2-2}, t_{M-1}\right) & C_\mu\left(d_{M/2-2}, t_M\right) \\
C_\mu\left(d_{M/2-1}, t_1\right) & C_\mu\left(d_{M/2-1}, t_2\right) & C_\mu\left(d_{M/2-1}, t_3\right) & \cdots & C_\mu\left(d_{M/2-1}, t_{M-1}\right) & C_\mu\left(d_{M/2-1}, t_M\right)
\end{bmatrix}
\tag{3.45}
$$

综上，在 $\alpha \neq 0$、$\beta = 0$ 的情况下，包含慢时间二项相位补偿的 ISAR 成像公式为

$$I_\mu = (P \odot P_\mu) \cdot G^{\mathrm{T}} \tag{3.46}$$

式中，"$\odot$"表示 Hadamard 乘积，$F(\mu) = P \odot P_\mu$ 为包含机动因子参数的非均匀变换矩阵。当参数 μ 取值准确时，散射点慢时间二次相位能够通过 P_μ 矩阵得到有效补偿，进而得到方位向清晰的 ISAR 图像 I_μ；反之，若机动因子的值不准确，则 ISAR 图像 I_μ 仍存在方位向的模糊。图像 I_μ 的清晰程度可以采用熵值函数来定量描述。熵值的概念来源于信息论，它最初的含义是作为一种随机计量单位，用于衡量事件的随机性及无序程度。ISAR 图像熵值衡量的是图像中能量分布的有序程度。ISAR 图像越清晰，能量分布越有序，熵值越小，反之，熵值越大。ISAR 图像熵值的计算公式为

$$H(I_\mu) = -\sum_{m=1}^{M}\sum_{n=1}^{N} p(m,n)\cdot\ln[p(m,n)], \quad p(m,n) = \frac{|I_\mu(m,n)|}{\sum_{m=1}^{M}\sum_{n=1}^{N}|I_\mu(m,n)|} \tag{3.47}$$

实验中发现，在准确的机动因子参数下，得到的 ISAR 图像最清晰，对应的熵值最小，因此 ISAR 图像的熵值可看作机动因子 μ 的凸函数。根据凸函数的性质，能够采用搜索或者优化算法获得最小熵值下的最优机动因子 μ_{opt}。

$$\mu_{\mathrm{opt}} = \arg\min_\mu[H(I_\mu)] \tag{3.48}$$

2. 目标机动程度较大情况下的 ISAR 成像

目标机动程度较大情况下，$\alpha \neq 0$、$\beta \neq 0$，散射点慢时间信号满足 CPS 模型。要对散射点慢时间信号进行相干累积，不仅需要补偿二次相位信号，还需要补偿三次相位信号。慢时间二次相位信号的补偿可通过机动因子 μ 和矩阵 P_μ 来实现。针对散射点 k 的慢时间三次相位的补偿项为

$$C_2(t_m) = \exp\left(\mathrm{j}\frac{4\pi f_c}{c}x_k\beta t_m^3\right) \tag{3.49}$$

将散射点 k 的多普勒 f_k 代入式(3.49)中，得到

$$C_2(f_k,t_m) = \exp\left(\mathrm{j}2\pi f_k\frac{\beta}{\omega}t_m^3\right) \tag{3.50}$$

式中，$\frac{\beta}{\omega}$ 为目标转动角加速度一次导数和角速度的比值。将其记为 $\mu' \overset{\mathrm{def}}{=} \frac{\beta}{\omega}$，称其

为二次机动因子。和机动因子 μ 类似，二次机动因子 μ' 的值取决于目标的转动状态，针对目标上所有的散射点均相同。实际中可以提取孤立强散射点的慢时间信号，估计 CPS 二次项和三次项的系数，进而获得 μ' 的估计值。散射点 k 的多普勒 f_k 替换为 ISAR 图像方位向分辨单元的多普勒 d_q，则散射点慢时间维三次相位的补偿序列为

$$C_{\mu'}\left(d_q, t_m\right) = \exp\left(j2\pi d_q \mu' t_m^3\right), \quad m = 1, 2, \cdots, M \tag{3.51}$$

此时，慢时间三次相位的补偿矩阵 $P_{\mu'}$ 可构造如下：

$$P_{\mu'} = \begin{bmatrix} C_{\mu'}\left(d_{M/2}, t_1\right) & C_{\mu'}\left(d_{M/2}, t_2\right) & C_{\mu'}\left(d_{M/2}, t_3\right) & \cdots & C_{\mu'}\left(d_{M/2}, t_{M-1}\right) & C_{\mu'}\left(d_{M/2}, t_M\right) \\ C_{\mu'}\left(d_{M/2+1}, t_1\right) & C_{\mu'}\left(d_{M/2+1}, t_2\right) & C_{\mu'}\left(d_{M/2+1}, t_3\right) & \cdots & C_{\mu'}\left(d_{M/2+1}, t_{M-1}\right) & C_{\mu'}\left(d_{M/2+1}, t_M\right) \\ \vdots & \vdots & \vdots & & \vdots & \vdots \\ C_{\mu'}\left(d_M, t_1\right) & C_{\mu'}\left(d_M, t_2\right) & C_{\mu'}\left(d_M, t_3\right) & \cdots & C_{\mu'}\left(d_M, t_{M-1}\right) & C_{\mu'}\left(d_M, t_M\right) \\ C_{\mu'}\left(d_1, t_1\right) & C_{\mu'}\left(d_1, t_2\right) & C_{\mu'}\left(d_1, t_3\right) & \cdots & C_{\mu'}\left(d_1, t_{M-1}\right) & C_{\mu'}\left(d_1, t_M\right) \\ \vdots & \vdots & \vdots & & \vdots & \vdots \\ C_{\mu}\left(d_{M/2-2}, t_1\right) & C_{\mu'}\left(d_{M/2-2}, t_2\right) & C_{\mu'}\left(d_{M/2-2}, t_3\right) & \cdots & C_{\mu'}\left(d_{M/2-2}, t_{M-1}\right) & C_{\mu'}\left(d_{M/2-2}, t_M\right) \\ C_{\mu}\left(d_{M/2-1}, t_1\right) & C_{\mu'}\left(d_{M/2-1}, t_2\right) & C_{\mu'}\left(d_{M/2-1}, t_3\right) & \cdots & C_{\mu'}\left(d_{M/2-1}, t_{M-1}\right) & C_{\mu'}\left(d_{M/2-1}, t_M\right) \end{bmatrix}$$

$$\tag{3.52}$$

在 $\alpha \neq 0$、$\beta \neq 0$ 的情况下，包含慢时间二次相位、三次相位补偿的 ISAR 成像公式为

$$I_{\mu, \mu'} = \left(P \odot P_\mu \odot P_{\mu'}\right) \cdot G^{\mathrm{T}} \tag{3.53}$$

式中，$F(\mu, \mu') = P \odot P_\mu \odot P_{\mu'}$ 为包含机动因子和二次机动因子参数的非均匀转动矩阵。理论上，当 μ、μ' 的取值准确时，ISAR 图像 $I_{\mu, \mu'}$ 最清晰，其对应的熵值最小，因此 $I_{\mu, \mu'}$ 的熵值也可以近似看作二维参数域 (μ, μ') 中的凸函数。故可将 $I_{\mu, \mu'}$ 的熵值作为目标函数，采用相应的优化算法获取最优的 μ、μ' 参数值。

矩阵 $F(\mu) = P \odot P_\mu$ 和矩阵 $F(\mu, \mu') = P \odot P_\mu \odot P_{\mu'}$ 是传统傅里叶变换矩阵的扩展，这里称其为非均匀转动矩阵。在合适的参数下，它们分别能够对同构的 LFM 信号、CPS 进行相干积累，获得近似于传统频谱图的信号能量分布。非均匀转动变换将机动目标 ISAR 成像问题转换为简单的目标转动参数估计问题。由于 ISAR 图像清晰程度和目标转动参数之间的定量关系，参数 μ、μ' 还可以通过凸优化算法估计得到。相比基于孤立强散射点的慢时间信号估计机动因子，采用凸优化算法估计机动因子更加方便，并且能够保证清晰稳定的 ISAR 成像效果。

综上，本节提出的新算法将机动目标 ISAR 成像问题转换为非均匀转动补偿问题，定义了机动因子和二次机动因子参数来描述目标的非均匀转动程度，并给出了非均匀转动变换矩阵的具体构造算法。通过非均匀转动变换，能够采用凸优化算法获得最优的机动目标 ISAR 成像效果，避免了烦琐的信号参数估计过程，成像效果较为稳定，具有较好的应用场景。

3. 仿真实验验证

本节在仿真环境下模拟目标机动场景，验证前面提出的基于非均匀转动变换的机动目标 ISAR 成像算法。仿真中雷达系统参数设定如表 3.5 所示，采用直接采样方式获取目标模型的回波，采用匹配滤波算法对回波进行脉冲压缩以获得一维距离像。被观测目标为飞机状的散射点模型，如图 3.21(a)所示。目标模型是二维的，即所有散射点均分布在目标坐标系的 o-yz 平面。目标几何中心在雷达坐标系中的初始位置为(3000m，3000m，7000m)；设目标匀速直线运动，其速度 v=(225m/s，300m/s，0m/s)。连续累积 256 个回波后，采用 RD 算法得到的 ISAR 图像轮廓图如图 3.21(b)所示，可见此时 ISAR 图像是清晰的，和目标的散射点模型相一致。采用熵值和对比度定量地衡量 ISAR 图像的清晰程度。

表 3.5　雷达系统参数设定

参数名称	参数值	参数名称	参数值
载频 f_c	10GHz	回波复采样率 F_s	500MHz
发射信号脉宽 T_p	50μs	脉冲重复频率 PRF	200Hz
带宽 $T_p\gamma$	500MHz	累积回波数 M	256
接收窗口宽度 T_{ref}	52μs	径向分辨率 ρ_r	0.3m

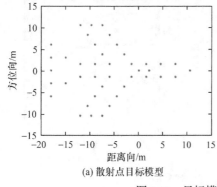

(a) 散射点目标模型

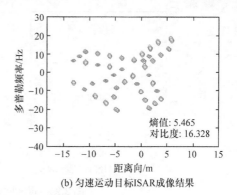

(b) 匀速运动目标ISAR成像结果

图 3.21　目标模型与 ISAR 成像结果

在相同的场景和参数设定下，在原来目标匀速运动的基础上增大加速度，模拟目标机动。设定加速度 $a=(90\text{m/s}^2, 120\text{m/s}^2, 0\text{m/s}^2)$，同样采用 RD 算法，得到的 ISAR 图像如图 3.22 所示。对比图 3.21(b)，图 3.22 中出现了明显的方位向模糊，这种模糊来源于目标的等效匀加速转动。进一步对散射点的慢时间信号进行分析。在平动补偿后的一维距离像序列中，提取两个距离单元内的慢时间信号，它们所处的相对径向位置分别为 2.4m、3.9m，如图 3.22 中虚竖线所示。采用平滑的伪 Wigner 分布算法获取两个慢信号的时频分布，如图 3.23 所示。图 3.23(a)中斜线区域表明该距离单元中存在三个散射点；图 3.23(b)中斜线区域表明该距离单元中存在两个散射点，斜线表明散射点的瞬时多普勒是线性变化的，即慢时间信号满足 LFM 模型。另外，图 3.23(a)中下方斜线的斜率较大，该斜线的初始多普勒频率也较大。这一特征符合信号模型，即散射点的方位向坐标越大，对应慢时间 LFM 信号的调频率越大。

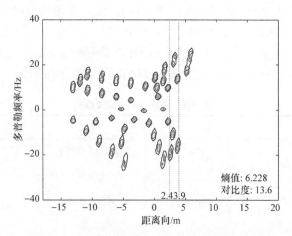

图 3.22 目标匀加速状态下的 RD 算法成像结果

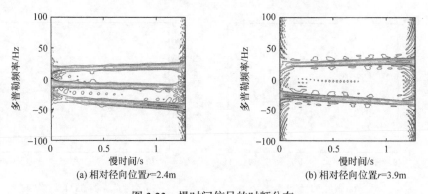

(a) 相对径向位置$r=2.4$m (b) 相对径向位置$r=3.9$m

图 3.23 慢时间信号的时频分布

采用 LFM 信号参数估计算法估计机动因子 μ 值，并构造非均匀变换矩阵 $\boldsymbol{F}(\mu)$。针对图 3.23 所示的两个慢时间信号，采用中频-调频率分布算法获得信号在二维参数域内的能量分布，如图 3.24 所示。图中尖峰的二维坐标位置对应 LFM 信号的中频、调频率参数估计值。5 个散射点慢时间 LFM 信号的参数估计结果如表 3.6 所示，则机动因子估计值 $\hat{\mu}$ 为

$$\hat{\mu} = \frac{\hat{\gamma}^{\mathrm{LFM}}}{\hat{f}_c^{\mathrm{LFM}}} \tag{3.54}$$

式中，$\hat{f}_c^{\mathrm{LFM}}$、$\hat{\gamma}^{\mathrm{LFM}}$ 分别为散射点慢时间 LFM 信号的中频、调频率的估计值。5 个散射点对应的机动因子估计值如表 3.6 所示。可见，基于不同散射点得到的机动因子估计值存在明显差异。这种差异来源于多分量 LFM 信号参数的估计误差。将多个散射点的机动因子估计值进行平均，能够在一定程度上减小估计误差。

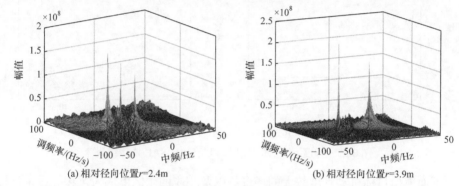

(a) 相对径向位置 r=2.4m　　　　　　　(b) 相对径向位置 r=3.9m

图 3.24　慢时间信号参数估计

表 3.6　散射点慢时间 LFM 信号参数及机动因子估计值

编号	1	2	3	4	5	均值
中频 $\hat{f}_c^{\mathrm{LFM}}$	−22.55	−8.43	6.47	−19.41	10.39	—
调频率 $\hat{\gamma}^{\mathrm{LFM}}$	−1.76	−0.59	0.98	−1.76	1.37	—
机动因子 $\hat{\mu}$	0.08	0.07	0.15	0.09	0.13	0.10

接下来，采用梯度下降法搜索最优 ISAR 成像效果时的机动因子。表 3.6 中机动因子估计值均值作为梯度下降法中 μ 的初始值。实际中，可省略慢时间 LFM 信号的参数估计过程，利用数量级搜索算法快速确定机动因子的初值和更新步长。在采用梯度下降法进行优化搜索的过程中，μ 的迭代更新公式为

$$\mu = \mu - \Delta_s \frac{\partial H(\boldsymbol{I}_\mu)}{\partial \mu} \tag{3.55}$$

式中，步长 $\Delta_s = 0.001$；$\dfrac{\partial H(\boldsymbol{I}_\mu)}{\partial \mu}$ 为熵值函数的梯度。当梯度的绝对值小于 1×10^{-6} 时，停止迭代。经过 33 次迭代，得到最优的机动因子估计值为 0.1226，接近表 3.6 中的估计值均值。优化过程中图像 $\boldsymbol{I}_\mu$ 熵值变化以及最终的 ISAR 成像结果如图 3.25 所示。可见图像 $\boldsymbol{I}_\mu$ 的熵值呈单调下降趋势，表明 ISAR 图像变得越来越清晰。经过非均匀转动变换矩阵的补偿，以及迭代优化过程，图 3.25(b) 中的 ISAR 图像明显优于图 3.22 中的成像结果，方位向模糊得到了有效抑制。

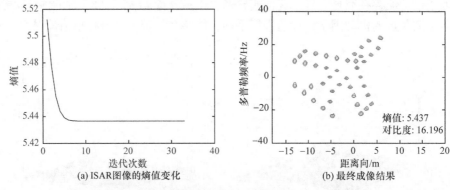

(a) ISAR图像的熵值变化　　(b) 最终成像结果

图 3.25　梯度下降法的优化过程及最终 ISAR 成像结果

下面模拟目标机动程度较大的场景，以及相应的 ISAR 成像过程。设定目标沿曲线航迹运动，以模拟机动程度更大的目标运动。在目标坐标系下，目标航迹如图 3.26(a) 所示。雷达参数保持不变，平动补偿后，采用 RD 算法得到的 ISAR 图像如图 3.26(b) 所示。可见由于目标机动程度较大，ISAR 图像的方位向模糊更

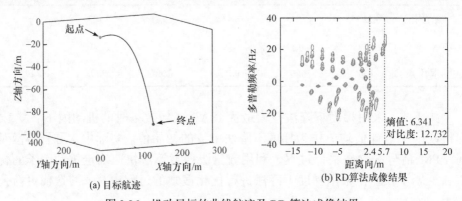

(a) 目标航迹　　(b) RD算法成像结果

图 3.26　机动目标的曲线航迹及 RD 算法成像结果

加明显。在平动补偿后的一维距离像序列中提取两个距离单元的慢时间信号，它们的径向位置如图 3.26(b)中竖虚线所示，其时频分布如图 3.27 所示。相比于图 3.23 中斜线状的散射点多普勒，图 3.27 中的散射点多普勒呈弯曲的曲线，表明对应的慢时间信号已不能满足 LFM 模型，需要采用 CPS 模型来进行分析和补偿。

图 3.27(b)对应的序列回波需要在非均匀变换矩阵中同时考虑机动因子 μ、二次机动因子 μ' 补偿。这里先研究单独补偿机动因子 μ 时的补偿效果，如图 3.28 所示。图 3.28(a)中的 ISAR 图像熵值单调递减，表明虽然慢时间 CPS 的三次相位未被补偿，但其二次相位的补偿仍是有效的，ISAR 图像变得越来越清晰。由于散射点 CPS 的二次相位得到了补偿，图 3.28 (b)中的 ISAR 图像明显优于图 3.26(b)，方位向模糊被抑制。ISAR 图像熵值变小也印证了成像效果的提升。图 3.28(b)对应的机动因子 $\mu = 0.1416$。由于非均匀变换矩阵中未考虑二次机动因子 μ'，散射点 CPS 的三次相位未被补偿，图 3.28(b)的 ISAR 图像中仍存在轻微的模糊，如图中虚线小圈所示。

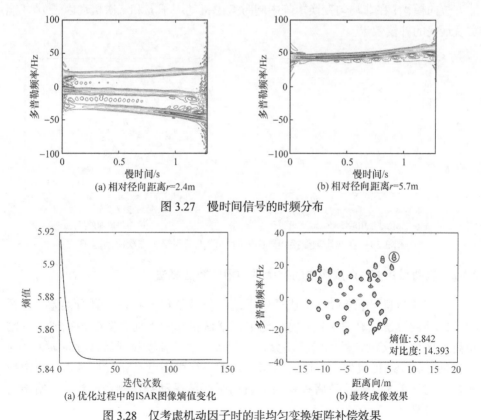

图 3.27　慢时间信号的时频分布

图 3.28　仅考虑机动因子时的非均匀变换矩阵补偿效果

在非均匀变换矩阵中对 μ 和 μ' 同时进行补偿。在梯度下降法中交替地更新 μ 和 μ'：

$$\mu = \mu - \Delta_s \frac{\partial H\left(\boldsymbol{I}_{\mu,\mu'}\right)}{\partial \mu}, \quad \mu' = \mu' - \Delta_s \frac{\partial H\left(\boldsymbol{I}_{\mu,\mu'}\right)}{\partial \mu'} \tag{3.56}$$

式中，$\dfrac{\partial H\left(\boldsymbol{I}_{\mu,\mu'}\right)}{\partial \mu}$、$\dfrac{\partial H\left(\boldsymbol{I}_{\mu,\mu'}\right)}{\partial \mu'}$ 分别为图像 $\boldsymbol{I}_{\mu,\mu'}$ 的熵值函数相对 μ、μ' 的偏微分。设定步长 $\Delta_s = 0.002$。若相邻两次迭代之间，熵值函数偏微分的变化量小于 0.0001，则停止迭代过程，输出当前的 μ、μ' 值和 ISAR 成像结果。迭代优化过程中 ISAR 图像的熵值变化如图 3.29(a)所示，最终的 ISAR 成像效果如图 3.29(b)所示。图 3.29(b)对应的机动因子 $\mu = 0.1656$、二次机动因子 $\mu' = 0.1215$。对比图 3.26(b) 和图 3.28(b)，显然后者的补偿效果更好，后者更小的 ISAR 图像熵值和更大的对比度也印证了更好的补偿效果。至此可得出结论，在目标机动程度较大的场景下，在非均匀变换矩阵中仅考虑机动因子 μ 能够实现一定的补偿效果，但仍存在轻微的方位向模糊；在非均匀变换矩阵中同时考虑机动因子 μ 和二次机动因子 μ' 才能实现最优的补偿效果。

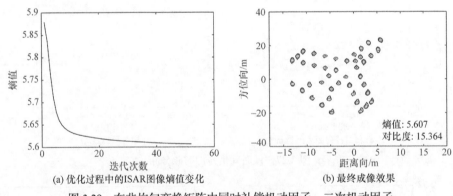

(a) 优化过程中的ISAR图像熵值变化　　　　　　(b) 最终成像效果

图 3.29　在非均匀变换矩阵中同时补偿机动因子、二次机动因子

3.3.2　机动目标 ISAR 成像中的剩余平动相位补偿算法

本节探讨机动目标 ISAR 成像中平动相位补偿可能存在的剩余误差，以及相应的补偿算法。在 3.3.1 节的讨论中，默认目标的平动补偿已经完成，一维距离像序列中仅包含目标的转动分量。实际的平动补偿过程通常存在误差。对于机动目标 ISAR 成像，目标的非均匀转动特性可能会在相位自聚焦过程中引入多余的误差量。本小节将探讨目标机动引起的平动补偿剩余相位，并给出有效的解决算法。

关于机动目标 ISAR 成像，现有文献中还没有针对目标机动特性的、特殊的平动相位补偿算法。一般认为，传统的基于最小熵的相位自聚焦(minimum entropy phase autofocus，MEPA)算法仍然适用于机动目标 ISAR 成像。MEPA 算法是一种数据驱动型算法，其相位估计结果和准确的相位补偿值并不是完全一致的[10]。另外，需要注意的是，MEPA 算法默认目标为匀速转动。然而在目标机动场景下，匀速转动模型不再成立，目标的非均匀转动可能会在平动补偿相位中引入额外的误差量。仿真实验中发现，这种额外的相位误差量随机出现，因具体数据的不同而存在差异。下面以某段数据为例，阐述目标机动导致的 RD 图像中剩余相位误差的具体表现形式，并给出相应的补偿算法。

根据 3.3.1 节中的仿真环境，雷达参数和目标模型保持不变，目标保持匀速直线运动，对目标进行连续跟踪和成像，每幅 ISAR 图像包含连续的 256 个回波。仿真实验中，某段数据的 ISAR 成像结果如图 3.30 所示。由于目标机动，RD 算法得到的 ISAR 成像结果中存在明显的方位向模糊。但不同于图 3.22 中上下对称的模糊特征，图 3.30(b)中的多普勒模糊特征存在明显的上下差异，上部正多普勒部分的模糊程度明显弱于下部负多普勒部分。这种模糊程度的上下差异特征源于 MEPA 算法的相位估计误差。仍采用 3.3.1 节中提出的非均匀转动变换算法对图 3.30(a)中的模糊进行补偿。设机动因子初值为 0.1，采用梯度下降法搜索最优机动因子，最终得到的 ISAR 成像结果如图 3.30(b)所示，对应的机动因子 $\mu = 0.1317$。经过机动因子补偿，图 3.30(b)中的成像结果相比图 3.30(a)有了一定改善，但仍存在明显的模糊。

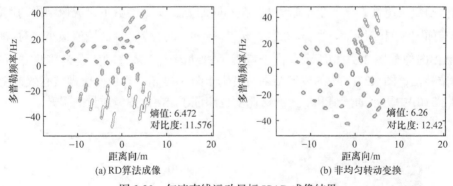

(a) RD算法成像　　　　　　　　　(b) 非均匀转动变换

图 3.30　匀速直线运动目标 ISAR 成像结果

为了便于表述，定义多普勒焦点偏移概念来描述图 3.30(a)中 ISAR 图像的特殊模糊特征。一般情况下，采用 RD 算法得到的机动目标 ISAR 图像中，其多普勒模糊特征是对称分布的。具体来说，一般的多普勒模糊特征包含以下三点：

(1) ISAR 图像中间零多普勒区域的散射点几乎没有模糊。

(2) 正、负多普勒部分散射点的模糊程度大致相同。

(3) 散射点距离零多普勒越远，其模糊程度越严重。

例如，图 3.22、图 3.26(b)，采用 RD 算法得到的大多数机动目标 ISAR 图像均满足上述三点模糊特征。图 3.30(a)中的 ISAR 图像不满足一般的模糊特征，其模糊特征出现了偏移，称为多普勒焦点偏移。其中，多普勒焦点的含义是，机动目标的 RD 图像中聚焦程度最好的散射点对应的多普勒值。多普勒焦点偏移为多普勒焦点和零多普勒之间的差值。在一般的机动目标 RD 图像中，多普勒焦点偏移为零，或者是接近零的较小值。图 3.30(a)中 ISAR 图像的多普勒焦点偏移较大，显著影响了图 3.30(b)中非均匀转动变换的补偿效果。

在信号层面，多普勒焦点偏移对应平动补偿相位的线性误差。因此，为了抑制多普勒焦点偏移的不利影响，需要在非均匀转动变换之前补偿该误差量，补偿向量可构造如下：

$$V_{d_{\text{shift}}}(m) = \exp\left(\text{j}2\pi \frac{m-1}{M} d_{\text{shift}} \right), \quad m = 1, 2, \cdots, M \tag{3.57}$$

式中，d_{shift} 为多普勒焦点偏移；M 为 ISAR 图像包含的回波数。包含多普勒焦点偏移补偿的机动目标 ISAR 成像公式为

$$I_{\mu, d_{\text{shift}}} = \left(P \odot P_\mu \right) \cdot \text{diag}\left(V_{d_{\text{shift}}} \right) \cdot G^{\text{T}} \tag{3.58}$$

式中，$\text{diag}(\cdot)$ 表示构造对角矩阵。可以看出，在需要补偿多普勒焦点偏移的情况下，采用非均匀转动变换得到的 ISAR 图像 $I_{\mu, d_{\text{shift}}}$ 是 μ 和 d_{shift} 的二元函数。利用熵值函数来衡量 $I_{\mu, d_{\text{shift}}}$ 的清晰程度，在不同的 μ、d_{shift} 参数下，成像结果的熵值分布如图 3.31(a)所示。当 $\mu = 0.21$、$d_{\text{shift}} = -14.8$ 时，$I_{\mu, d_{\text{shift}}}$ 的熵值最小，对应的 ISAR 图像如图 3.31(b)所示。由于考虑了机动因子、多普勒焦点偏移两方面的相位补偿，图 3.31(b)中的成像结果明显优于图 3.30(b)，方位向模糊被有效抑制。图 3.31(b)中更小的熵值和更大的对比度也印证了 ISAR 图像质量的提升。

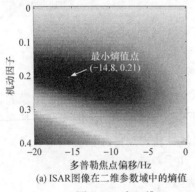

(a) ISAR图像在二维参数域中的熵值

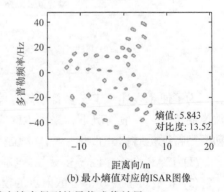

(b) 最小熵值对应的ISAR图像

图 3.31　在二维 μ、d_{shift} 参数域中搜索得到的最优成像效果

采用二维参数搜索算法能够有效补偿多普勒焦点偏移的不利影响，但该算法存在明显的不足。二维参数搜索的运算量较大，且可能存在搜索步长和搜索范围不合理的问题。实际中不适合对机动目标的所有 RD 图像均进行二维参数搜索。为了能够充分利用 3.3.1 节中机动因子 μ 的自适应搜索特性(梯度下降法)，本节提出一种非均匀转动变换和相位自聚焦交替进行的 ISAR 成像新算法，其流程如图 3.32 所示。

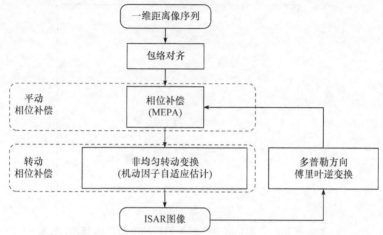

图 3.32　平动和非均匀转动交替补偿的机动目标 ISAR 成像算法

在平动相位补偿过程中，记 MEPA 算法估计得到的平动相位序列为 $\hat{\varphi}_1, \hat{\varphi}_2, \cdots, \hat{\varphi}_M$，则对应的相位补偿矩阵为

$$\hat{\boldsymbol{\Phi}} = \operatorname{diag}\left[\exp(\mathrm{j}\hat{\varphi}_1), \exp(\mathrm{j}\hat{\varphi}_2), \cdots, \exp(\mathrm{j}\hat{\varphi}_M)\right] \tag{3.59}$$

考虑平动相位补偿过程，ISAR 成像公式改写为

$$\boldsymbol{I}_\mu = (\boldsymbol{P} \odot \boldsymbol{P}_\mu) \cdot \hat{\boldsymbol{\Phi}} \cdot \boldsymbol{G}^{\mathrm{T}} \tag{3.60}$$

式中，$\boldsymbol{G}$ 为包络对齐后的一维距离像序列。可以看出，$\boldsymbol{F}(\mu) = \boldsymbol{P} \odot \boldsymbol{P}_\mu$、$\hat{\boldsymbol{\Phi}}$ 和一维距离像序列 $\boldsymbol{G}$ 之间均为相乘关系，$\boldsymbol{F}(\mu)$ 和 $\hat{\boldsymbol{\Phi}}$ 共同影响 $\boldsymbol{I}_\mu$ 的成像质量。因此，若以 $\boldsymbol{I}_\mu$ 的清晰程度为目标函数搜索最优的 $\boldsymbol{F}(\mu)$ 参数，则矩阵 $\hat{\boldsymbol{\Phi}}$ 中的误差必然会影响 $\boldsymbol{F}(\mu)$ 的估计精度，反之亦然。考虑到 $\boldsymbol{F}(\mu)$ 和 $\hat{\boldsymbol{\Phi}}$ 的相互耦合关系，图 3.32 中的成像流程采取了平动相位补偿和非均匀转动补偿交替进行的策略，交替地更新矩阵 $\boldsymbol{F}(\mu)$ 和 $\hat{\boldsymbol{\Phi}}$，使得相位误差量逐步减少，最终使 $\boldsymbol{I}_\mu$ 达到最优。采用这种策略，能够避免烦琐的二维参数搜索过程，自适应地获得最优 ISAR 成像结果，更加适用于工程应用。对于图 3.30(a)中存在多普勒焦点偏移的模糊 RD 图像，根据图 3.32

中的交替补偿算法，经过两次 MEPA 算法相位补偿和两次自适应非均匀转动变换，得到的 ISAR 图像如图 3.33 所示。两次非均匀转动补偿得到的机动因子分别为 0.1317、−0.0305。可见，图 3.33 中 ISAR 图像的清晰程度和图 3.31(b)相近，它们的熵值和对比度也十分接近，验证了本节提出的交替补偿算法的有效性。值得注意的是，实验中发现，图 3.32 中的交替补偿算法并不需要很多次迭代过程，2 次或 3 次迭代就能有效消除多普勒焦点偏移的不利影响，获得清晰的 ISAR 图像。

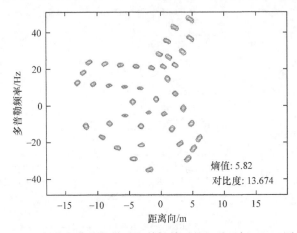

图 3.33　平动和非均匀转动交替补偿后的机动目标 ISAR 图像

下面采用美国海军实验室提供的波音 727 飞机模型仿真回波数据，验证交替补偿算法的 ISAR 成像效果。该段数据包含连续的 256 个一维距离像，每个一维距离像包含 64 个距离单元，如图 3.34(a)所示。该段数据的载频为 9GHz，带宽为 150MHz，脉冲重复频率为 20kHz，总的回波累积时间为 0.0128s。数据已完成平动补偿，采用 RD 算法得到的 ISAR 图像如图 3.34(b)所示。由于目标存在机动，RD 图像中存在明显的方位向模糊。提取一维距离像序列中第 34 个距离单元内的

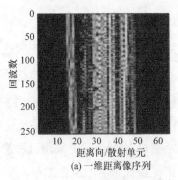

(a) 一维距离像序列

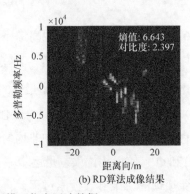

(b) RD算法成像结果

图 3.34　波音 727 飞机模型仿真回波数据

慢时间信号，采用平滑的伪 Wigner 分布算法获取其时频分布，如图 3.35 所示。图中上方斜线区域表明该距离单元中包含两个散射点，下方斜线区域表明目标的机动程度一般，可采用 LFM 信号模型描述散射点的慢时间信号。

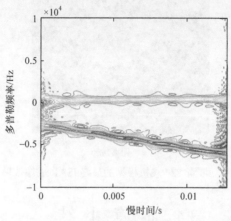

图 3.35　第 34 个距离单元内慢时间信号的时频分布

　　根据文献[11]中的数量级搜索算法，确定机动因子的初值为 10，更新步长为 1。采用梯度下降法估计最优机动因子。迭代优化过程中的 ISAR 图像熵值变化如图 3.36(a)所示，最终的 ISAR 成像结果如图 3.36(b)所示，对应的机动因子 $\mu = 32.24$。相比图 3.34(b)，图 3.36(b)中 ISAR 图像的清晰程度有了显著提升，图像熵值更小，对比度更大。

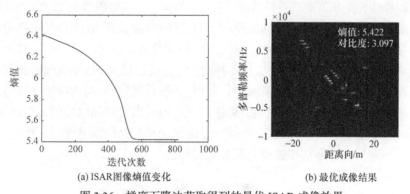

(a) ISAR图像熵值变化　　　　　　　　(b) 最优成像结果

图 3.36　梯度下降法获取得到的最优 ISAR 成像效果

　　采用图 3.32 中的交替补偿算法，对图 3.36(b)中的数据再进行两次 MEPA 补偿和非均匀转动变换，最终得到的 ISAR 图像如图 3.37 所示。图中的 ISAR 图像比图 3.36(b)中的成像结果更加清晰，熵值更小，对比度更大。三次非均匀转动变换对应的机动因子分别为 32.24、1.12、0.03。可见，随着交替补偿的进行，一维距离像序列中的非均匀转动量逐渐减小，ISAR 图像变得越来越清晰。

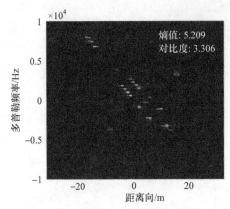

图 3.37　波音 727 飞机模型的最终 ISAR 成像效果

3.4　本章小结

本章针对二维 ISAR 成像中的相关问题进行了研究，提出的平动补偿、越分辨单元走动校正、转动补偿等脉间相位补偿算法，能够提升 ISAR 成像效果和出图率，为后续的 ISAR 三维成像提供了有力支撑。首先，充分利用数字去斜处理的目标回波包络以及相位的特性，研究了基于数字去斜的 ISAR 成像平动补偿新算法，提出了基于目标径向运动轨迹拟合的亚距离单元包络对齐算法和 CDCT 相位补偿新算法，提升了平动补偿效果。进而，给出了 ISAR 成像 MTRC 信号模型，分析距离向和多普勒向发生走动的原因，为进行 ISAR 成像 MTRC 校正奠定了基础；根据空间目标轨道运动特性，提出了一种非参数化的转动参数估计算法，实现对距离向和多普勒向的 MTRC 分步补偿。针对机动目标 ISAR 成像的脉间相位补偿，充分利用目标刚体性质带来的各散射点慢时间信号的同构特性，构造非均匀转动矩阵，采用非均匀转动变换的算法实现对散射点慢时间信号的方位向压缩。另外，针对机动目标 ISAR 成像中可能存在的平动相位补偿误差进行了相应研究，并提出了一种有效的平动相位剩余误差补偿算法。

参 考 文 献

[1] Lin Q Q, Chen Z P, Zhang Y, et al. Coherent phase compensation method based on direct IF sampling in wideband radar[J]. Progress in Electromagnetics Research, 2013, 136: 753-764.

[2] Chen C C, Andrews H C. Target-motion-induced radar imaging[J]. IEEE Transactions on Aerospace and Electronic Systems, 1980, 16(1): 2-14.

[3] 王根原, 保铮. 逆合成孔径雷达运动补偿中包络对齐的新方法[J]. 电子学报, 1998, 26(6): 5-8.

[4] Peng S B, Xu J, Peng Y N, et al. Parametric inverse synthetic aperture radar manoeuvring target motion compensation based on particle swarm optimizer[J]. IET Radar, Sonar and Navigation, 2011, 5(3): 305.

[5] 朱兆达, 邱晓晖, 余志舜. 用改进的多普勒中心跟踪法进行 ISAR 运动补偿[J]. 电子学报, 1997, 25(3): 65-69.

[6] Liu Y, Zou J W, Xu S Y, et al. Nonparametric rotational motion compensation technique for high-resolution ISAR imaging via golden section search[J]. Progress In Electromagnetics Research, 2014, 36: 67-76.

[7] Hu J M, Zhou W, Fu Y W, et al.Uniform rotational motion compensation for ISAR based on phase cancellation[J]. IEEE Geoscience Remote Sensing Letters, 2011, 8(4): 636-641.

[8] Zhang W C, Chen Z P, Yuan B. Rotational motion compensation for wide-angle ISAR imaging based on integrated cubic phase function[C]. IET International Radar Conference, Xi'an, 2013: 14-16.

[9] Wu W Z, Xu S Y, Hu P J, et al. Inverse synthetic aperture radar imaging of targets with complex motion based on optimized non-uniform rotation transform[J]. Remote Sensing, 2018, 10(4): 593.

[10] 邱晓晖, 赵阳, Alice Heng Wang C, 等. ISAR 成像最小熵自聚焦与相位补偿的一致性分析[J]. 电子与信息学报, 2007, 29(8): 1799-1801.

[11] Wang B B, Xu S Y, Wu W Z, et al. Adaptive ISAR imaging of maneuvering targets based on a modified Fourier transform[J]. Sensors, 2018, 18(5): 1370.

第 4 章 二维 ISAR 图像高质量重构算法

在目标平动补偿后，目标回波等效为转台模型，通过一定的图像重构技术，能够获取目标的 ISAR 二维图像。本质上，目标的 ISAR 二维图像反映的是目标散射点在 RD 二维平面的分布。因此，在 ISAR 成像中，使用最普遍的是基于傅里叶变换的 RD 算法。然而，随着目标运动姿态越来越丰富，雷达分辨率越来越高，RD 算法的应用越来越受到限制，这促使研究人员开展各种复杂情况下的 ISAR 图像重构算法的研究。

当目标在成像时间内平稳飞行时，如三轴稳定卫星、民航飞机等，目标运动满足匀速二维转动模型，经过平动补偿，可采用基于傅里叶变换的成像算法得到目标二维图像。根据目标成像转角的大小，基于傅里叶变换的图像重构算法有 RD 算法、Keystone 变换算法和 PFA 等。RD 算法应用于不存在 MTRC 的小转角成像中，运算量小，广泛应用于实时成像。Keystone 变换算法和 PFA 是对 RD 算法的扩展，将散射点的线性 MTRC 运算嵌入 RD 算法中，实现了大转角情况下的二维图像重构。

当目标做机动飞行时，目标转速和转轴通常是时变的，目标回波在成像观测期间的多普勒频率也是时变的，直接采用基于傅里叶变换的图像重构算法无法获得清晰的 ISAR 图像。针对目标机动带来的多普勒时变问题，许多学者将时频分析算法引入 ISAR 图像重构中。当目标机动性不大时，采用距离瞬时多普勒(range-instantaneous Doppler, RID)算法成像[1-4]，能够较好地抑制多普勒时变引起的方位向模糊。RID 算法成像的一种实现途径是，采用时频分析工具，得到目标各距离单元时频图，最后通过时间采样得到目标一系列瞬时 ISAR 图像。

无论是基于傅里叶变换的图像重构算法，还是基于时频分析的 ISAR 图像重构算法，其分辨率均受到瑞利限的限制。超分辨谱估计技术突破了瑞利限的限制，利用现代谱估计算法，能够在雷达信号带宽受限制的情况下满足对 ISAR 成像超分辨的要求。基于现代信号谱估计的雷达成像算法主要从参数化谱估计和非参数化谱估计两个方面展开。参数化谱估计算法首先假设雷达回波满足一定的数学模型，然后利用参数化算法分析信号的频谱，从而将谱估计转换成数学的参数估计问题，具有代表性的有 Burg 谱外推法、MUSIC 算法、root-MUSIC 算法和 ESPRIT 算法等。非参数化谱估计算法的基本思想是：首先利用一个窄带滤波器对感兴趣频带内的信号进行滤波，然后利用滤波器的输出功率除以滤波器的带宽表示对输入信号的一种度量，主要有 Capon 算法和幅度-相位估计(amplitude-phase estimation，APE)算法等。本章针对高质量的图像重构算法进行研究，获取聚焦良好的 ISAR 图像。

4.1　基于压缩感知的雷达成像

在实际 ISAR 成像中，由于目标的机动性、非合作性，以及各种不可避免的误差和噪声影响，目标回波数据会出现部分缺失、受损、不可用等现象，传统 ISAR 成像算法无法完全确保成像质量。因此，有必要研究一种能够通过稀疏脉冲回波数据实现高分辨成像的办法，从而克服稀疏脉冲回波和方位向高分辨间的困难。

ISAR 图像主要由少数的强散射点表征，通常具有很强的稀疏性。ISAR 图像的这一特征满足压缩感知理论的稀疏性前提条件，因此理论上可以利用压缩感知理论的算法来解决 ISAR 成像中方位向脉冲数据稀疏的问题。

4.1.1　压缩感知基本理论

压缩感知基本理论主要包括信号的稀疏表示、编码测量和重构算法三个方面[5]。信号的稀疏表示是指，当将信号投影到正交变换基时，绝大部分变换系数的绝对值都很小，所得到的变换向量是稀疏的。这是压缩感知的先验条件，即信号必须在某个域上是稀疏的。

假设一个 N 维离散时间信号可以表示为 $x=[x(1)\quad x(2)\quad \cdots \quad x(N)]^{\mathrm{T}}$，它在一组稀疏基 $\{\psi_i\}_{i=1}^{N}$ 下线性表示为

$$x=\sum_{i=1}^{N}\alpha_i\psi_i=\psi\alpha \tag{4.1}$$

式中，$\psi=[\psi_1\quad \psi_2\quad \cdots \quad \psi_N]$；$\psi_i$ 为列向量；$N\times 1$ 的列向量 α 是信号 x 的加权系数。若 α 中只有很少的大系数，则称信号 x 是可压缩的；若 α 中只有 K 个元素非零，则称信号 x 是 K 稀疏的。

在压缩感知理论中，并不是直接对信号进行采样，而是通过观测矩阵 Φ 实现压缩采样(compressed sampling，CS)。将原始信号在观测矩阵上线性投影得到测量信号。CS 过程可以表示为

$$y=\Phi x=\Phi\Psi\alpha=\Theta\alpha \tag{4.2}$$

式中，y 为 $M\times 1$ 的 CS 测量向量；Φ 为 $M\times N$ 的 CS 观测矩阵；Ψ 为 $N\times N$ 的稀疏基矩阵；α 为 $N\times 1$ 的变换稀疏系数向量；Θ 为 $M\times N$ 的矩阵。整个过程可以通

过图 4.1 直观地表示。

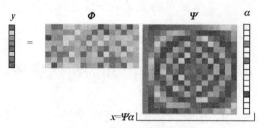

图 4.1　信号的测量编码过程

由式(4.2)可以看出，CS 测量向量的维数 M 远远小于信号的维数 N，无法从 M 个观测值中解出信号或者变换稀疏系数 α。但是因为 α 是稀疏的，其稀疏度 $K < M \ll N$，所以能通过一定的算法重构信号。

为了保证少量的投影信息能够精确地重构信号，式(4.2)中矩阵 Θ 必须满足约束等距性(restricted isometry property，RIP)准则，RIP 准则提高了存在确定解和能精确重构原始信号的条件。

若信号 x 是稀疏的，则可以通过最小 l_0 范数求解式(4.2)的最优化问题：

$$\hat{\alpha} = \arg\min \| \alpha \|_0$$
$$\text{s.t.} \quad y = \Phi\Psi\alpha \tag{4.3}$$

式中，$\| \alpha \|_0$ 为向量 α 中非零元素的个数。然而，求解式(4.3)是一个非确定性多项式(nondeterministic polynominal，NP)难题。可以将式(4.3)转换为最小 l_1 范数求解，从而使问题的性质发生了转换。

$$\hat{\alpha} = \arg\min \| \alpha \|_1$$
$$\text{s.t.} \quad y = \Phi\Psi\alpha \tag{4.4}$$

在获得了 $\hat{\alpha}$ 后，根据公式 $\hat{x} = \Psi\hat{\alpha}$ 即可重构出原始信号。

4.1.2　压缩感知方位向压缩算法

在通过压缩感知算法获得目标场景的一维距离像后，需要对数据进行方位向处理才能得到二维雷达图像。在方位向上的处理可以有两种算法：传统方位向处理算法和压缩感知方位向处理算法，如图 4.2 所示。当雷达在方位向上连续地获取数据时，目标在方位向上的信息是完整的，可以利用传统方位向处理算法进行方位向压缩。若雷达在方位向所获取的数据有丢失的情况，而目标在方位向上的分布是稀疏的，满足压缩感知成像的条件，则可以应用压缩感知方位向处理算法进行方位向压缩。下面将针对 ISAR 成像模式介绍相应的压缩感知方位向处理算法。

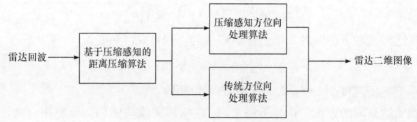

图 4.2 压缩感知雷达二维成像框架

在完成距离像的运动补偿后，在方位向进行傅里叶变换就可以得到 ISAR 图像。如果 ISAR 图像在方位向上具有稀疏性，那么可以将压缩感知傅里叶变换应用到 ISAR 成像的方位向处理中。

ISAR 的一维距离像经过距离对准和相位校正，在某个距离单元的信号可以表示为

$$s_M(\eta) = \sum_{k=1}^{K} A_k \exp\left[-j\frac{4\pi}{c}f_c(r_0 + x_k + y_k\omega\eta)\right] \cdot \mathrm{rect}\left[\frac{\eta}{\tau_a}\right] + n_a(\eta) \tag{4.5}$$

式中，K 为距离单元内强散射点的数量；$n_a(\eta)$ 为弱散射点合成的等效加性噪声。

对式(4.5)进行傅里叶变换，可得

$$\begin{aligned}
S_M(f) &= \sum_{k=1}^{K} A_k\tau_a \,\mathrm{sinc}\left[\tau_a\left(f - \frac{2f_c\omega}{c}y_k\right)\right] \cdot \exp\left[-j\frac{4\pi}{c}f_c(r_0 + x_k)\right] + n_a(f) \\
&\approx \sum_{k=1}^{K} A_k\tau_a \exp\left[-j\frac{4\pi}{c}f_c(r_0 + x_k)\right] \cdot \delta\left(f - \frac{2f_c\omega}{c}y_k\right) + n_a(f) \\
&= \sum_{k=1}^{K} B_k\delta\left(f - \frac{2f_c\omega}{c}y_k\right) + n_a(f)
\end{aligned} \tag{4.6}$$

可以看出，ISAR 的方位向信号在傅里叶变换后，可以表示为多普勒频率域内稀疏的离散点。类似于前面距离向的处理算法，假设雷达系统在多普勒域 $[-f_d/2, f_d/2]$ 中频率分辨率为 ρ_f，则多普勒域内的目标散射中心可以用一维向量 $\boldsymbol{\alpha}$ 表示：

$$\boldsymbol{\alpha}^T = \begin{bmatrix} \alpha_1 & \alpha_2 & \cdots & \alpha_m & \cdots & \alpha_{M-1} & \alpha_M \end{bmatrix}_{1\times M} \tag{4.7}$$

式中，$\alpha_m = B_m$，B_m 为位于多普勒频率单元 f_{d_m} 内的散射中心后向散射系数。

$$f_{d_m} = -f_d/2 + m\rho_f, \quad m \in [0:M-1], \quad M = f_d/\rho_f \tag{4.8}$$

当某个多普勒单元 m 内没有目标时，$B_m = 0$，即 $\alpha_m = 0$。

若目标仅占观测区域中很小的一部分面积，则 $\boldsymbol{\alpha}$ 中非零元素个数 K 远小于距离单元个数 M。此时，方位向时间信号可以表示为

$$s_M(\eta) = \mathrm{IFT}\big[S_M(f)\big] = \mathrm{IFT}\big[\boldsymbol{\alpha}\big] \tag{4.9}$$

雷达回波在方位向的采集过程是离散的，因此式(4.9)变为

$$s_M(n) = \boldsymbol{\Psi}\boldsymbol{\alpha} + \boldsymbol{n}_a(n) \tag{4.10}$$

式中，$\boldsymbol{\Psi} = \mathrm{IFFT}\big[\boldsymbol{I}_M\big]$，$\boldsymbol{I}_M$ 为 $M \times M$ 的单位矩阵。

当雷达获取的方位向信号不完全时，在构建稀疏基 $\boldsymbol{\Psi}$ 时需要将相应位置的行向量置零，以保证等式的成立，即

$$\begin{bmatrix} s_M(1) \\ \vdots \\ s_M(n_1) \\ 0 \\ \vdots \\ 0 \\ s_M(n_2) \\ \vdots \\ s_M(M) \end{bmatrix} = \begin{bmatrix} \boldsymbol{\Psi}_1 \\ \vdots \\ \boldsymbol{\Psi}_{n_1} \\ 0 \\ \vdots \\ 0 \\ \boldsymbol{\Psi}_{n_2} \\ \vdots \\ \boldsymbol{\Psi}_M \end{bmatrix} \boldsymbol{\alpha} \tag{4.11}$$

应用压缩感知理论，由方位向信号 $s_a(n)$ 的观测值估计 $\boldsymbol{\alpha}$ 的问题可以描述为

$$\begin{aligned} &\min_{\boldsymbol{\alpha}} \|\boldsymbol{\alpha}\|_{l_p} \\ &\mathrm{s.t.}\ \ \|\boldsymbol{\Phi}\boldsymbol{s}_n - \boldsymbol{\Phi}\boldsymbol{\psi}\boldsymbol{\alpha}\|_2 \leqslant \varepsilon \end{aligned} \tag{4.12}$$

通过稀疏重构算法求解式(4.12)，得到方位向上的稀疏系数 $\boldsymbol{\alpha}$，即完成了相同距离单元内的散射点在方位向上的分离，从而实现 ISAR 成像。

4.1.3　实验与分析

本节研究基于压缩感知理论的稀疏孔径 ISAR 成像算法。下面在理想转台模型的前提下，基于仿真数据进行测试实验，与传统的 RD 算法进行比较，并对实验结果进行对比分析，仿真参数如表 4.1 所示。

表 4.1　雷达仿真参数设置

参数名称	参数值
载频	10GHz
带宽	1GHz
脉宽	200μs
调频率	$5 \times 10^{12} \mathrm{Hz/s}$

续表

参数名称	参数值
载频	10GHz
采样频率	10MHz
参考窗宽度	204μs
回波距离单元数	2041
累积脉冲数	256
脉冲重复频率	200Hz

仿真实验采用的雷达信号类型为 LFM 信号，目标仿真模型为飞机的散射点模型(图 4.3)，包含 52 个散射点，散射强度均为 1。完整的回波个数为 $N = 256$，全孔径情况下的 ISAR 成像仿真结果如图 4.4 和图 4.5 所示。

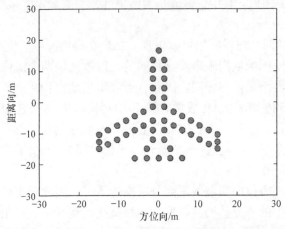

图 4.3　仿真目标的散射点模型

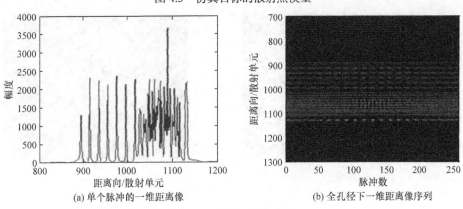

(a) 单个脉冲的一维距离像　　　　　　　(b) 全孔径下一维距离像序列

图 4.4　回波一维距离像

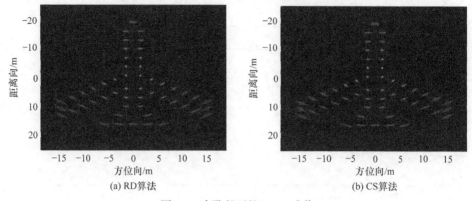

(a) RD算法   (b) CS算法

图 4.5 全孔径下的 ISAR 成像

图 4.4 为经过距离向脉冲压缩，单个脉冲的一维距离像和全孔径下的一维距离像序列。图 4.5(a)为使用传统的 RD 算法得到的 ISAR 图像；图 4.5(b)为使用 CS 算法得到的 ISAR 图像。其中，稀疏基为傅里叶基，测量矩阵采用随机高斯矩阵，重构算法选择 SL0 算法。

对比图 4.5 的两个成像结果可以发现，在全孔径情况下，使用 RD 算法和 CS 算法得到的 ISAR 图像从肉眼来看是相同的，通过比较两个成像结果的图像熵和对比度可知，两者结果依然相同。因此，可以得出结论：在全孔径情况下，回波信息完整性未遭到破坏，ISAR 成像时使用 RD 算法和 CS 算法得到的成像结果具有相同的成像质量。因此，在全孔径情况下，CS 算法的优越性没有得到体现，考虑到 RD 算法计算复杂度远低于 CS 算法，运行时间短，效率高，此时 RD 算法的性能要优于 CS 算法。

实际中会出现方位向回波数据部分缺损的情况，因此随机抽取一定比例的回波脉冲模拟实际中的不完整回波数据，在稀疏孔径情况下进行 ISAR 成像仿真实验，仿真实验结果如图 4.6～图 4.8 所示，图 4.6～图 4.8 分别为随机抽取 50%、

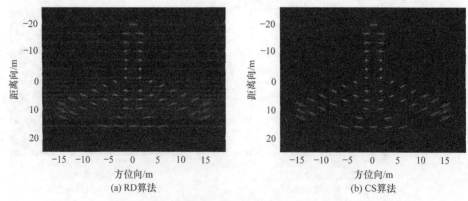

(a) RD算法   (b) CS算法

图 4.6 随机抽取 50%回波数据情况下的 ISAR 成像

25%、10%回波数据后得到的 ISAR 成像结果。

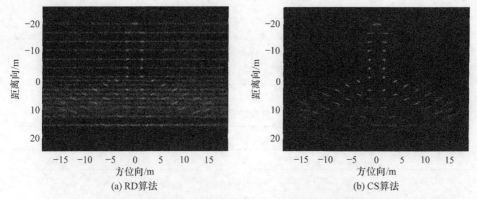

(a) RD算法   (b) CS算法

图 4.7 随机抽取 25%回波数据情况下的 ISAR 成像结果

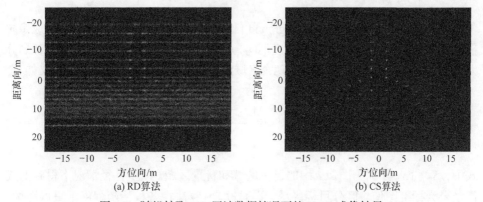

(a) RD算法   (b) CS算法

图 4.8 随机抽取 10%回波数据情况下的 ISAR 成像结果

从图中可以看出，在稀疏孔径情况下 RD 算法成像结果质量下滑严重，随着回波脉冲数量的减少，目标图像越来越模糊，50%的有效孔径下方位向成像出现散焦，图像质量下降，25%的有效孔径下已经几乎无法辨别目标；CS 算法在稀疏孔径情况下则表现良好，50%的回波数据下得到的成像结果从肉眼来看与全孔径下的结果几乎相同，25%的有效孔径对应的图像虽然像素点能量较低，但相对背景还是能清楚地辨别出目标，而 10%回波数据情况下，由于能量过低，散射点显示不清晰，成像质量较差。通过对比可以看出，在稀疏孔径情况下，CS 算法的成像效果要远优于 RD 算法。

为了定量对比分析以上仿真实验的成像结果，考虑使用图像熵和对比度两个指标来衡量。分别计算以上仿真实验所得图像熵和对比度，结果见表 4.2 和表 4.3。由表中结果可得，在全孔径情况下，两种算法的性能相同；在相同稀疏程度的情况下，从图像熵和对比度两个指标来看，CS 算法的性能都优于 RD 算法。

表 4.2　成像结果图像熵值

重构算法	有效孔径比例/%			
	100	50	25	10
RD 算法	7.7050	9.1793	9.6389	9.6885
CS 算法	7.7050	7.6137	7.3776	7.0964

表 4.3　成像结果图像对比度

重构算法	有效孔径比例/%			
	100	50	25	10
RD 算法	7.3025	4.1801	3.8171	3.7541
CS 算法	7.3025	8.3567	9.5831	11.1355

使用目标背景比(target to background ratio，TBR)来定量衡量 CS 算法的成像质量。与图像熵在全图像域求聚焦程度不同，TBR 根据感兴趣程度，将完整图像划分为目标区域和背景区域，再通过这两个区域的能量求得目标背景比，TBR 定义如下：

$$\text{TBR} = 10 \times \lg \left(\frac{\sum\limits_{(m,n) \in S_T} |I(m,n)|^2}{\sum\limits_{(m,n) \in S_B} |I(m,n)|^2} \right) \tag{4.13}$$

式中，S_T 和 S_B 分别为图像 I 中的目标区域和背景区域。以全孔径情况下得到的成像结果为标准图像，区分目标区域，再通过 CS 算法在各种稀疏程度下重构图像，分别计算成像结果的 TBR，得到目标背景比与稀疏程度的关系曲线，见图 4.9。

如图 4.9 所示，当有效孔径百分比在 60%以上时，TBR 基本在一个水平线上浮动，成像结果几乎能完美地重构出目标图像；随着回波脉冲数据的进一步减少，测量数据不足以精确恢复出完整的目标信息，因此成像结果的质量逐渐降低；当有效孔径百分比降到 10%以下时，太少的测量数据已经无法正常地恢复出目标的原始图像。综上，可以得出如下结论：当测量数据量满足一定要求时，基于 CS 算法的稀疏孔径 ISAR 成像可以几乎无失真地恢复出目标的 ISAR 图像。因此，可以在原始回波数据有限的情况下，只利用少量的回波数据恢复原始数据信息，重构目标图像；也可以在原始回波数据已知的情况下，对原始数据进行压缩采样，既可以减少数据量，方便采样信号的存储、处理，又不影响成像结果的质量，一举两得。

进一步利用波音 727 飞机的实测数据进行验证，数据已经完成距离压缩和运动补偿，只需要进行方位向傅里叶变换就可以得到 ISAR 图像。实验中随机抽取 50%的方位向数据进行压缩感知成像实验。抽取后的一维距离像数据如图 4.10(a)所示。

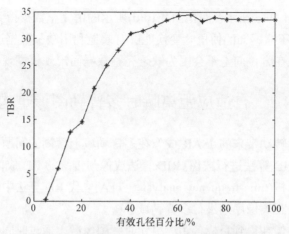

图 4.9　目标背景比与稀疏程度的关系曲线

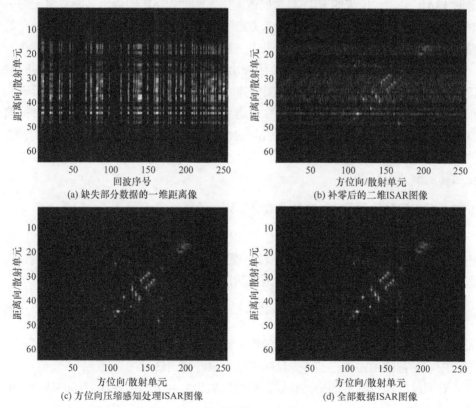

(a) 缺失部分数据的一维距离像

(b) 补零后的二维ISAR图像

(c) 方位向压缩感知处理ISAR图像

(d) 全部数据ISAR图像

图 4.10　方位向采用压缩感知傅里叶变换的 ISAR 成像效果

对缺失数据进行补零后做傅里叶变换，得到的 ISAR 图像如图 4.10(b)所示。从图中可以看出，方位向的数据不完整，导致所成的图像质量很差，在方位向上有明显的模糊。当采用基于压缩感知的傅里叶变换处理图 4.10(a)所示数据时，得到的

ISAR 图像如图 4.10(c)所示。对比图 4.10(d)所示的由完整数据得到的 ISAR 图像,可以看出,基于压缩感知的傅里叶变换能够有效地利用缺失数据进行 ISAR 成像,而且得到的图像在方位向上不会因为缺乏完整数据而出现模糊现象。

4.2　自适应距离瞬时多普勒图像重构

对于非匀速转动带来的 ISAR 成像在多普勒域上模糊的问题,一个有效的解决思路是利用 RID 算法进行成像。RID 算法成像与传统的 RD 成像区别在于:RID 算法采用时频分析(time-frequency analysis,TFA)取代 RD 算法中的快速傅里叶变换,对回波一维距离像序列进行多普勒域分析。

RID 算法成像在得到目标各距离单元时频图像后,通过时间采样得到一系列瞬时 ISAR 图像。传统的 RID 算法成像生成的瞬时 ISAR 图像为各距离单元同一时刻的瞬时多普勒谱图像,该过程未考虑不同距离单元的时频谱在时间上分布的差异性,因此可能带来目标信息的丢失,后面的仿真分析证实了该现象的存在。

针对非均匀转动目标,作者团队提出了一种自适应多普勒谱线选取的时频 ISAR 成像算法[6]。该算法选取所有距离单元“最优”的多普勒谱线组合,形成一幅完整的 RID 图像。该算法的优势在于避免了固定时频谱采样时刻带来的目标信息丢失以及由时间单元选取不恰当引起的性能下降。对仿真和实测数据的实验表明,本节算法相比传统的 RID 算法,在解多普勒模糊的同时,能够最大限度地保留目标的细节信息。

4.2.1　非匀速转动目标 ISAR 转台成像模型

通常将 ISAR 成像的目标视作散射点模型,在对非合作目标平动补偿后,可将目标等效为转台目标。ISAR 成像转台模型如图 4.11 所示,其包含 K 个散射点,假设目标转动平面在二维平面内,则雷达回波信号可以表示为

$$s_r(t) = \sum_{k=1}^{K} \sigma_k \exp\left\{-\mathrm{j}\frac{4\pi}{\lambda}[r_a + x_k \sin\theta(t) + y_k \cos\theta(t)]\right\} \tag{4.14}$$

式中,x_k、y_k 分别为第 k 个散射点的横向距离和径向距离;σ_k 为散射强度;r_a 为散射中心到雷达的距离;$\theta(t)$ 为目标成像积累时间内转过的角度。

若回波已经过标准的平动补偿,则可以假设 $r_a \to 0$,由转动引起的散射点多普勒频率为

$$f_d = \frac{2\mathrm{d}\theta(t)}{\lambda\mathrm{d}t}\left[x\cos\theta(t) + y\sin\theta(t)\right] \tag{4.15}$$

在观测时间较短、目标转角较小的情况下,对其进行泰勒二阶展开得

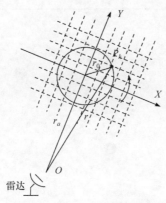

图 4.11　ISAR 成像转台模型

$$\begin{cases} \cos\theta(t) \approx 1 - \theta(t)^2 / 2 \\ \sin\theta(t) \approx \theta(t) \end{cases} \tag{4.16}$$

假设目标在观测时间内转速为 $\omega(t)$，则多普勒频率可表示为

$$f_d \approx \frac{2\omega(t)}{\lambda}\left[x - \frac{\theta(t)^2}{2}x + y\theta(t)\right] \tag{4.17}$$

可知，当目标机动飞行时，散射点的转速在观测时间内是时变的，其多普勒频率也是时变的。RD 成像在横向上进行快速傅里叶变换，散射点的多普勒频谱展宽，从而造成 ISAR 二维图像在多普勒上的模糊。

为更直观地表现非匀速转动带来的多普勒模糊，本节按照表 4.4 给出的雷达观测参数，仿真一个四点非匀速转台模型，散射点模型如图 4.12 所示，模型中的四个散射点关于原点 $(0,0)$ 对称。假设模型已经过平动补偿，转变为纯转台模型，其转速为 $\omega = 0.039\mathrm{rad/s}$，转动加速度为 $\omega' = 0.009\mathrm{rad/s}^2$。图 4.13(a)为目标一维距离像序列，图 4.13(b)给出了直接利用 RD 算法成像的结果，从图中可以看出，由于目标进行非匀速转动，散射点的多普勒谱随时间发生变化，采用 RD 算法得到的二维图像在方位向上会发生散焦。对于此类多普勒模糊问题，可以引入距离瞬时多普勒的概念进行解模糊，从而将对这种非匀速转动目标成像等效为对回波信号瞬时频率的估计。

表 4.4　仿真模型雷达观测参数

参数名称	参数值
雷达中心频率	10GHz
信号带宽	1GHz
脉冲重复频率	200Hz
脉内采样点数	2048
脉冲积累个数	512

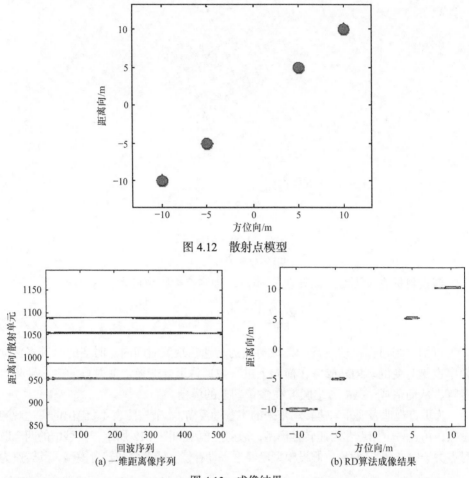

图 4.12　散射点模型

(a) 一维距离像序列　　　　　　　(b) RD算法成像结果

图 4.13　成像结果

4.2.2　传统 RID 算法成像及其不足

当目标非平稳运动时，经过平动补偿，非平稳散射点相对雷达视线做非匀速转动，根据平动补偿后的散射点 p_k 回波，可以得到由转动引起的散射点 p_k 多普勒频率为

$$f_{d\_k} = \frac{2\mathrm{d}\theta(t_m)}{\lambda \mathrm{d}t_m}\left[x_k\cos\theta(t_m) - y_k\sin\theta(t_m)\right] \tag{4.18}$$

假设目标在成像观测时间内的转速为 $\omega(t_m)$ 且满足小转角条件，则散射点 p_k 的多普勒频率可表示为

$$f_{d\_k} \approx \frac{2\omega(t_m)}{\lambda}\left[x_k - \frac{\theta(t_m)^2}{2}x_k - y_k\theta(t_m)\right] \tag{4.19}$$

因此，当目标非平稳飞行时，散射点多普勒频率是时变的，采用 RD 成像会导致成像结果在多普勒向的模糊。

对于由目标非平稳运动导致的 ISAR 成像多普勒模糊问题，一个有效的解决思路是利用 RID 算法进行成像。RID 算法成像与传统的 RD 算法成像的区别在于：RID 算法采用时频分析取代 RD 算法中的变速傅里叶变换，对目标一维距离像序列进行多普勒域分析。连续信号 $s(t)$ 的时频分布定义为

$$P(t,f)=\int_{-\infty}^{\infty}\int_{-\infty}^{\infty}\int_{-\infty}^{\infty}s\left(u+\frac{1}{2}\right)\cdot s^{*}\left(u+\frac{1}{2}\right)\alpha(\tau,\upsilon)\mathrm{e}^{-\mathrm{j}2\pi(\upsilon t+f\tau-\upsilon u)}\mathrm{d}u\mathrm{d}\upsilon\mathrm{d}\tau \quad (4.20)$$

式中，$\alpha(\tau,\upsilon)$ 为时频分析核函数，$\alpha(\tau,\upsilon)$ 分布特性不同，时频分析的性能和特性也随之不同。理想的时频分析要求能够同时满足好的时频聚集性和抗交叉项的能力[1]，这通常难以实现，需要根据实际需要对两者进行均衡。学者针对重排理论的时频分析研究较多，其中典型的有重排 Gabor 时频分析[2]。重排 Gabor 谱时频分布定义为

$$G(t,f)=\int_{-\infty}^{\infty}\int_{-\infty}^{\infty}\int_{-\infty}^{\infty}s(t,\upsilon,h)\cdot s^{*}\left(u+\frac{1}{2}\right)\alpha(\tau,\upsilon)\mathrm{e}^{-\mathrm{j}2\pi(\upsilon t+f\tau-\upsilon u)}\mathrm{d}u\mathrm{d}\upsilon\mathrm{d}\tau \quad (4.21)$$

式中，h 为满足高斯分布的分析窗。时频重排是将每个点 (t,υ) 处的谱值移动到点 (t',υ')，而 (t',υ') 是关于 (t,υ) 的信号能量分布的重心。信号时频谱经过重排后，有效抑制了交叉项的干扰，同时提高了信号的时频聚集性，因此本节选择重排 Gabor 时频分析作为后续处理的时频分析工具。

图 4.14 给出了传统 RID 算法成像流程[3]。RID 算法利用短时傅里叶变换(short time Fourier transform，STFT)等时频分析技术，对平动补偿后的每个距离单元的瞬时频谱进行估计，从而得到目标瞬时二维图像。假设成像观测时间内积累

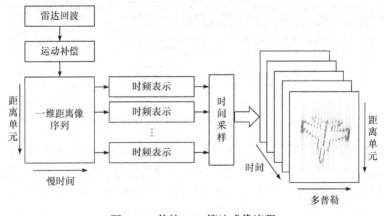

图 4.14　传统 RID 算法成像流程

脉冲数为 M，一维距离像距离单元数为 N，传统的 RID 算法成像利用时频分析经慢时间采样得到 M 帧 $N \times M$ 的距离-瞬时多普勒 ISAR 图像[4]。这 M 帧图像即反映了目标在观测时间内不同时刻的瞬时图像，从中选择较优的图像作为最终的目标 ISAR 图像。

上述传统 RID 算法成像在获得目标瞬时图像时，通常对不同距离单元的时频谱选择相同的采样时刻。对于非平稳飞行目标，受目标不同时刻姿态的影响，其散射点的强度在成像时间内可能发生变化，从而导致不同距离单元的时频谱存在一定差异。若采用统一的慢时间作为不同距离单元的多普勒采样切片，则得到的目标瞬时图像可能存在散射点丢失现象。因此，在 RID 算法成像过程中，如何选择不同距离单元在时频谱上的采样时刻需要慎重考虑。

4.2.3　基于梯度能量函数的自适应 RID 算法成像

从前面的分析可知，由于不同距离单元时频分布的差异性，当采用传统的 RID 算法对非平稳运动的空间目标进行成像时，目标图像可能发生散射点丢失的现象。为解决这一问题，可采用以下思路：针对不同距离单元的时频谱，选择不同时刻的多普勒谱线作为该距离单元的瞬时多普勒谱线，最后将所有距离单元的瞬时多普勒谱线在距离向排列，得到目标完整的二维 RID 图像。图 4.15 显示了改进的 RID 算法成像流程，其与传统的 RID 算法成像最本质的区别在于：最终获取的目标 RID 图像不再是所有距离单元在同一时刻的瞬时多普勒谱的集合，而是由不同距离单元在不同时刻的"最佳"多普勒谱线组合而成的。

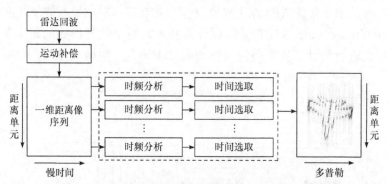

图 4.15　基于自适应多普勒谱线选取的 RID 算法成像流程

上述改进的 RID 算法成像思想中，关键是如何选定各距离单元的"最佳"多普勒谱线。从文献[7]中关于雷达成像质量评价标准出发，距离单元的"最佳"多普勒谱线应尽可能满足以下三个准则：①尽可能包含目标完整的多普勒谱峰；②多普勒谱的能量积聚于少数多普勒单元内；③多普勒谱的总能量较大。根据这三个准则，这里探讨一个可行的评价函数。

为了统一评价尺度，首先将距离单元的时频谱 $G(t,f)$ 做幅度归一化处理：

$$G'(t,f) = G(t,f) / \max\left[G(t,f)\right] \qquad (4.22)$$

借鉴图像评价准则，将归一化时频谱 $G'(t,f)$ 看作二维图像，求解"最佳"多普勒谱线的过程等效于选择纹理信息最丰富的图像列的过程[8]。在 ISAR 成像中，最容易想到的图像评价函数是熵和对比度。

取 $G'(t,f)$ 上 t_i 时刻的多普勒谱线 $G'(t_i,f)$，从熵和对比度的定义可知，谱线 $G'(t_i,f)$ 的熵值越小、对比度越大，表明其能量分布越集中，这似乎与本节对"最佳"多普勒谱线的描述相一致。事实是否如此呢？本节模拟了图 4.16 所示四条多普勒谱线分布，多普勒谱线 A 和 B 仅包含一个谱峰，多普勒谱线 C 和 D 包含两个谱峰，其中多普勒谱线 C 的谱峰比 D 更尖锐。按照本节的选取标准，毫无疑问，多普勒谱线 C 为"最佳"多普勒谱线。分别计算四条多普勒谱线的熵值和对比度，结果为

$$\mathrm{EP}_A = 14.91, \quad \mathrm{EP}_B = 14.79, \quad \mathrm{EP}_C = 15.10, \quad \mathrm{EP}_D = 15.78$$

$$C_A = 0.61, \quad C_B = 0.80, \quad C_C = 0.51, \quad C_D = 0.42 \qquad (4.23)$$

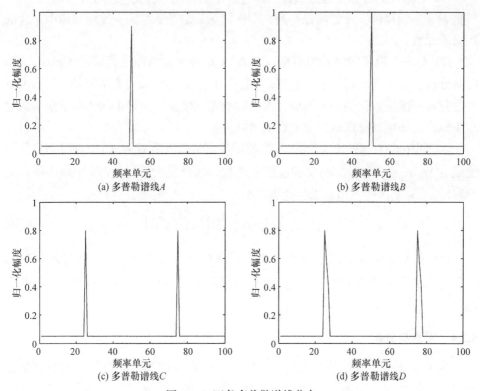

(a) 多普勒谱线 A

(b) 多普勒谱线 B

(c) 多普勒谱线 C

(d) 多普勒谱线 D

图 4.16　四条多普勒谱线分布

若采用熵值或对比度作为衡量准则，则多普勒谱线 B 将被选择为"最佳"多普勒谱线，并不满足人们的期望。这是由于熵值或对比度虽衡量了对象函数的能量聚集程度，却无法满足本节第①条对谱峰完整性的要求，这恰是本节"最佳"多普勒谱线的基本前提。针对这个不足，文献[9]提出了基于谱线梯度能量的衡量准则，定义为

$$\text{GD}\big(G'(t_i,f)\big) = \sum_{j=1}^{M-1} \Big|G'\big(t_i,f_{j+1}\big) - G'\big(t_i,f_j\big)\Big|^2 \tag{4.24}$$

谱线梯度能量函数在衡量谱线尖锐程度的同时反映了谱线的总能量，谱线梯度能量函数值越大，越符合对"最佳"多普勒谱线的描述。利用新的衡量准则，计算得到四条多普勒谱线的梯度能量为

$$\text{GD}_A = 1.45，\quad \text{GD}_B = 1.81，\quad \text{GD}_C = 2.25，\quad \text{GD}_D = 1.53 \tag{4.25}$$

选择梯度能量最大的多普勒谱线 C 作为"最佳"多普勒谱线，与期望一致。

从图 4.15 给出的改进 RID 算法成像流程出发，结合式(4.24)给出的谱线梯度能量函数，本节提出基于自适应多普勒谱线选取的 RID 算法成像，其步骤总结如下：

(1) 对输入的目标一维距离像序列进行平动补偿，实现包络对齐和初相校正，得到 $M \times N$ 的目标一维距离像序列，其中 M 为回波数，N 为一维距离像中包含的距离单元数。

(2) 对一维距离像序列的第 $n|n \in [1,N]$ 个距离单元数据进行重排 Gabor 谱的时频分析，得到时频谱 $G_n(t,f)$，归一化后为 $G'_n(t,f)$。需要说明的是，目标区域往往只占一维距离像的一小部分，因此在信噪比满足一定要求的情况下采用散射点提取算法确定目标区域，减少算法运算量。

(3) 利用式(4.24)中的谱线梯度能量函数定义，计算 $G'_n(t,f)$ 中各时刻多普勒谱线 $G'_n(t_i,f)|(i=1,2,\cdots,M)$ 的梯度能量函数，选择最大值作为第 n 个距离单元的"最佳"多普勒谱线，用数学公式表示为

$$G_n(t_{\text{opt}},f) = \max_{i \in [1,M]}\Big[\text{GD}\big(G'_n(t_i,f)\big)\Big] \tag{4.26}$$

(4) 重复步骤(2)、(3)，直至分析完目标所有有效距离单元，将各距离单元一维"最佳"多普勒谱线 $G_n(t_{\text{opt}},f)$ 在距离向上进行组合，得到目标二维 RID 图像。

4.2.4　实验与分析

为了验证本节算法的有效性，分别利用仿真数据和实测数据对本节算法进行验证。给出四点散射点模型利用 RID 算法得到的成像结果，见图 4.17。通过

与图 4.13 中的常规 RID 算法成像结果对比可知，本节基于自适应多普勒谱线选取的 RID 算法在解多普勒模糊的同时，完整地保留了目标信息。

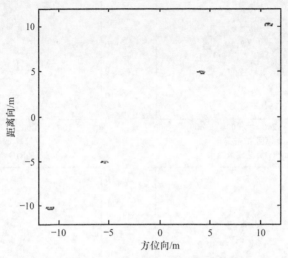

图 4.17　四点散射点模型自适应 RID 算法成像结果

　　下面以美国海军研究实验室仿真的 Mig-25 数据来验证本节算法的有效性。该数据已完全补偿目标平动，目标由 120 个散射点组成。表 4.5 给出了 Mig-25 数据雷达参数。图 4.18(a)显示了直接利用 RD 算法获得 ISAR 图像，图像在多普勒域上出现了严重散焦，无法清晰显示目标形状。图 4.18(b)～(d)分别显示了基于重排 Gabor 时频分析的 RID 算法的成像结果，算法选取的瞬时时间单元分别为 1、256 和 512。由图 4.18(b)～(d)的结果可以看出，虽然采用常规的 RID 算法成像能较好地消除多普勒模糊，但不同距离单元的时频特性不尽相同，因此无法保证所有距离单元上都获得最好的聚焦效果。通过本节的自适应多普勒谱线选取获得的 RID 图像如图 4.18(e)所示，其较图 4.18(b)～(d)更为清晰和完整。图 4.18(f)显示了在本节 RID 算法成像过程中采用熵函数作为多普勒谱线评价函数得到的成像结果，其解模糊能力尚不及常规 RID 算法，图像中存在大量多普勒模糊的散射单元，从而进一步表明了成像过程中本节评价函数选择的重要性。

表 4.5　Mig-25 数据雷达参数

参数名称	参数值	参数名称	参数值
信号体制	步进频	脉冲积累个数	512
雷达中心频率	9GHz	脉冲重复频率	15000Hz
脉内采样点数	64	信号带宽	512MHz

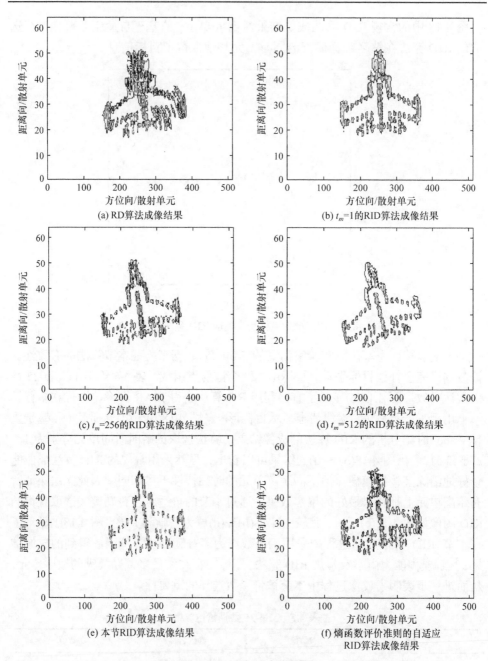

图 4.18　Mig-25 成像结果

图 4.19 为波音 737 飞机实测数据成像结果。该数据是 X 波段雷达实测数据，雷达载频为 10GHz，带宽为 1GHz，雷达重频为 400Hz，成像脉冲数为 256，通过

两倍抽样得到，选取的距离单元数为 256。飞机在飞行过程中或多或少地存在机动性，导致 RD 成像结果在方位向上存在模糊。时频成像结果分别选取时间单元 1 和 256 的距离瞬时多普勒图像，可以看出，传统的时频成像算法解多普勒模糊的作用有限。相反，由时间单元 1 的 RID 算法成像结果可知，当时间单元选取不恰当时，成像质量反而下降。图 4.19(d) 为利用本节算法得到的 RID 算法成像结果，可见其明显优于其他算法成像结果。

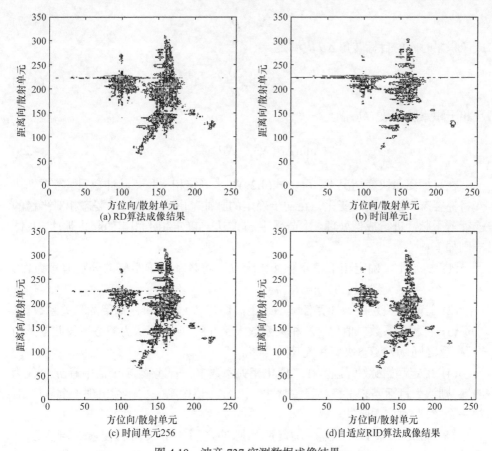

图 4.19　波音 737 实测数据成像结果

4.3　基于超分辨技术的图像重构算法

除三轴稳定空间目标外，轨道上还运行着一些姿态不受控的空间目标，如失效卫星、火箭残骸、碎片等。对姿态快变目标进行大转角 ISAR 成像难度很大，但是可以通过最优成像时间选择算法选取适合成像的一小段回波数据。在 RD 算法成像中，方位分辨率与目标转角成反比。在这种情况下，目标转角较小，方位分辨率低，与距离分辨率不匹配，雷达图像不足以分析目标特性，因此需采用超分辨成像算法提高分辨率。

4.3.1　基于 mnk 法的成像时间段选择

为使方位分辨率与距离分辨率相适应，即

$$\rho_{cr} \leqslant \rho_r \tag{4.27}$$

成像积累时间内目标转角 $\Delta\theta$ 应满足

$$\Delta\theta \geqslant \frac{2\rho_r}{\lambda} \tag{4.28}$$

且相干积累脉冲数 N 应满足

$$\min_N \Delta\theta(N), \quad \Delta\theta \geqslant \frac{2\rho_r}{\lambda} \tag{4.29}$$

在目标姿态快变情况下，可由式(4.29)初步确定相干积累脉冲数目。考虑到快变目标姿态会发生剧烈变化，在初步确定的脉冲范围内挑选目标姿态相对平稳的连续若干脉冲进行成像处理。本节采用 mnk 法[10]确定相干积累的起止脉冲，具体准则如下：

(1) 初始化。确定相干积累脉冲数为 L，将各帧一维距离像分别编号为1,2, $\cdots,L$，令 $l=1$，设置 $m=20$、$n=16$、$k=4$。

(2) 计算相关系数。计算各帧一维距离像与第1帧一维距离像的相关系数。

(3) 将相关系数二值化。若相关系数大于 0.8，则初步认为姿态平稳并置其为"1"，反之则认为姿态快变并置其为"0"。

(4) 确定起始脉冲 l_{start}。在二值化相关系数中，若连续 m 个值中有 n 个值为"1"，则认为目标姿态平稳。起始脉冲为这 m 个值中第一次连续出现 k 个"1"时第一个"1"对应的脉冲。

(5) 确定结束脉冲 l_{end}。确定起始脉冲之后，继续向后搜索，若连续 m 个值中值为"1"的脉冲数不足 n 个，则认为目标姿态发生变化。若这 m 个值中出现连续 k 个"1"，则结束脉冲为连续 k 个"1"的末尾"1"对应的脉冲；否则，结束脉冲为前一次连续 m 个值中连续 k 个"1"的末尾"1"对应的脉冲。

(6) 若找到 l_{start} 和 l_{end}，则对其进行超分辨成像，否则 $l=l+1$；回到步骤(2)。

图 4.20 给出了某姿态快变目标的一维距离像序列。由图 4.20(a)可见，目标姿态在所选脉冲期间发生了明显变化，一维距离像变化剧烈。按照本节算法，首

先计算各帧一维距离像与第 1 帧一维距离像的相关系数，如图 4.20(b)所示。由图中可见，相关系数随脉冲序号在整体上呈递减趋势，表明一维距离像的相关性逐渐变弱。

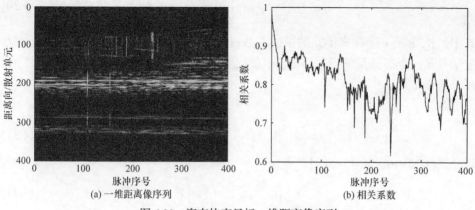

(a) 一维距离像序列　　　　　　(b) 相关系数

图 4.20　姿态快变目标一维距离像序列

对相关系数进行二值化，得到图 4.21(a)所示结果，然后根据 mnk 法确定相干积累的起始脉冲和结束脉冲，结果如图 4.21(b)所示。虚线框内是最终确定的相干积累脉冲：$l_{start}=1$，$l_{end}=150$。最终确定的相干积累脉冲数小于所确定的脉冲数，因此方位分辨率可能不足以匹配距离分辨率。

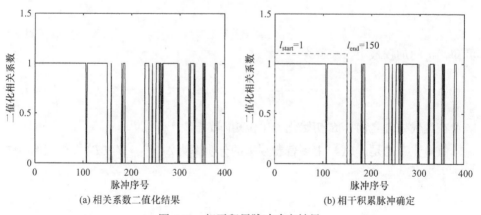

(a) 相关系数二值化结果　　　　　　(b) 相干积累脉冲确定

图 4.21　相干积累脉冲确定结果

4.3.2　基于迭代自适应算法的高分辨成像

为提高方位分辨率，采用迭代自适应算法(iterative adaptive approach，IAA)来代替傅里叶变换实现方位压缩，以突破转角对分辨率的限制，并利用快速迭代自适应算法(efficient IAA，EIAA)进行旁瓣抑制，获取高分辨的 ISAR 图像。

1. 基于 IAA 的多普勒谱估计

第 n 个距离单元的方位信号为

$$s(t_m) = \sum_{k'=1}^{K_n} \sigma_{k'} \exp\left(-j\frac{4\pi}{\lambda} x_{k',0} \omega t_m\right) \tag{4.30}$$

式中，K_n 为第 n 个距离单元的散射点数目。由此可以看出，第 n 个距离单元的方位信号是一个多分量的指数信号。非参数加权最小二乘 IAA 可以对方位信号进行高分辨谱估计。

令

$$\boldsymbol{s} = \begin{bmatrix} s(t_1) & s(t_2) & \cdots & s(t_M) \end{bmatrix}^{\mathrm{T}} \tag{4.31}$$

表示式(4.30)中的信号。同时，令

$$\boldsymbol{\alpha} = \begin{bmatrix} \alpha_1 & \alpha_2 & \cdots & \alpha_L \end{bmatrix}^{\mathrm{T}} \tag{4.32}$$

表示复值高分辨方位距离像，其中，$L>M$。构造傅里叶矩阵：

$$\boldsymbol{A} = \begin{bmatrix} \boldsymbol{a}_1 & \boldsymbol{a}_2 & \cdots & \boldsymbol{a}_L \end{bmatrix} \tag{4.33}$$

式中，$\boldsymbol{a}_l = \begin{bmatrix} \mathrm{e}^{-\mathrm{j}2\pi f_{dl}t_1} & \mathrm{e}^{-\mathrm{j}2\pi f_{dl}t_2} & \cdots & \mathrm{e}^{-\mathrm{j}2\pi f_{dl}t_M} \end{bmatrix}^{\mathrm{T}}$ $(l=1,2,\cdots,L)$ 为对应于多普勒频率 $f_{dl} = \left(-\dfrac{1}{2}+\dfrac{l}{L}\right)/T$ 的傅里叶向量。这样可将式(4.30)写成矩阵形式：

$$\boldsymbol{s} = \boldsymbol{A}\boldsymbol{\alpha} \tag{4.34}$$

可知，$\boldsymbol{a}_l$ 的加权最小二乘解为

$$\hat{a}_l = \frac{\boldsymbol{a}_l^{\mathrm{H}} \boldsymbol{R}^{-1} \boldsymbol{s}}{\boldsymbol{a}_l^{\mathrm{H}} \boldsymbol{R}^{-1} \boldsymbol{a}_l}, \quad l=1,2,\cdots,L \tag{4.35}$$

IAA 在迭代处理之前，$\boldsymbol{R}$ 初始化为单位矩阵 $\boldsymbol{I}$。

值得注意的是，IAA 中多普勒频率的分辨率为 $\Delta f_d^{\mathrm{IAA}} = 1/(LT)$，相应的方位分辨率为

$$\rho_{cr}^{\mathrm{IAA}} = \frac{\lambda}{2\omega LT} \tag{4.36}$$

$L>M$，因此通过 IAA 进行多普勒分析得到的方位分辨率提高为傅里叶变换的 L/M 倍。

2. 基于 EIAA 的旁瓣抑制

注意，在以上公式推导中未考虑噪声的影响。在 ISAR 实际应用场景中，目

标与雷达的距离一般较远，回波信噪比通常较低。因此，弱散射点可能会淹没在噪声中，此外，噪声也会引起较高的旁瓣。为抑制旁瓣电平，采用 EIAA 去除存在的伪峰，从而使 ISAR 图像可读性更强，更适合用于对目标特性进行分析，详细步骤如下：

(1) 初始化，令残余信号 $r = s$，索引集合 $\varLambda = \varnothing$，旁瓣抑制之后的方位距离像为 $\varGamma = 0$。

(2) 寻找 $|\hat{\boldsymbol{a}}|$ 的最大值，并记其索引为 η。

(3) 更新索引集合 $\varLambda$ 和方位距离像 $\varGamma$:

$$\varLambda = \varLambda \bigcup \{\eta\} \tag{4.37}$$

$$\varGamma(\eta) = \frac{\boldsymbol{a}_\eta^{\mathrm{H}} \boldsymbol{R}^{-1} \boldsymbol{s}}{\boldsymbol{a}_\eta^{\mathrm{H}} \boldsymbol{R}^{-1} \boldsymbol{a}_\eta} \tag{4.38}$$

(4) 根据最小二乘准则构造方位距离像 $\varGamma$ 对应的慢时间信号，并更新残余信号：

$$\boldsymbol{r} = \boldsymbol{s} - \boldsymbol{A}_\varLambda \left[\left(\boldsymbol{A}_\varLambda^{\mathrm{H}} \boldsymbol{A}_\varLambda \right)^{-1} \boldsymbol{A}_\varLambda^{\mathrm{H}} \boldsymbol{s} \right] \tag{4.39}$$

式中，$\boldsymbol{A}_\varLambda$ 为由矩阵 $\boldsymbol{A}$ 中属于 $\varLambda$ 的列构成的矩阵。

(5) 更新 $\hat{\boldsymbol{a}}$:

$$\hat{\alpha}_l = \frac{\boldsymbol{a}_l^{\mathrm{H}} \boldsymbol{r}}{\boldsymbol{a}_l^{\mathrm{H}} \boldsymbol{a}_l}, \quad l = 1, 2, \cdots, L \tag{4.40}$$

(6) 回到步骤(2)，重复以上步骤，直到 $|\hat{\boldsymbol{a}}|$ 的最大值小于设定的阈值，最终得到的 $\varGamma$ 就是所求的高分辨方位距离像。

综上所述，基于 IAA 和 EIAA 的小转角超分辨成像算法流程如图 4.22 所示。算法输入为完成平动补偿的一维距离像序列。首先提取目标所在距离单元区域，$N_1 \leqslant n \leqslant N_2$；然后采用 IAA 和 EIAA 依次对每个距离单元信号进行多普勒分析和旁瓣抑制；最后输出高分辨 ISAR 图像。

4.3.3　实验与分析

为验证本节算法的有效性，首先进行仿真数

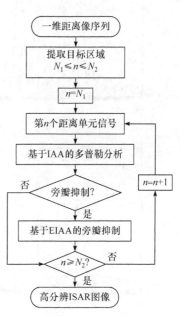

图 4.22　基于 IAA 和 EIAA 的
小转角超分辨成像算法流程

据实验。考虑一个六分量复指数信号：

$$s(t) = \sum_{i=1}^{6} a_i \exp\left(j2\pi f_i t\right) \tag{4.41}$$

其各分量参数如表 4.6 所示。复指数信号采样率为 100Hz，信号采样点数为 100，采样时间为 1s，因此傅里叶变换的频率分辨率为 1Hz。

表 4.6　复指数信号各分量参数

参数	取值					
	$i=1$	$i=2$	$i=3$	$i=4$	$i=5$	$i=6$
a_i	1.0	1.0	0.8	1.2	1.0	0.5
f_i	−3	−1.5	−1	1.25	3	3.25

首先对无噪声信号进行频谱分析，结果如图 4.23(a)和(b)所示。第 2 个和第 3 个分量频率间隔 0.5Hz，第 5 个和第 6 个分量频率间隔 0.25Hz，受频率分辨率限

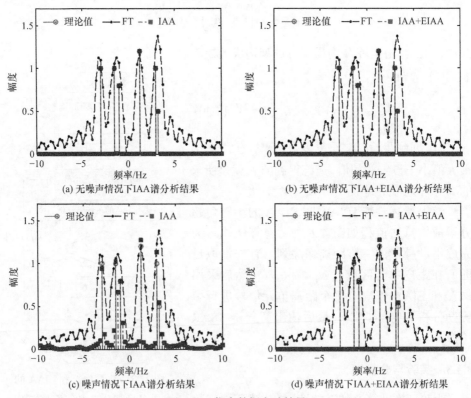

(a) 无噪声情况下IAA谱分析结果　　　　　　(b) 无噪声情况下IAA+EIAA谱分析结果

(c) 噪声情况下IAA谱分析结果　　　　　　(d) 噪声情况下IAA+EIAA谱分析结果

图 4.23　仿真数据实验结果

制，傅里叶频谱无法对这两对分量实现有效分辨。在 IAA 谱估计中，令 $L=400$，对应的频率分辨率为 0.25Hz。从图 4.23(a)中可以看出，IAA 能够分辨出所有信号分量，并可准确求得信号幅度值。在 IAA 谱分析的基础上，采用 EIAA 进一步处理，同样可以准确地估计出信号幅度和频率。

对无噪声信号添加复高斯白噪声，设置信噪比为 15dB，得到的谱估计结果如图 4.23(c)和(d)所示。从图 4.23(c)可以看出，IAA 依然能够正确估计信号的频率，但是对幅度的估计出现了一定程度的偏差。此外，在信号真实频率分量附近有较高的虚假频率分量。使用 EIAA 对 IAA 频谱估计结果进一步处理，得到如图 4.23(d)所示结果。从图中可以看到，在保留真实频率分量的同时，虚假频率分量得到了有效抑制。

为衡量本节算法的抗噪性能，对上述无噪声信号添加不同幅度的噪声以设置不同的信噪比。信噪比设置从 0~30dB，间隔 3dB。与文献[5]类似，令 S_0 表示无噪声信号在频域的能量，S_1 表示含噪声信号频谱在真实频谱分量上的能量，S_n 表示含噪声信号频谱在真实频谱分量以外的频谱分量上的能量。采用比值 S_1/S_0 和 S_n/S_0 作为指标，衡量算法的抗噪性能。在固定信噪比情况下，S_1/S_0 越大，表明信号能量保持得越好，进而表明本节算法对信号参数的估计越准确；S_n/S_0 越大，表明信号参数估计精度越差。在每个信噪比条件下，分别进行 500 次蒙特卡罗实验，计算比值的平均值，结果如图 4.24 所示。图 4.24(a)表明，S_1/S_0 随信噪比降低而下降，在 0dB 下依然接近 0.8。图 4.24(b)表明，S_n/S_0 随信噪比降低而增大。仿真结果表明，在信噪比大于 0dB 情况下，本节算法能够大概率实现对多分量复指数信号频谱分量的准确估计。

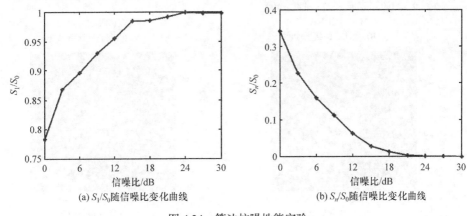

(a) S_1/S_0 随信噪比变化曲线　　　　　　(b) S_n/S_0 随信噪比变化曲线

图 4.24　算法抗噪性能实验

下面将本节算法应用于实测数据成像，观测目标为波音 737 飞机，观测数据包含 512 帧一维距离像。雷达系统载频为 10GHz，带宽为 1GHz。图 4.25(a)给出了平动补偿之后的一维距离像序列，由于目标运动复杂，从图中可以观察到明显的 MTRC，特别是最后 100 帧一维距离像。采用傅里叶变换对方位信号进行多普勒分析，得到的 RD 图像如图 4.25(b)所示，从图中可以看出，目标方位向模糊，散焦严重。

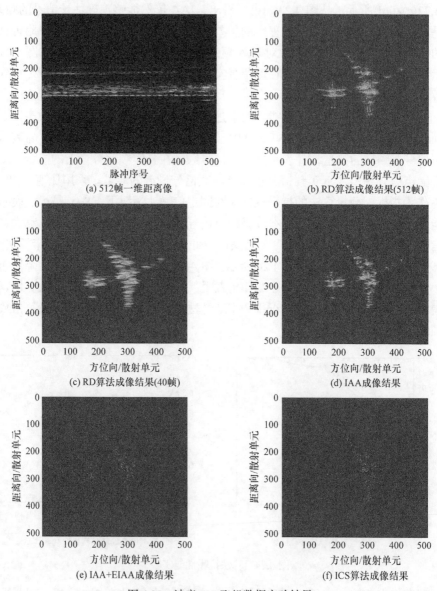

图 4.25　波音 737 飞机数据实验结果

ICS-改进压缩感知(improved compressive sensing)

为提高成像质量，缩短成像积累时间，选取整个 512 帧一维距离像中第 211～250 帧共 40 帧一维距离像进行 RD 算法成像，结果如图 4.25(c)所示。由于相干积累时间变短，转角变小，图像方位分辨率大幅降低，很难从低分辨图像中获取目标的有用信息。

下面采用本节算法对这 40 帧一维距离像进行高分辨 ISAR 成像处理。取 $L=512$，EIAA 处理前后的目标图像分别如图 4.25(d)和(e)所示。由图可知，方位分辨率得到了极大提升，各散射点得到了较好分辨，尽管如此，可以看到由于在真实的多普勒频率附近存在较高的旁瓣，图 4.25(d)的分辨率提升并不如理论值那么明显。通过 EIAA 的进一步处理，图像质量得到了进一步改善。图 4.25(f)给出了 ICS 算法[5]的成像结果。对比图 4.25(e)和(f)可知，本节算法取得了与 ICS 算法相当的成像结果。

继续使用波音 737 飞机数据研究本节算法的极限性能。从第 211 帧开始取不同脉冲数进行成像，结果如图 4.26 所示，图中左边一列是 IAA 成像结果，右边一列是 EIAA 进一步处理之后成像结果。从上到下，相干积累脉冲数分别为 30 帧、

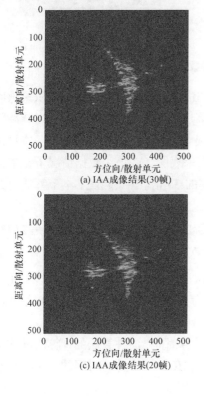

(a) IAA成像结果(30帧)

(c) IAA成像结果(20帧)

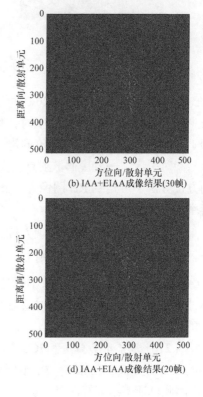

(b) IAA+EIAA成像结果(30帧)

(d) IAA+EIAA成像结果(20帧)

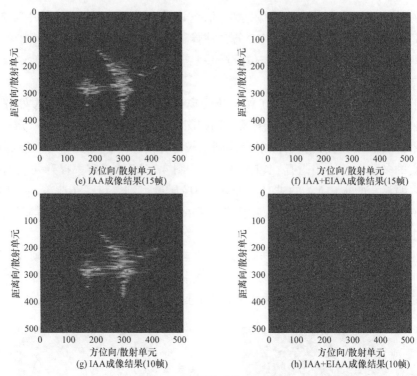

图 4.26　不同脉冲数成像结果

20 帧、15 帧和 10 帧。从图 4.26 中可以看出，ISAR 图像质量随相干积累脉冲数的减少而变差，在脉冲数为 15 帧时，本节算法的成像质量依然清晰。当脉冲数减小到 10 帧时，IAA 成像结果方位分辨率明显下降，最终图像上丢失了一些目标散射点，同时引入了一些虚假散射点。实验结果表明，在该组数据情况下，本节算法的方位分辨率可达到 RD 图像方位分辨率的 34 倍。由此可见，本节算法对方位分辨率的提升是显著的。

采用 IAA 通过多次迭代实现方位高分辨成像，一次迭代的运算量是 $2LM^2 + LM + M^3$，若迭代次数为 N，则 IAA 的运算量为 $N(2LM^2 + LM + M^3)$。一般来说，IAA 收敛速度快，迭代次数不超过 15 次。由于本节针对小转角成像，相干积累脉冲数 M 较小，如在图 4.26 中，M 依次为 30 帧、20 帧、15 帧和 10 帧。因此，IAA 的计算效率是很高的。

图 4.27 比较了本节算法和 ICS 算法的计算时间，两种算法的计算时间均随脉冲数的增多而变长。在脉冲数相同的情况下，ICS 算法计算时间约为本节算法的 5 倍，因此可证明本节算法具有更高的计算效率。

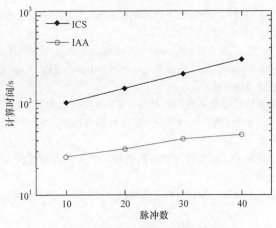

图 4.27　计算时间随脉冲数变化曲线

4.4　本章小结

本章针对高质量的图像重构算法进行研究，主要包括基于压缩感知的雷达图像重构算法、非均匀转动目标自适应 RID 成像算法以及基于超分辨技术的图像重构算法。以转台目标为模型，针对基于压缩感知理论的方位向稀疏 ISAR 成像算法展开研究，并通过仿真实验进行验证，获取了稀疏孔径下高质量二维图像。针对非均匀转动目标，提出了一种自适应多普勒谱线选取的时频 ISAR 成像算法。该算法在对各散射单元进行时频分析的基础上，首先利用某种评价准则选取 "最优" 的多普勒谱线作为该距离单元的方位向分布，然后将所有距离单元的 "最优" 多普勒谱线进行组合，形成一幅完整的二维 ISAR 距离瞬时多普勒图像。针对姿态快变的空天机动目标，为避免复杂的运动补偿，提出了小转角超分辨成像算法。首先通过 mnk 法挑选目标运动相对平稳的时间段；然后采用 IAA 替换 RD 算法中的傅里叶变换完成方位压缩；最后是抑制旁瓣，在 IAA 之后采取 EIAA 提取目标散射中心实现方位向高分辨，从而实现了小转角情况下的高分辨成像。

参 考 文 献

[1] Qian S, Chen D. Joint Time-Frequency Analysis: Methods and Applications[M]. London: Prentice Hall International (UK) Limited, 1996.

[2] 卢振坤, 杨萃, 王金炜. 基于 Gabor 变换的超声回波信号时频估计[J]. 电子与信息学报, 2013, 35(3): 652-657.

[3] 句彦伟, 于立, 王洋. 基于时频分析的 ISAR 瞬时成像算法[J]. 现代雷达, 2009, 31(7): 46-49.

[4] 彭军, 王光明, 刘丹. 基于时频分析的 ISAR 成像[J]. 雷达与对抗, 2008, 28(1): 30-33.

[5] Zhang L, Xing M D, Qiu C W, et al. Resolution enhancement for inversed synthetic aperture radar

imaging under low SNR via improved compressive sensing[J]. IEEE Transactions on Geoscience and Remote Sensing, 2010, 48(10): 3824-3838.

[6] Fan L J, Shi S, Liu Y, et al. A novel range-instantaneous-Doppler ISAR imaging algorithm for maneuvering targets via adaptive Doppler spectrum extraction[J]. Progress in Electromagnetics Research C, 2015, 56: 109-118.

[7] 张晗. SAR 图像质量评估方法研究[D]. 长沙: 国防科学技术大学, 2012.

[8] 徐贵力, 刘小霞, 田裕鹏, 等. 一种图像清晰度评价方法[J]. 红外与激光工程, 2009, 38(1): 180-184.

[9] 杨春玲, 陈冠豪, 谢胜利. 基于梯度信息的图像质量评判方法的研究[J]. 电子学报, 2007, 35(7): 1313-1317.

[10] 汪金真. 星载 SAR 卫星辐射源信号处理关键技术研究[D]. 长沙: 国防科学技术大学, 2016.

第5章　稀疏频带 ISAR 融合成像技术

在 ISAR 成像领域，对微小空天目标探测识别的需求促使雷达工作者想方设法地提高分辨率。稀疏频带融合成像是提高雷达图像距离分辨率的有效方式，雷达发射两个或者多个工作在不同载频的宽带信号，接收到目标宽带回波后，通过对目标宽带回波进行相干化融合处理得到高分辨距离像。

稀疏频带融合成像技术一般分为两步：相干化处理和融合成像。在融合成像之前，首先需对高频子带和低频子带信号进行相干化处理。文献[1]将子带之间的非相干相位分为线性相位项和固定相位项两部分，对子带信号建立全极点模型，通过估计各子带极点的参数和构造以非相干相位为变量的代价函数来求解线性相位项和固定相位项。文献[2]采用了一种类似的算法来补偿非相干相位。文献[3]和[4]利用子带极点和极点幅度的相位差来求解非相干相位项。以上算法均基于全极点模型的极点进行相干化处理，建立在正确估计子带全极点模型极点的基础上。然而在实际处理中，此类算法存在两个问题：一是很难确定全极点模型的阶数；二是扩展目标散射点数目众多，可能大于可估计的极点数目[5]。文献[6]用互相关算法求解线性相位项，用全相位傅里叶变换求解固定相位项，避免了极点估计问题。

对于融合成像，文献[1]建立了全局全极点模型，对子带信号进行内插和外推，通过脉冲压缩获得高分辨距离像。文献[3]和[5]首先采用缺失数据幅度相位估计(gapped-data amplitude and phase estimation，GAPE)算法填补空缺频带信号的观测数据，然后估计全局全极点模型参数，得到融合数据。类似地，基于极点的融合成像算法存在与基于极点的相干化算法相同的问题。文献[2]通过多级动态字典对空缺频带观测数据进行填充。文献[6]提出基于 IAA 的融合成像算法，避免了填充空缺数据，直接从子带观测数据重构高分辨距离像。受 IAA 性能的限制，空缺频带的带宽不能太大。

总的来看，稀疏频带融合成像技术发展至今，在面临低信噪比情况或者大的空缺频带时，依然难以取得理想的结果[7]。

5.1　稀疏频带融合成像基本原理

稀疏频带融合成像示意图如图 5.1 所示，雷达接收到不同频带的宽带回波，两个频带带宽较小，距离分辨率较低。此外，两个频带回波相位非相干，导致对应的一维距离像在距离向上发生偏移。通过相干化补偿高频子带和低频子带之间的非相干相位，消除一维距离像的偏移。通过高分辨重构算法得到融合一维距离像，提高了距离分辨率。

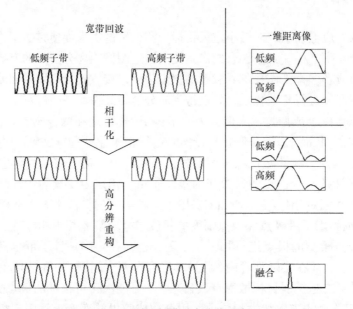

图 5.1　稀疏频带融合成像示意图

不失一般性，本章对稀疏频带 ISAR 成像的研究基于以下假设：

(1) 为推导简便，假设只有两个子带信号，即低频子带信号和高频子带信号。依据本章算法，很容易将其扩展到三个或多个子带情况。同时，假设高低频子带信号除载频外，其他参数完全相同。

(2) 高低频子带信号由同一部雷达同时发射，并同时接收。

首先假设已得到两个子带的精细成像结果，目标图像的表达式如下：

$$I_q(\tau, f_d) = \sum_{k=1}^{K} \sigma_k \operatorname{sinc}\left[B_q\left(\tau + \frac{2y_k}{c}\right)\right] \cdot \operatorname{sinc}\left[MT\left(f_d + \frac{2x_k\omega}{\lambda_q}\right)\right] \tag{5.1}$$

式中，下标 $q = l, h$，分别表示低频子带和高频子带，为表示方便，将 $x_{k,0}$ 记为 x_k，$y_{k,0}$ 记为 y_k。雷达图像的方位分辨率由波长和目标相对雷达的转角共同决定。高频子带和低频子带的中心频率不同，波长 λ_q 不同，因此对应的方位分辨率也不同，即两幅图像方位尺度不同。为了校正方位尺度不同，在对高频子带和低频子带进行 Keystone 变换时，应令 f_c 相同，此处可取完整频带的中心频率。

5.2 稀疏频带宽带回波相干化处理

5.2.1 稀疏频带雷达回波相干性分析

注意，式(5.1)所示二维图像建立在目标平动被精确补偿的前提下，实际 ISAR 成像中，对目标的平动难以彻底补偿。距离对准之后，目标一维距离像序列极大可能会在距离向上有一个整体偏移，该偏移并不影响后续的相位校正和方位压缩。相位校正之后，目标回波可能会存在一个残余的固定相位项，该相位项同样不会对方位压缩造成影响。记雷达图像距离向整体偏移量为 Δr，残余的固定相位项为 α，则考虑平动补偿剩余误差的雷达图像为

$$I_q\left(\tau, f_d\right) = \sum_{k=1}^{K} \sigma_k \operatorname{sinc}\left\{B_q\left[\tau + \frac{2\left(y_k + \Delta r_q\right)}{c}\right]\right\}$$
$$\cdot \operatorname{sinc}\left[MT\left(f_d + \frac{2x_k\omega}{\lambda}\right)\right] \cdot \exp\left(-j\alpha_q\right) \tag{5.2}$$

由式(5.2)可知，高频子带和低频子带之间的非相干相位为

$$\Delta\varphi = \frac{4\pi}{c}f_n\left(\Delta r_l - \Delta r_h\right) + \alpha_l - \alpha_h \tag{5.3}$$

可见，非相干相位包含线性相位项和固定相位项两项。

5.2.2 稀疏频带雷达回波相干化处理算法

1. 非参数相干化处理

由式(5.2)可知，线性相位项导致两个子带目标图像在距离向错开，因此对线性相位项的补偿与平动补偿中距离对准问题类似，可采用距离对准算法实现线性相位项的补偿。为实现低信噪比下稳定的补偿效果，通过最大化高频子带平均距离像(average range profile，ARP)和低频子带 ARP 的相关系数来求解线性相位。

对图像 I_q 沿 f_d 做傅里叶逆变换，得到目标的一维距离像序列为

$$s_q\left(\tau, t_m\right) = \sum_{k=1}^{K} \sigma_k \operatorname{sinc}\left\{B_q\left[\tau + \frac{2\left(y_k + \Delta r_q\right)}{c}\right]\right\}$$
$$\cdot \exp\left(-j\frac{4\pi x_k\omega t_m}{\lambda}\right) \cdot \exp\left(-j\alpha_q\right) \tag{5.4}$$

计算得到 ARP 为

$$\begin{aligned} \mathrm{ARP}_q &= \frac{1}{M} \sum_{m=1}^{M} \left| s_q(\tau, t_m) \right| \\ &= \frac{1}{M} \sum_{m=1}^{M} \sum_{k=1}^{K} \left| \sigma_k \operatorname{sinc} \left\{ B_q \left[\tau + \frac{2(y_k + \Delta r_q)}{c} \right] \right\} \right| \end{aligned} \tag{5.5}$$

通过最大化 ARP_l 与 ARP_h 的相关系数，即可估计出线性相位项。在估计线性相位项时，可以对 ARP 进行插值以提高估计精度。补偿之后，式(5.2)变成

$$I_q(\tau, f_d) = \sum_{k=1}^{K} \sigma_k \operatorname{sinc} \left[B_q \left(\tau + \frac{2y_k}{c} \right) \right] \cdot \operatorname{sinc} \left[MT \left(f_d + \frac{2x_k \omega}{\lambda} \right) \right] \cdot \exp(-\mathrm{j}\alpha_q) \tag{5.6}$$

下面通过最小化 ISAR 图像熵来估计固定相位项。首先在空缺频带对应的采样位置补零，然后通过对低频子带回波补偿不同固定相位项搜索 ISAR 图像熵的最小值。对式(5.6)沿 τ 做傅里叶逆变换，得到横向距离像：

$$s_q(f_n, f_d) = \sum_{k=1}^{K} \sigma_k \operatorname{sinc} \left[MT \left(f_d + \frac{2x_k \omega}{\lambda} \right) \right] \cdot \exp \left(-\mathrm{j}\frac{4\pi}{c} f_n y_k \right) \cdot \exp(-\mathrm{j}\alpha_q) \tag{5.7}$$

对空缺频带补零，并对低频子带乘以 $\exp(\mathrm{j}\phi)$，距离向压缩得到 ISAR 图像：

$$I_0(\phi) = \mathrm{FT}_r \left[s_l \cdot \exp(\mathrm{j}\phi) \quad \mathbf{0} \quad s_h \right] \tag{5.8}$$

式中，FT_r 为沿距离向做傅里叶变换。若存在非相干相位，则图像 I_0 会变模糊，图像 I_0 的熵值随 ϕ 而变化。ϕ 的搜索区间为 $[0, 2\pi]$，当 $\phi = \alpha_l - \alpha_h$ 时，图像熵最小。因此，固定相位项估计如下：

$$\hat{\phi} = \arg\min_{\phi} H\{I_0(\phi)\} \tag{5.9}$$

式中，$H\{I_0(\phi)\}$ 为图像 $I_0(\phi)$ 的熵。补偿掉固定相位项之后，高低频子带回波相干，此时 ISAR 图像可表示为

$$I_q(\tau, f_d) = \sum_{k=1}^{K} \sigma_k \operatorname{sinc} \left[B_q \left(\tau + \frac{2y_k}{c} \right) \right] \cdot \operatorname{sinc} \left[MT \left(f_d + \frac{2x_k \omega}{\lambda} \right) \right] \tag{5.10}$$

需要指出的是，在式(5.6)中省去了高频子带和低频子带共有的距离偏移量 Δr_h，在式(5.10)中省去了高频子带和低频子带共有的距离偏移量 Δr_h 和固定相位项 $\exp(-\mathrm{j}\alpha_h)$。

2. 基于全极点模型的极点的相干化处理

考虑雷达邻近配置的情况(同视角观测)，此时回波信号的不相干主要是距离向的不相干。美国林肯实验室的 Cuomo 等指出，该情况下的非相干量可以表示为

线性相位项和固定相位项[1]。本章提出一种基于全极点模型参数估计的非相干量估计补偿算法。以两部雷达的频带融合为例,在低频带雷达的回波中加入了线性相移为 α 和固定相移为 β 的非相干量。

$$S_1(n) = \sum_{k=1}^{K} A_k \left(j\frac{f_0 + n \cdot df}{f_0} \right)^{\alpha_k} \cdot \exp\left[-j\frac{4\pi}{c} R_{\Delta k}(f_0 + n \cdot df) \right] \cdot \exp(jn\alpha + j\beta), \quad (5.11)$$
$$n = 0,1,2,\cdots,N_1 - 1$$

$$S_2(n) = \sum_{k=1}^{K} A_k \left(j\frac{f_0 + n \cdot df}{f_0} \right)^{\alpha_k} \cdot \exp\left[-j\frac{4\pi}{c} R_{\Delta k}(f_0 + n \cdot df) \right], \quad (5.12)$$
$$n = N - N_2, N - N_2 + 1, \cdots, N - 1$$

各子带的频率范围分别为 $[f_0, f_0 + (N_1-1)df]$ 和 $[f_0 + (N-N_2)df, f_0 + (N-1)df]$,频率采样点数分别为 N_1 和 N_2。可以看出,不同频带的信号都满足式(5.13)形式的全极点模型:

$$X(n) = \sum_{k=1}^{K} d_k p_k^n, \quad n = 0,1,2,\cdots,N-1 \qquad (5.13)$$

估计全极点模型参数的文献中,大多认为单部雷达的相对带宽较小,将几何绕射理论(geometrical theory of diffraction, GTD)模型近似为指数衰减(damped exponential, DE)模型。

$$\left(1 + \frac{n \cdot df}{f_0} \right)^{\alpha_k} = \exp\left[\alpha_k \ln\left(1 + \frac{n \cdot df}{f_0} \right) \right] \approx \exp\left(\frac{\alpha_k \cdot df}{f_0} n \right) \qquad (5.14)$$

然而针对典型雷达而言,上述条件难以满足,如 C 波段,带宽为 1GHz,载频为 6GHz,相对带宽达到 1/6;而且对于合成频带,即使单部雷达满足了条件,合成后也不一定满足条件。随着频率的提高,式(5.14)中 GTD 模型和 DE 模型的近似误差增大。因此,将 GTD 模型简化成 DE 模型是不合适的,本节利用新的思路来估计全极点模型的参数,使信号参数估计更加贴近电磁散射的物理机制。

分析各子频带回波和全极点模型的表达式,可以得出如下结论:

模型中极点的位置(频点、相角)和散射中心幅度的相位估计不受频率依赖因子的影响。频率依赖因子使极点稍微偏离单位圆,不同频带的极点模型散射中心幅度的模值也会稍有差异。

目前,针对全极点参数估计已经有很多成熟的算法,本节采用一种改进的 root-MUSIC 算法[1]估计相关参数,该算法可以避免求解沿单位圆对称的根,降低了运算量,其抗噪能力较好,在频带数据有限的情况下对频点的估计性能良好。

对不同频带的全极点模型的参数估计分为三步进行：首先，构造各子带数据的 Hankel 矩阵：

$$\boldsymbol{H}_g = \begin{bmatrix} S_g(0) & S_g(1) & \cdots & S_g(L-1) \\ S_g(1) & S_g(2) & \cdots & S_g(L) \\ \vdots & \vdots & & \vdots \\ S_g(N-L) & S_g(N-L+1) & \cdots & S_g(N-1) \end{bmatrix}, \quad g = 1,2 \tag{5.15}$$

式中，L 为相关窗的长度，为了在抗噪性能和分辨率中折中，一般取 $L = N_g / 3$。对上述矩阵进行奇异值分解：

$$\boldsymbol{H}_g = \boldsymbol{U}_g \boldsymbol{S}_g \boldsymbol{V}_g^{\mathrm{H}} \tag{5.16}$$

式中，$\boldsymbol{S}_g$ 对角线上的元素为奇异值 $\lambda_i (i = 1,2,\cdots,L)$。考虑 Akaike 信息准则(Akaike information criterion，AIC)[8]的抗噪性能较好，利用其对模型进行定阶。

利用 root-MUSIC 算法估计出极点位置 $\{\hat{p}_k\}$，根据模型阶次 $\hat{K}$，取前 $\hat{K}$ 个最靠近单位圆的极点作为强散射中心对应的极点。根据频率依赖因子不影响频点的结论，极点相位精确但幅度偏离单位圆，因此考虑只利用其相位信息，取 $\hat{\omega}_k = \mathrm{angle}(\hat{p}_k)$ 即得到频点的精确估计。

根据估计的频点，利用最小二乘法估计出散射点的幅度系数。

由高低频带估计得到的极点及散射中心幅度系数为

$$\begin{cases} \hat{p}_{k_1} = \exp\left(-\mathrm{j}\dfrac{4\pi}{c}R_{\Delta k}df + \mathrm{j}\alpha\right), & \hat{d}_{k_1} = A_{k_1}(\mathrm{j})^{\alpha_k}\exp\left(-\mathrm{j}\dfrac{4\pi}{c}R_{\Delta k}f_0 + \mathrm{j}\beta\right) \\ \hat{p}_{k_2} = \exp\left(-\mathrm{j}\dfrac{4\pi}{c}R_{\Delta k}df\right), & \hat{d}_{k_2} = A_{k_2}(\mathrm{j})^{\alpha_k}\exp\left(-\mathrm{j}\dfrac{4\pi}{c}R_{\Delta k}f_0\right) \end{cases} \tag{5.17}$$

从上面的参数估计结果可以看出，能够借助极点和散射中心幅度的相位差异来估计出非相干量。

$$\begin{cases} \hat{\alpha} = \dfrac{\displaystyle\sum_{k=1}^{\mathrm{Num}}\left[\mathrm{angle}(\hat{p}_{k_2}) - \mathrm{angle}(\hat{p}_{k_2})\right]}{\mathrm{Num}} \\[4mm] \hat{\beta} = \dfrac{\displaystyle\sum_{k=1}^{\mathrm{Num}}\left[\mathrm{angle}(\hat{d}_{k_1}) - \mathrm{angle}(\hat{d}_{k_2})\right]}{\mathrm{Num}} \end{cases} \tag{5.18}$$

式中，Num 为选取计算非相干量的散射中心数目，若 k_1 和 k_2 分别为利用高低频子带数据估计出的模型阶数，则当散射点数目较少时可以取 $\mathrm{Num} = \min\{k_1, k_2\}$；当散射点数目较多时，可以取少量的主散射点。在估计出非相干量后，对低频子带数据按照式(5.19)进行相干补偿：

$$\tilde{S}_1(n) = S_1(n) \cdot \exp(-jn\hat{\alpha} - j\hat{\beta}) \tag{5.19}$$

该相干补偿算法的优点是避免了对数据进行外推，而且对散射点数目估计的精度要求不是很高，同时式(5.18)是求和，可以避免散射点之间的关联问题。在算法中按照散射强度从强到弱、极点位置从最靠近单位圆到远离排序后，保证了从高低频子带所选择的散射中心是对应的。实际工作中两部雷达的带宽和信噪比不一定相同，导致估计出的散射点数目不同，此时可以选取带宽较宽、信噪比高的雷达数据估计的散射点数目作为实际的散射点数目。为了避免散射点分布发生变化，工程应用中应尽量使两部雷达带宽相同。

5.3　稀疏频带融合算法

本节提出一种新的稀疏频带融合成像处理流程。为解决低信噪比问题，对稀疏频带观测信号先进行方位压缩再进行距离向融合成像，有效提高了回波信噪比。为解决大的空缺频带问题，本节基于 AR 模型[9]对稀疏频带观测回波信号内插来提高观测样本数量，从而减小空缺频带带宽，再采用 SL0 算法[10]对内插观测信号重构得到 HRRP。采用以上两种措施，有效提高了稀疏频带融合成像质量。

图 5.2 给出了基于稀疏恢复的融合成像流程图。算法主要有三步：

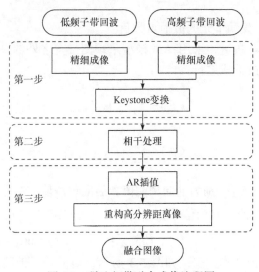

图 5.2　稀疏频带融合成像流程图

第一步，对子带回波进行精细化 ISAR 成像；第二步，对高频子带和低频子带进行相干化处理；第三步，重构各次高分辨距离像。下面假设已经完成对各子带回波的精细化成像，并完成了相干化处理，重点研究第三步。

5.3.1　基于 AR 模型的稀疏观测信号内插

压缩感知理论[11]表明，稀疏信号可以从有限的观测样本中重构出来。对于 ISAR，目标的一维距离像和二维图像都是稀疏的。因此，压缩感知理论在 ISAR 成像中得到了广泛应用。

高频子带和低频子带中间缺失部分观测数据，因此该问题可以看成对完整频带观测数据的压缩采样。下面基于压缩感知算法来研究稀疏频带融合成像算法。尽管压缩感知技术可以用较少样本重构出稀疏信号，但重构质量随观测样本数量的减少而下降。更多的观测样本有助于提高压缩感知的重构成功率和重构质量。为得到更准确的高分辨距离像，首先对稀疏频带观测回波进行内插以提高观测样本数目。

对式(5.10)所示目标图像沿 τ 做傅里叶逆变换，得到如下横向距离像：

$$s_q\left(f_n,f_d\right)=\sum_{k=1}^{K}\sigma_k\,\mathrm{sinc}\left[MT\left(f_d+\frac{2x_k\omega}{\lambda}\right)\right]\cdot\exp\left(-\mathrm{j}\frac{4\pi}{c}f_n y_k\right) \tag{5.20}$$

取第 m 个多普勒单元的信号：

$$s_q\left(f_n\right)=\sum_{k'=1}^{K'}\sigma_{k'}\exp\left(-\mathrm{j}\frac{4\pi}{c}f_n y_{k'}\right) \tag{5.21}$$

式中，K' 为所选多普勒单元的散射点数目。

为提高观测样本数目，采用 AR 模型来预测带宽之外的采样信号[9]，前向预测和后向预测分别按下式进行：

$$s_q^f\left(f_n\right)=\sum_{l=1}^{L}a(l)s_q\left(f_{n-l}\right) \tag{5.22}$$

$$s_q^b\left(f_n\right)=\sum_{l=1}^{L}b(l)s_q\left(f_{n+l}\right) \tag{5.23}$$

式中，$s_q^f\left(f_n\right)$ 和 $s_q^b\left(f_n\right)$ 分别为前向预测值和后向预测值；L 为 AR 模型阶数，为实现精确预测，L 取值通常为信号长度的 1/3[1]；$a(l)$ 和 $b(l)$ 分别为前向预测系数和后向预测系数，且有 $b(l)=a^*(l)$，预测系数可以采用 Burg 算法进行估计。对于本节研究的稀疏频带观测数据，如图 5.3 所示，对低频子带回波做前向预测，对高频子带回波做后向预测。同时，为了保证预测精度，预测信号长度取观测信号长度的 1/2。

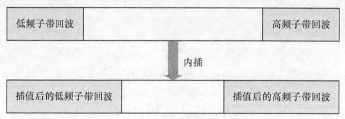

图 5.3 子带插值示意图

定义子带带宽与完整频带带宽的比值为 SFR(subband bandwidth to the full band bandwidth ratio)。插值前后，SFR 的计算如下：

$$\text{SFR}_b = \frac{B_l + B_h}{B_f} = \frac{2B_l}{B_f} \tag{5.24}$$

$$\text{SFR}_a = \frac{B_l + B_h + 0.5B_l + 0.5B_h}{B_f} = \frac{3B_l}{B_f} = 1.5\text{SFR}_b \tag{5.25}$$

式中，B_f 为完整频带的带宽。由式(5.25)可知，通过对高频子带和低频子带回波进行内插操作，可将 SFR 提高为原来的 1.5 倍，相应的观测样本数目也变为插值前的 1.5 倍。观测样本的增加为基于压缩感知的 HRRP 重构奠定了基础。

5.3.2 基于 SL0 算法的高分辨距离像重构

令 $f_n = f_c - B/2 + n\Delta f (n=1,2,\cdots,N)$ 表示完整频带的频率采样点，则前 N_l 个采样点对应低频子带的频率采样点，后 N_h 个采样点对应高频子带的频率采样点。由高频子带和低频子带带宽相同的假设可知，$N_l = N_h$。插值之后，低频子带数据对应的频率采样点为 $f_{n_l} = f_c - B/2 + n_l\Delta f (n_l = 1,2,\cdots,3N_l/2)$，高频子带数据对应的频率采样点为 $f_{n_h} = f_c - B/2 + n_h\Delta f (n_h = N-3N_l/2+1, N-3N_l/2+2,\cdots,N)$。取插值之后的第 m 个多普勒单元的子带信号：

$$s_l\left(f_{n_l}\right) = \sum_{k'=1}^{K'}\sigma_{k'}\exp\left(-\text{j}\frac{4\pi}{c}f_{n_l}y_{k'}\right) \tag{5.26}$$

$$s_h\left(f_{n_h}\right) = \sum_{k'=1}^{K'}\sigma_{k'}\exp\left(-\text{j}\frac{4\pi}{c}f_{n_h}y_{k'}\right) \tag{5.27}$$

将其写成向量形式：

$$s = \left[s_l(f_1)\quad s_l(f_2)\quad \cdots\quad s_l\left(f_{3N_l/2}\right)\quad s_h\left(f_{N-3N_l/2+1}\right)\quad \cdots\quad s_h(f_N)\right]^{\text{T}} \tag{5.28}$$

对应的频率采样点向量为

$$\boldsymbol{f} = \begin{bmatrix} f_1 & f_2 & \cdots & f_{3N_l/2} & f_{N-3N_l/2+1} & \cdots & f_N \end{bmatrix}^{\mathrm{T}} \tag{5.29}$$

构造距离单元向量 $\boldsymbol{y}$：

$$\boldsymbol{y} = \begin{bmatrix} -N/2+1 & -N/2+2 & \cdots & N/2 \end{bmatrix} \rho_r \tag{5.30}$$

式中，$\rho_r = c/(2B_f)$。对应的傅里叶字典矩阵为

$$\boldsymbol{\Psi} = \exp\left(-\mathrm{j}\frac{4\pi}{c} \boldsymbol{f}\boldsymbol{y}^{\mathrm{T}} \right) \tag{5.31}$$

因此，式(5.26)和式(5.27)可以写成如下矩阵形式：

$$\boldsymbol{s} = \boldsymbol{\Psi}\boldsymbol{\Theta} \tag{5.32}$$

式中，$\boldsymbol{\Theta}$ 为待求解的高分辨距离像，$\sigma_{k'}(k'=1,2,\cdots,K')$ 构成了它的非零元素。

由式(5.32)可知，$\boldsymbol{s} \in \mathbf{C}^{(3N_l)\times 1}$，$\boldsymbol{\Theta} \in \mathbf{C}^{N\times 1}$。由于 $3N_l < N$，式(5.32)是一个典型的压缩采样问题。由于 HRRP 的稀疏特性，可以通过求解如下优化问题来求解 $\boldsymbol{\Theta}$：

$$\min\|\boldsymbol{\Theta}\|_0, \quad \|\boldsymbol{s}-\boldsymbol{\Psi}\boldsymbol{\Theta}\| \leqslant \varepsilon \tag{5.33}$$

式中，ε 为噪声水平。式(5.33)所示是一个 NP 难题，由于 ℓ^0 范数在 0 处不连续，难以得到它的解析解。

SL0 算法使用高斯函数族 $f_\sigma(\boldsymbol{\Theta}) = \exp\left[-\boldsymbol{\Theta}^2/(2\sigma^2)\right]$ 来逼近 ℓ^0 范数以直接求式(5.32)。SL0 算法计算速度快、效率高，可以用其重构 HRRP。SL0 算法的具体步骤如下：

(1) 初始化。

① 求 $\boldsymbol{\Theta}$ 的最小 ℓ^2 范数解 $\hat{\boldsymbol{\Theta}}_0 = \boldsymbol{\Psi}^\dagger \boldsymbol{s}$ 作为迭代求解的初值，$\boldsymbol{\Psi}^\dagger$ 表示 $\boldsymbol{\Psi}$ 的伪逆；

② 设置外部迭代最大次数 J，选择合适的递减序列 $\begin{bmatrix} \sigma_1 & \sigma_2 & \cdots & \sigma_J \end{bmatrix}$，一般取 σ_1 为 $\hat{\boldsymbol{\Theta}}_0$ 最大值的 2 倍，即 $\sigma_j = 0.5\sigma_{j-1}$。

(2) 求解。

① 初始化，令 $j=1$；

② $\sigma = \sigma_j$；

③ 在解集 $\{\boldsymbol{\Theta}|\boldsymbol{\Psi}\boldsymbol{\Theta} = \boldsymbol{s}\}$ 上，通过 L 次梯度上升法内部迭代寻找 $F_\sigma(\boldsymbol{\Theta}) = \sum_{i=1}^{N} f_\sigma(\boldsymbol{\Theta}_i)$ 的最大值；

④ 令 $l=1$，$\boldsymbol{\Theta} = \hat{\boldsymbol{\Theta}}_{j-1}$；

⑤ 令 $\boldsymbol{\delta} = \begin{bmatrix} \Theta_1 \exp\left[-\Theta_1^2/(2\sigma^2)\right] & \Theta_2 \exp\left[-\Theta_2^2/(2\sigma^2)\right] & \cdots & \Theta_N \exp\left[-\Theta_N^2/(2\sigma^2)\right] \end{bmatrix}^{\mathrm{T}}$；

⑥ 更新 $\boldsymbol{\Theta}$ 为 $\boldsymbol{\Theta}-\mu\boldsymbol{\delta}$ ，其中 μ 是取值很小的一个常量；

⑦ 将 $\boldsymbol{\Theta}$ 投影到解集上，更新 $\boldsymbol{\Theta}$ 为 $\boldsymbol{\Theta}-\boldsymbol{\Psi}^{\dagger}(\boldsymbol{\Psi}\boldsymbol{\Theta}-s)$ ；

⑧ 若 $l<L$ ，则 $l=l+1$ ，回到步骤②，否则停止内部迭代，转至步骤④；

⑨ 令 $\hat{\boldsymbol{\Theta}}_j=\boldsymbol{\Theta}$ ，若 $j<J$ ，则 $j=j+1$ ，回到步骤②，否则停止外部迭代，转至步骤(3)。

(3) 输出迭代结果 $\hat{\boldsymbol{\Theta}}=\hat{\boldsymbol{\Theta}}_J$ 。

概括来看，本节算法的优势体现在以下三个方面：

(1) 式(5.21)中所选的多普勒单元中散射点数目为 K' 。观测目标的二维图像分布在数十个多普勒单元，因此 $K'\ll K$ 。式(5.21)比一个脉冲回波信号更稀疏，保证了压缩感知的重构质量。

(2) 与此同时，式(5.21)为方位压缩信号，方位压缩信噪比增益为 $10\lg M$ 。若 $M=512$ ，则计算得到的信噪比增益为 27dB。信噪比的提升可以提高压缩感知重构的准确性和稳定性。

(3) ISAR 成像目标一般为非合作目标，难以提前获知目标的稀疏度。本节采用 SL0 算法重构，在目标稀疏度先验信息未知的情况下，依然可以准确重构出 HRRP。

5.3.3　实验与分析

首先用仿真数据来验证本节算法的有效性。如图 5.4 所示，目标为一个具有单侧太阳能帆板的小卫星，包含 48 个等强度的散射点。目标绕其几何中心匀速转动，转速为 0.122rad/s。

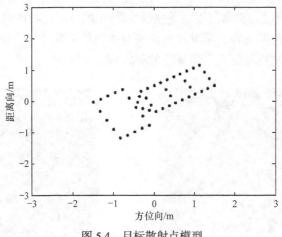

图 5.4　目标散射点模型

完整频带载频为 13GHz,带宽为 10GHz,即完整频带频率范围为 8～18GHz,

可知距离分辨率为 0.015m。低频子带和高频子带带宽均为 1GHz，其中低频子带频率范围为 8~9GHz，高频子带频率范围为 17~18GHz，子带的分辨率为 0.15m。雷达系统 PRF 为 256Hz，同时仿真生成完整频带、低频子带和高频子带的连续 256 个回波脉冲进行实验，对回波添加高斯白噪声，设置信噪比为 10dB。图 5.5(a)和(b)分别为低频子带和高频子带成像结果。如前所述，由于高频子带和低频子带方位分辨率不一致，目标所占多普勒单元不同，需首先进行方位向尺度校正。

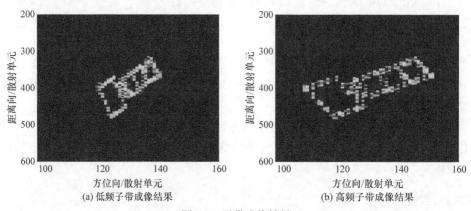

图 5.5　子带成像结果

经过 Keystone 变换校正，低频子带和高频子带图像分别如图 5.6(a)和(b)所示，此时，方位向尺度一致，目标所占多普勒单元相同。图 5.6(c)给出了内插操作增加观测样本数后得到的融合成像结果，可见图像分辨率得到了有效提升，距离向散射点清晰可辨。图 5.6(d)给出了完整频带成像结果，图 5.6(e)和(f)对比了第 117 个多普勒单元的一维距离像，可见本节算法对稀疏频带融合成像结果与完整频带成像结果相一致，从而验证了本节算法的有效性。

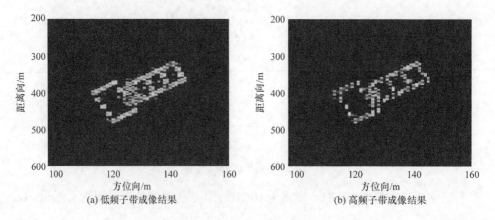

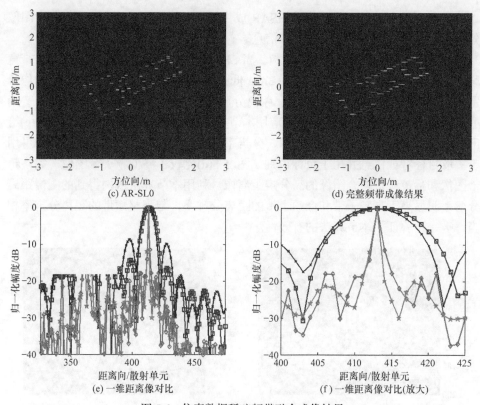

(c) AR-SL0

(d) 完整频带成像结果

(e) 一维距离像对比

(f) 一维距离像对比(放大)

图 5.6　仿真数据稀疏频带融合成像结果
——▶—— 低频子带；——□—— 高频子带；——◆—— 完整频带；——★—— 本节算法

　　下面进一步用 Yak-42 飞机数据来验证本节算法的有效性，并分析其性能。雷达工作在 C 波段，完整频带载频为 5.52GHz，带宽为 400MHz，距离分辨率为 0.375m。PRF 为 100Hz，脉宽为 25.6μs，采样频率为 10MHz，采样点共 256 个。选取连续 512 帧回波用于成像处理。完整频带的成像结果如图 5.7 所示，图 5.7(a)为目标

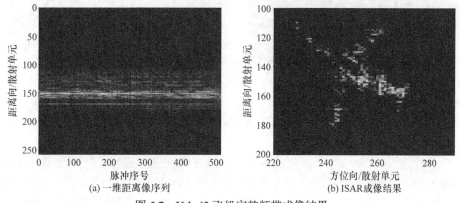

(a) 一维距离像序列

(b) ISAR 成像结果

图 5.7　Yak-42 飞机完整频带成像结果

一维距离像序列, 图 5.7(b)为目标 ISAR 成像结果, 可见目标结构清晰, 雷达图像分辨率足以获取目标的几何形状等信息。

首先进行稀疏频带融合成像实验。当 SFR=0.25 时, 低频子带和高频子带带宽均为 50MHz, 对应的距离分辨率为 3m。低频子带和高频子带对应的 ISAR 图像分别如图 5.8(a)和(b)所示。由图可知, 距离分辨率有限, 很难从雷达图像上获取有用的目标信息。为提高距离分辨率, 应用本节算法重构目标高分辨图像。图 5.8(c)给出了内插操作重构得到的目标图像, 分辨率得到了有效提升, 此时目标图像可用于提取目标特征信息并用于目标识别。图 5.8(d)比较了高低频子带图像、完整频带图像和稀疏频带融合图像的高分辨距离像。利用本节算法重构得到的图像距离分辨率明显高于高频子带和低频子带的距离分辨率, 与完整频带的距离分辨率相当, 进一步验证了本节算法的有效性。

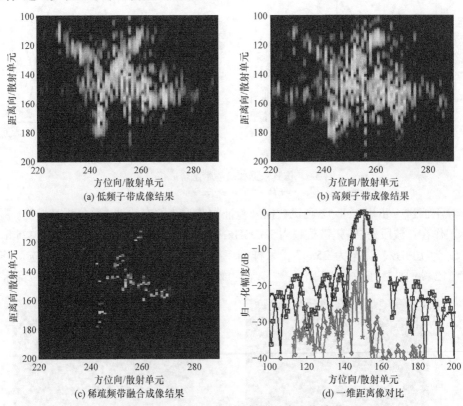

(a) 低频子带成像结果　　　　　　　　　(b) 高频子带成像结果

(c) 稀疏频带融合成像结果　　　　　　　(d) 一维距离像对比

图 5.8　Yak-42 飞机稀疏频带融合成像结果
——— 低频子带; —□— 高频子带; —◇— 完整频带; —△— 本节算法

下面仍然用 Yak-42 飞机数据验证本节算法的性能。选择文献[1]中基于 root-MUSIC 算法的融合成像算法和文献[6]中基于 IAA 的融合成像算法作为对比算法, 下面分别简称其为 root-MUSIC 算法和 IAA。由于这两种算法对噪声敏感,实验中并没有完全按照文献中流程进行处理，而是将其代入本节处理流程，用来替换图 5.2 中本节算法第三步的 AR-SL0 算法。

首先对比三种算法在不同 SFR 下的性能。信噪比(signal-to-noise ratio，SNR)恒定为 0dB，依次设置 SFR 为 0.5、0.375 和 0.25，相应的子带带宽分别为 100MHz、75MHz 和 50MHz。成像结果如图 5.9 所示，从第一列到第三列分别为 root-MUSIC 算法、IAA 和本节算法的成像结果。

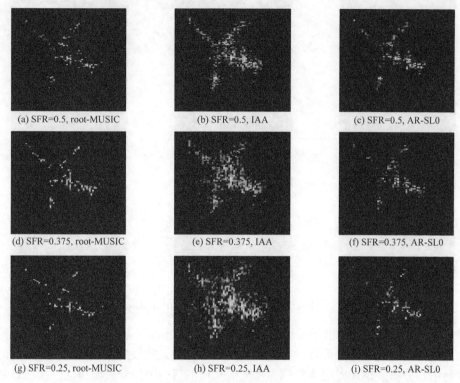

图 5.9　SNR 恒定为 0dB 时不同 SFR 下融合成像结果

从图中可以看出，三种算法的性能都随着 SFR 的降低而下降。具体来说，由于全极点模型阶数估计不够准确，root-MUSIC 算法的成像结果像是飞机的骨架一样。IAA 性能随 SFR 的降低而急剧下降，距离分辨率显著下降。本节算法对 SFR 较稳定，在 SFR 下降为 0.25 时依然可以得到满意的目标图像。从主观视觉来看，本节算法得到的图像与图 5.7(b)所示的完整频带目标图像更一致，对目标特性的描述更加精确。

进一步测试三种算法的抗噪性能。SFR 恒定为 0.375，通过对原始数据添加高斯白噪声生成不同 SNR 下的数据，依次设置 SNR 为 10dB、5dB、0dB 和–5dB。

图 5.9 第二行已经给出了 0dB 下的成像结果，因此图 5.10 仅给出了 10dB、5dB 和 −5dB 下的成像结果。

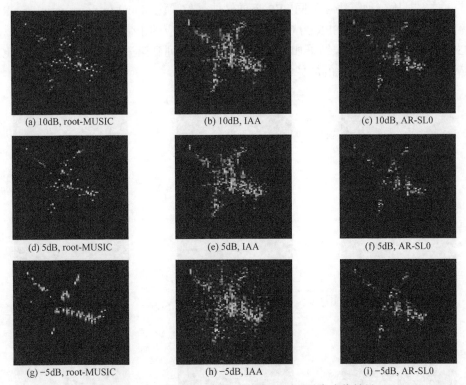

(a) 10dB, root-MUSIC　　　　　(b) 10dB, IAA　　　　　(c) 10dB, AR-SL0

(d) 5dB, root-MUSIC　　　　　(e) 5dB, IAA　　　　　(f) 5dB, AR-SL0

(g) −5dB, root-MUSIC　　　　　(h) −5dB, IAA　　　　　(i) −5dB, AR-SL0

图 5.10　SFR 恒定为 0.375 时不同 SNR 下融合成像结果

在不同信噪比下，由于无法准确地估计全极点模型阶数，root-MUSIC 算法得到的图像会出现一些虚假散射点或者丢失目标上的某些散射点，无法获得准确的散射中心分布。IAA 对噪声敏感，在低信噪比下目标图像背景噪声强。本节算法受信噪比影响较小，得到了稳定的成像结果。

为比较不同算法的计算效率，下面对比本节算法和 IAA 的计算复杂度。本节算法的运算量主要分布在基于 SL0 算法的高分辨距离像重建上，下面分析两种算法重构一帧高分辨距离像的运算量。如文献[12]所述，SL0 重构算法的运算量为 $O(JLN^2)$，其中 $J = O(1)$、$L = O(1)$ 分别表示外部迭代和内部迭代的次数。与此同时，IAA 一次迭代的运算量为 $O(8NN_l^2 + 2NN_l + 8N_l^3)$，且 IAA 通常在 15 次迭代内收敛[13]。由前面可知，$N_l = N \cdot \text{SFR} / 2$，显然，本节算法的运算量小于 IAA 的运算量。

图 5.11 给出了各算法对 Yak-42 飞机数据进行融合成像时，在不同 SFR 下

的计算时间,信噪比均为–5dB。其他信噪比条件下的计算时间与之类似,这里不再给出。如图 5.11 所示,随着 SFR 的增大,观测样本增多,三种算法的计算时间均有所增加。比较三种算法的计算时间,从 root-MUSIC 算法到本节 AR-SL0 算法再到 IAA,计算时间依次差约一个数量级。root-MUSIC 算法计算时间最短,但是如图 5.9 和图 5.10 所示,其融合成像性能较差,成像结果不能准确反映目标几何结构;IAA 计算时间最长,在空缺频带带宽较大或低信噪比下重构质量差;本节算法计算时间介于前两种算法之间,且重构质量相对稳定。总而言之,本节算法以较小的计算时间代价取得了最优的重构结果。

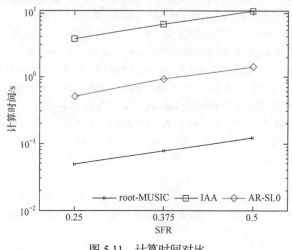

图 5.11　计算时间对比

5.4　本章小结

　　针对多频带信号融合成像的相干化处理,本章提出了一种基于 GTD 模型高精度参数估计的多频带合成算法。该算法利用不同频带的全极点模型中极点及散射中心幅度的相位差来估计非相干量,从而避免了传统相干化处理必须进行的带宽外推过程,减小了误差。另外,对于稀疏频带观测数据,可将其视为完整频带观测数据的压缩采样,提出了一种基于压缩感知的高分辨成像算法。首先,对各子带观测数据进行精细成像,基于子带成像结果,建立了稀疏频带融合成像的信号模型;然后,通过最大 ARP 相关系数准则和最小图像熵准则分别补偿线性相位项和固定相位项;最后,基于 AR 模型对稀疏频带观测信号进行内插,并使用 SL0 算法重构目标高分辨距离像。该算法不敏感于空缺频带和信噪比,融合成像质量稳定,有效提高了距离分辨率。

参 考 文 献

[1] Cuomo K M, Piou J E, Mayhan J T. Ultra-wideband coherent processing[J]. Lincoln Laboratory Journal, 1997, 10(2): 203-222.

[2] Zhang H H, Chen R S. Coherent processing and superresolution technique of multi-band radar data based on fast sparse Bayesian learning algorithm[J]. IEEE Transactions on Antennas and Propagation, 2014, 62(12): 6217-6227.

[3] Tian B, Chen Z P, Xu S Y. Sparse subband fusion imaging based on parameter estimation of geometrical theory of diffraction model[J]. IET Radar, Sonar & Navigation, 2014, 8(4): 318-326.

[4] Zou Y Q, Gao X Z, Li X, et al. A matrix pencil algorithm based multiband iterative fusion imaging method [J]. Scientific Reports, 2016, 6 (1): 1-10.

[5] Bai X R, Zhou F, Wang Q, et al. Sparse subband imaging of space targets in high-speed motion[J]. IEEE Transactions on Geoscience and Remote Sensing, 2013, 51(7): 4144-4154.

[6] Tian J H, Sun J P, Wang G H, et al. Multiband radar signal coherent fusion processing with IAA and APFFT[J]. IEEE Signal Processing Letters, 2013, 20(5): 463-466.

[7] Hu P J, Xu S Y, Wu W Z, et al. Sparse subband ISAR imaging based on autoregressive model and smoothed ℓ^0 algorithm [J]. IEEE Sensors Journal, 2018, 18(22): 9315-9323.

[8] 司伟建, 郭雪妍. 基于四阶累积量的信源数估计新方法[J]. 弹箭与制导学报, 2012, 32(2): 193-196.

[9] Chen H M, Li M, Wang Z Y, et al. Cross-range resolution enhancement for DBS imaging in a scan mode using aperture-extrapolated sparse representation [J]. IEEE Geoscience and Remote Sensing Letters, 2017, 14(9): 1459-1463.

[10] Mohimani H, Babaie-Zadeh M, Jutten C. A fast approach for overcomplete sparse decomposition based on smoothed ℓ^0 norm [J]. IEEE Transactions on Signal Processing, 2009, 57(1): 289-301.

[11] Donoho D L. Compressed sensing [J]. IEEE Transactions on Information Theory, 2006, 52(4): 1289-1306.

[12] Liu J H, Xu S K, Gao X Z, et al. Compressive radar imaging methods based on fast smoothed ℓ^0 algorithm[J]. Procedia Engineering, 2012, 29: 2209-2213.

[13] Glentis G O, Jakobsson A. Efficient implementation of iterative adaptive approach spectral estimation techniques [J]. IEEE Transactions on Signal Processing, 2011, 59(9): 4154-4167.

第6章 单雷达序列 ISAR 图像三维重构算法

基于序列 ISAR 图像的三维重构算法是一种以时间换空间的图像融合策略。它在单站雷达条件下,通过对目标的连续观测,将不同目标姿态下的二维 ISAR 图像进行特征点层面的融合,进而获取目标的三维信息。这种三维重构算法不需要特定的雷达硬件条件,理论上一般的 ISAR 成像雷达都能够基于目标的序列 ISAR 进行三维重构。三维重构的基本数学原理是矩阵的低秩分解,也称为因式分解。因式分解法已经在光学图像领域得到了较为充分的验证[1,2],能够获得较好的三维重构结果。本章探讨将因式分解法用于雷达图像三维重构中的相关问题,包括基本数学原理、雷达实际条件对该算法的限制,以及现有条件下该算法的应用价值等。

6.1 采用因式分解法进行三维重构的数学原理

采用因式分解法进行三维重构基本流程如图 6.1 所示,其中的核心过程是因式分解。从信息来源的角度来看,特征点位置变化矩阵来源于两个方面:一方面是目标的三维结构信息;另一方面是雷达对目标的多视角观测。这两方面信息相互耦合,隐含地包含在特征点位置变化矩阵中。对特征点位置变化矩阵进行因式分解,得到目标形状矩阵和目标运动矩阵,这两个矩阵分别对应目标的三维结构信息和雷达的观测视角信息。因此,采用因式分解法进行三维重构,本质上就是

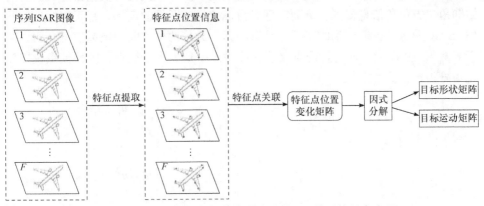

图 6.1 基于序列 ISAR 图像的因式分解法三维重构基本流程

采用某种数学算法，将来源于两方面的信息再次拆解为两个独立矩阵的过程。

为了保证重构得到的目标形状矩阵能够反映目标实际的三维形状，在 ISAR 成像场景下，采用因式分解法进行三维重构需要满足以下条件：

(1) 目标为刚体，目标上各特征点的相对位置稳定不变，特征点分布在三维空间中，满足非共面条件。

(2) 在 ISAR 图像中，目标特征点提取准确，不同目标姿态下的特征点能够准确关联。

(3) 在序列 ISAR 图像中，目标相对雷达的姿态变化是三维的，不是单纯的二维转台模型，序列 ISAR 图像对应的成像平面为非共面。

在满足以上条件的情况下，理论上能够获得有效的目标形状矩阵和运动矩阵，目标形状矩阵能够较好地反映目标实际三维形状。根据实际中目标运动状态的不同，因式分解法的数学计算过程可分为两种情况：第一种情况是目标相对雷达的运动状态已知，序列目标 ISAR 图像已完成定标，提取得到的特征点具有距离、方位两个方向上的坐标信息，均可用于因式分解；第二种情况是目标相对雷达的运动参数未知，序列 ISAR 图像难以进行准确定标，此时只有特征点的距离向坐标可作为有效信息用于三维重构。对于这两种情况，只要满足上述的三个条件，理论上均能采用因式分解法进行三维重构，只是具体的计算过程存在差异。下面详细说明在这两种情况下三维重构的计算过程。

6.1.1　ISAR 图像已完成方位向定标的情况

对于平稳运动目标，如姿态稳定的空间目标，能够基于目标的先验运动信息对 ISAR 图像进行定标。一般认为，平稳运动目标相对雷达的姿态变化来源于目标的位置变化。简单来说，ISAR 成像累积期间目标相对雷达的有效转角，相当于成像开始时刻和结束时刻雷达观测视线之间的夹角。该夹角可根据雷达观测时的俯仰角、方位角信息得到，进而实现对目标 ISAR 图像的定标。基于定标后的序列 ISAR 图像，提取得到的特征点具有距离、方位两个方向的坐标信息。假设基于 F 帧 ISAR 图像，通过特征点提取和关联，得到 P 个特征点，则特征点位置变化矩阵为

$$M = \begin{bmatrix} R \mid U \end{bmatrix}_{P \times 2F}, \quad R = \begin{bmatrix} r_1^1 & r_1^2 & r_1^3 & \cdots & r_1^F \\ r_2^1 & r_2^2 & r_2^3 & \cdots & r_2^F \\ \vdots & \vdots & \vdots & & \vdots \\ r_P^1 & r_P^2 & r_P^3 & \cdots & r_P^F \end{bmatrix}_{P \times F}, \quad U = \begin{bmatrix} u_1^1 & u_1^2 & u_1^3 & \cdots & u_1^F \\ u_2^1 & u_2^2 & u_2^3 & \cdots & u_2^F \\ \vdots & \vdots & \vdots & & \vdots \\ u_P^1 & u_P^2 & u_P^3 & \cdots & u_P^F \end{bmatrix}_{P \times F}$$

$$(6.1)$$

式中，R 为距离坐标矩阵；U 为方位坐标矩阵；r_P^F、u_P^F 分别为第 P 个散射中心在第 F 帧 ISAR 图像中的距离、方位位置；M 也称为测量矩阵，因式分解法需要将 M 分解为如下形式：

$$M = SW, \quad S = \begin{bmatrix} x_1 & y_1 & z_1 \\ x_2 & y_2 & z_2 \\ \vdots & \vdots & \vdots \\ x_P & y_P & z_P \end{bmatrix}_{P \times 3}, \quad W = \begin{bmatrix} r_1 & r_2 & \cdots & r_F & | & u_1 & u_2 & \cdots & u_F \end{bmatrix}_{3 \times 2F} \quad (6.2)$$

式中，S 为目标形状矩阵；(x_P, y_P, z_P) 表示第 P 个散射中心的三维位置；W 为目标运动矩阵；r_F、u_F 分别为对应第 F 帧 ISAR 图像的距离方向向量、方位方向向量。矩阵 $S_{P \times 3}$、$W_{3 \times 2F}$ 的秩均为 3，因此可采用子空间分解算法从矩阵 M 中恢复出 S 和 W。

首先对矩阵 M 进行奇异值分解：

$$M = A\Delta B \quad (6.3)$$

式中，A、B 分别为 $P \times P$、$2F \times 2F$ 的单位正交矩阵；Δ 为对角矩阵，其主对角线上的元素 $\sigma_1, \sigma_2, \sigma_3, \cdots$ 为矩阵 M 的奇异值，奇异值按照从大到小的顺序排列。理论上矩阵 Δ 中只有前 3 个奇异值不为零；实际中矩阵 M 通常包含误差，前 3 个奇异值较大且 $\sigma_1 > \sigma_2 > \sigma_3$，其余奇异值较小可以忽略。故式(6.3)可近似为

$$M \approx \tilde{A}_{P \times 3} \, \mathrm{diag}(\sigma_1, \sigma_2, \sigma_3) \tilde{B}_{3 \times 2F} \quad (6.4)$$

式中，$\tilde{A}_{P \times 3}$、$\tilde{B}_{3 \times 2F}$ 分别为取矩阵 A 的前 3 列、矩阵 B 的前 3 行。若将 $\mathrm{diag}(\sigma_1, \sigma_2, \sigma_3)$ 拆解为两个相同的矩阵，则有

$$M \approx \left[\tilde{A}_{P \times 3} \, \mathrm{diag}\left(\sqrt{\sigma_1}, \sqrt{\sigma_2}, \sqrt{\sigma_3}\right) \right] \cdot \left[\mathrm{diag}\left(\sqrt{\sigma_1}, \sqrt{\sigma_2}, \sqrt{\sigma_3}\right) \tilde{B}_{3 \times 2F} \right] \overset{\text{def}}{=} S' \cdot W' \quad (6.5)$$

式中，S'、W' 均为已知量，是初步的因式分解结果。然而，这种分解并不是唯一的，显然存在可逆矩阵 C，使得 $M = \left(S'C^{-1} \right) \cdot (CW')$。下面需要进一步求解矩阵 C，以使因式分解结果满足 ISAR 成像场景下的条件要求。记 $\tilde{S} = \left(S'C^{-1} \right)$、$\tilde{W} = (CW')$，根据式(6.2)中矩阵 W 的含义，矩阵 $\tilde{W}$ 中的列向量分别对应 ISAR 图像的距离方向向量、方位方向向量。因此，$\tilde{W}$ 的列向量需要满足以下三个条件：

(1) 前 F 个列向量对应序列 ISAR 图像的距离方向向量，它们的模长均为 1。

(2) 后 F 个列向量对应序列 ISAR 图像的方位方向向量，它们的模长均为 1。

(3) 第 i 个列向量和第 $i+F$ 个列向量相互垂直，$i = 1, 2, \cdots, F$。

本书将上述三个条件合称为三维重构过程中方向向量的完整约束关系。

记矩阵 W' 的第 i、$i+F$ 个列向量分别为 w_i'、w_{i+F}'，则方向向量的完整约束关

系可表述为

$$\begin{cases} \left(\boldsymbol{Cw}_i'\right)^{\mathrm{T}} \cdot \left(\boldsymbol{Cw}_i'\right) = 1, & i = 1, 2, \cdots, 2F \\ \left(\boldsymbol{Cw}_i'\right)^{\mathrm{T}} \cdot \left(\boldsymbol{Cw}_{i+F}'\right) = 0, & i = 1, 2, \cdots, F \end{cases} \tag{6.6}$$

记 $\boldsymbol{Q} = \boldsymbol{C}^{\mathrm{T}} \boldsymbol{C}$，则式(6.6)可转换为

$$\begin{cases} \boldsymbol{w}_i'^{\mathrm{T}} \boldsymbol{Q} \boldsymbol{w}_i' = 1, & i = 1, 2, \cdots, 2F \\ \boldsymbol{w}_i'^{\mathrm{T}} \boldsymbol{Q} \boldsymbol{w}_{i+F}' = 0, & i = 1, 2, \cdots, F \end{cases} \tag{6.7}$$

注意，矩阵 $\boldsymbol{Q}$ 满足 $\boldsymbol{Q} = \boldsymbol{Q}^{\mathrm{T}}$，为对称矩阵，故设其元素为

$$\boldsymbol{Q} = \begin{bmatrix} q_1 & q_4 & q_6 \\ q_4 & q_2 & q_5 \\ q_6 & q_5 & q_3 \end{bmatrix} \tag{6.8}$$

记列向量 $\boldsymbol{w}_i' = \begin{bmatrix} w_{i1}' & w_{i2}' & w_{i3}' \end{bmatrix}^{\mathrm{T}}$，则式(6.7)可转换为

$$\begin{cases} w_{i1}'^2 q_1 + w_{i2}'^2 q_2 + w_{i3}'^2 q_3 + 2w_{i1}' w_{i2}' q_4 + 2w_{i2}' w_{i3}' q_5 + 2w_{i1}' w_{i3}' q_6 = 1, & i = 1, 2, 3, \cdots, 2F \\ w_{i1}' w_{(i+F)1}' q_1 + w_{i2}' w_{(i+F)2}' q_2 + w_{i3}' w_{(i+F)3}' q_3 + \left[w_{i1}' w_{(i+F)2}' + w_{(i+F)1}' w_{i2}' \right] q_4 \\ \quad + \left[w_{i2}' w_{(i+F)3}' + w_{(i+F)2}' w_{i3}' \right] q_5 + \left[w_{i1}' w_{(i+F)3}' + w_{(i+F)1}' w_{i3}' \right] q_6 = 0, & i = 1, 2, 3, \cdots, F \end{cases} \tag{6.9}$$

式中，共包含 $3F$ 个方程，可将其转换为如下矩阵相乘形式：

$$\boldsymbol{H} \cdot \boldsymbol{Q}' = \boldsymbol{L} \tag{6.10}$$

式中，$\boldsymbol{Q}' = \begin{bmatrix} q_1 & q_2 & q_3 & q_4 & q_5 & q_6 \end{bmatrix}^{\mathrm{T}}$；$\boldsymbol{L}^{\mathrm{T}} = \begin{bmatrix} \overbrace{1 \ 1 \ \cdots \ 1}^{2F} & \overbrace{0 \ 0 \ \cdots \ 0}^{F} \end{bmatrix}$。矩阵 $\boldsymbol{H}$ 可分为上下两部分，$\boldsymbol{H} = \begin{bmatrix} \boldsymbol{H}^1 \\ \boldsymbol{H}^0 \end{bmatrix}_{3F \times 6}$，其中上部分 $\boldsymbol{H}^1$ 包含 $2F$ 个行向量，对应向量 $\boldsymbol{L}$ 中前 $2F$ 个 "1" 元素；下部分 $\boldsymbol{H}^0$ 包含 F 个行向量，对应向量 $\boldsymbol{L}$ 中后 F 个 "0" 元素。根据式(6.9)，$\boldsymbol{H}^1$ 的第 i 个行向量为

$$\begin{bmatrix} w_{i1}'^2 & w_{i2}'^2 & w_{i3}'^2 & 2w_{i1}' w_{i2}' & 2w_{i2}' w_{i3}' & 2w_{i1}' w_{i3}' \end{bmatrix}, \quad i = 1, 2, \cdots, 2F \tag{6.11}$$

类似地，$\boldsymbol{H}^0$ 的第 i 个行向量为

$$H_i^0 = \begin{bmatrix} w_{i1}' w_{(i+F)1}' \\ w_{i2}' w_{(i+F)2}' \\ w_{i3}' w_{(i+F)3}' \\ w_{i1}' w_{(i+F)2}' + w_{(i+F)1}' w_{i2}' \\ w_{i2}' w_{(i+F)3}' + w_{(i+F)2}' w_{i3}' \\ w_{i1}' w_{(i+F)3}' + w_{(i+F)1}' w_{i3}' \end{bmatrix}^{\mathrm{T}}, \quad i = 1,2,\cdots,F \tag{6.12}$$

根据式(6.11)、式(6.12)构造矩阵 H，此时式(6.10)中仅 Q' 未知。基于最小二乘准则求解 Q'，计算公式为

$$\tilde{Q}' = \left(H^{\mathrm{T}} H \right)^{-1} H^{\mathrm{T}} L \tag{6.13}$$

下面根据矩阵 $\tilde{Q}'$ 的求解结果构造对称矩阵 Q，进而对 Q 进行 Cholesky 分解[3]得到矩阵 C。注意，矩阵 Q 需要满足正定条件，即所有特征值均大于零，才能对其进行有效的 Cholesky 分解，否则方程 $Q = C^{\mathrm{T}} C$ 无解，无法进行三维重构。在能够获得矩阵 C 的情况下，最终的因式分解结果为

$$\tilde{S} = S' C^{-1}, \quad \tilde{W} = C W' \tag{6.14}$$

根据上述的分析过程，基于方位定标后的目标序列 ISAR 图像，采用因式分解法进行三维重构的主要计算步骤可概括如下：

(1) 提取、关联序列 ISAR 图像中的特征点，获取特征点位置变化矩阵 M，如式(6.1)所示。

(2) 对 M 进行奇异值分解，如式(6.3)所示。

(3) 取 A 的前 3 列、B 的前 3 行、Δ 的前 3 个主奇异值，得到初步的因式分解结果 S'、W'，如式(6.5)所示。

(4) 根据式(6.11)、式(6.12)构造矩阵 $H = \begin{bmatrix} H^1 \\ H^0 \end{bmatrix}_{3F \times 6}$。

(5) 基于最小二乘准则，根据式(6.13)求解 $\tilde{Q}'$，进行根据式(6.8)构造矩阵 Q。

(6) 对 Q 进行 Cholesky 分解，获得矩阵 C。

(7) 根据式(6.14)获得最终的因式分解结果 $\tilde{S}$、$\tilde{W}$。

6.1.2　ISAR 图像未完成方位向定标的情况

对于非平稳运动目标，如姿态失控的空间目标、机动飞行的飞机目标等，它们的 ISAR 图像难以实现准确地方位向定标。此时，ISAR 图像虽然能够将特征点

在方位向区分开，但特征点的方位向坐标是不准确的，只有距离向坐标可作为准确信息用于三维重构。相应地，特征点位置变化矩阵 M 退化为

$$
M = R = \begin{bmatrix} r_1^1 & r_1^2 & r_1^3 & \cdots & r_1^F \\ r_2^1 & r_2^2 & r_2^3 & \cdots & r_2^F \\ \vdots & \vdots & \vdots & & \vdots \\ r_P^1 & r_P^2 & r_P^3 & \cdots & r_P^F \end{bmatrix}_{P \times F} \tag{6.15}
$$

根据式(6.3)进行因式分解，得到的 A、B 分别为 $P \times P$、$F \times F$ 的单位正交矩阵。分别取矩阵 A 的前 3 列、矩阵 B 的前 3 行、矩阵 Δ 的前 3 个对角元素，得到初步的因式分解结果为

$$
M \approx \left[\tilde{A}_{P \times 3} \, \mathrm{diag}\left(\sqrt{\sigma_1}, \sqrt{\sigma_2}, \sqrt{\sigma_3}\right) \right] \cdot \left[\mathrm{diag}\left(\sqrt{\sigma_1}, \sqrt{\sigma_2}, \sqrt{\sigma_3}\right) \tilde{B}_{3 \times F} \right] \stackrel{\text{def}}{=\!=} S'W' \tag{6.16}
$$

接下来需要求解可逆矩阵 C，以使 $\tilde{W} = CW'$ 对应目标的运动信息，$\tilde{S} = S'C^{-1}$ 对应目标的形状信息。在 ISAR 成像场景下，矩阵 $\tilde{W}$ 对应序列 ISAR 图像的距离单位向量，因此它的 F 个列向量需要满足模值为 1 的条件。和前面类似，矩阵 $\tilde{W}$ 的第 i 个列向量需要满足以下方程：

$$
\left(Cw_i'\right)^{\mathrm{T}} \cdot \left(Cw_i'\right) = 1, \quad i = 1, 2, \cdots, F \tag{6.17}
$$

将 $Q = C^{\mathrm{T}}C$、$w_i' = \begin{bmatrix} w_{i1}' & w_{i2}' & w_{i3}' \end{bmatrix}^{\mathrm{T}}$ 代入式(6.17)，得到

$$
w_{i1}'^2 q_1 + w_{i2}'^2 q_2 + w_{i3}'^2 q_3 + 2w_{i1}'w_{i2}'q_4 + 2w_{i2}'w_{i3}'q_5 + 2w_{i1}'w_{i3}'q_6 = 1, \quad i = 1, 2, \cdots, F \tag{6.18}
$$

类似地，式(6.18)可转换为 $HQ' = L$ 的矩阵相乘形式，其中 Q' 保持不变，L 变为

$$
L^{\mathrm{T}} = \begin{bmatrix} \overset{F}{\overbrace{1 \quad 1 \quad \cdots \quad 1}} \end{bmatrix} \tag{6.19}
$$

此时矩阵 H 中仅包含 F 个行向量。根据式(6.18)，H 的第 i 个行向量为

$$
H_i \begin{bmatrix} w_{i1}'^2 & w_{i2}'^2 & w_{i3}'^2 & 2w_{i1}'w_{i2}' & 2w_{i2}'w_{i3}' & 2w_{i1}'w_{i3}' \end{bmatrix}, \quad i = 1, 2, \cdots, F \tag{6.20}
$$

根据式(6.20)构造矩阵 H，仍根据式(6.13)求解矩阵 $\tilde{Q}'$，根据式(6.8)构造矩阵 Q。对 Q 进行 Cholesky 分解得到矩阵 C，根据式(6.14)获得最终的因式分解结果 $\tilde{S}$、$\tilde{W}$。

上述分析表明，相比于序列 ISAR 图像已经完成定标的情况，采用因式分解法对未完成定标的序列 ISAR 图像进行三维重构，主要的差别在于特征点位置变

化矩阵 M、系数矩阵 H。其余的计算步骤基本相同，此处不再重复。需要注意的是，对于 F 帧 ISAR 图像，在已完成方位向定标的情况下，式(6.9)中包含 $3F$ 个方程；在 ISAR 图像未完成方位向定标的情况下，式(6.18)中包含 F 个方程，方程数量减少了 2/3，然而待求的未知量 q_1、q_2、q_3、q_4、q_5、q_6 仍为 6 个。因此，在 ISAR 图像已完成定标的情况下，理论上最少需要 2 幅 ISAR 图像才能采用因式分解法进行三维重构；在 ISAR 图像未完成定标的情况下，至少需要 6 幅 ISAR 图像才能采用因式分解法进行三维重构。

另外，需要注意的是，式(6.13)中采用最小二乘法计算得到的 $\tilde{Q}'$ 存在一定误差。因此，在特征点提取、关联准确的情况下，理论上采用的 ISAR 图像数量越多、关联的特征点数量越多，式(6.13)中的估计误差越小，最终的三维重构结果越准确。文献[4]论述了基于序列一维距离像进行三维重构的计算算法，其基本原理和主要的计算步骤和本小节一致。序列一维距离像只能在距离维区分特征点；ISAR 图像能够在距离、多普勒两个维度上区分特征点，特征点的重叠以及相互干扰效应较小。虽然未定标的序列 ISAR 图像只能利用特征点的距离向坐标进行三维重构，但相比于序列一维距离像，序列 ISAR 图像在特征点的提取、关联方面更有优势。另外，基于未定标的序列 ISAR 图像进行三维重构，重构得到的目标运动矩阵包含雷达的观测视角信息，理论上能够用于目标相对雷达的有效转角估计，进而实现 ISAR 图像方位向定标。这一问题将在 6.3 节中进行深入讨论。

6.2　三维重构算法在 ISAR 成像场景中的影响因素分析

在 ISAR 成像场景下，采用因式分解法基于序列 ISAR 图像对目标进行三维重构，总体上的信息转换过程是"三维"→"二维"→"三维"。其中，第一个"三维"是指实际的三维目标和雷达的多观测视角，第二个"三维"是指重构得到的特征点三维分布和目标的运动矩阵。6.1 节讨论的因式分解法实现的是"二维"→"三维"的重构过程。分析表明，三维重构过程本身是将矩阵 M 分解为 $\tilde{S}$ 和 $\tilde{W}$ 的一个数学计算过程。该过程不会引入额外误差，或者已经在现有的数据条件下将可能的误差降到最小。因此，重构结果 $\tilde{S}$、$\tilde{W}$ 中的误差主要来源于"三维"→"二维"过程引入的误差，以及信息在"二维"空间中转换引入的误差。

在单站雷达场景下，基于序列 ISAR 图像进行三维重构的信息转换过程如图 6.2 所示。相比于图 6.1，图 6.2 中增加了"三维"→"二维"的信息转换过程。如图 6.2 所示，经过宽带雷达观测，三维目标信息首先被投影到二维 ISAR 成像平面中。单幅 ISAR 图像仅包含目标的二维信息，序列 ISAR 图像中，目标呈现一定的姿态变化，蕴含着三维结构信息。经过特征点提取和关联，序列 ISAR 图像中的目标三维信息被抽象为特征点位置变化矩阵，采用因式分解法，重构得到目标形状矩阵、目标运动矩阵。理论上，目标形状矩阵对应目标实际的三维信息，目标运动矩阵对应雷达的观测视角信息。简而言之，信息传递过程的"终点"和"起点"是相互对应的。

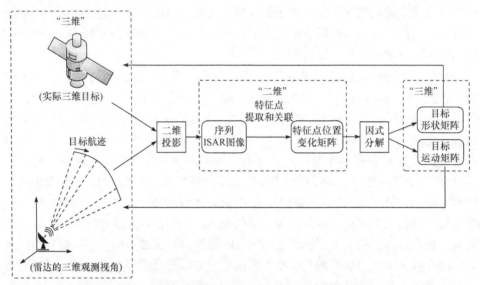

图 6.2　序列 ISAR 图像三维重构中的信息转换过程

虽然理论上重构得到的目标形状矩阵 $\tilde{S}$、目标运动矩阵 $\tilde{W}$ 分别对应实际的三维目标结构和雷达观测视角，然而在实际的 ISAR 成像场景中，目标信息传递受到各方面现实因素的影响，导致三维重构结果和实际三维场景并不是完全一致的。作者认为，在目标信息测量、转换、重构的过程中，以下三个方面可能会影响三维重构结果的有效性：

(1) 目标特征点投影到 ISAR 成像平面的过程中，连续域的特征点坐标被离散化或者栅格化会引入一定误差。

(2) 在累积序列 ISAR 图像的过程中，雷达相对目标的观测视角变化情况会影响三维重构结果，雷达观测视角需要具有明显的三维变化，才能使得序列 ISAR 图像中包含有效目标的三维信息，进而确保三维重构结果的准确性。

(3) 从序列 ISAR 图像到特征点位置变化矩阵 M 的转换过程中，可能存在特征点提取、关联不准确而导致的误差。

要在实际 ISAR 成像场景中获取准确有效的三维重构结果，需要对以上三个方面进行针对性分析。本节主要分析前两个方面对三维重构结果的影响。为了避免特征点提取、关联误差的干扰，这里采用稀疏分布的散射点目标模型获取仿真 ISAR 图像，提取 ISAR 图像中的孤立散射点作为特征点。由于 ISAR 图像中特征点的分布较为稀疏，可采用最邻近关联准则[5]实现特征点的有效关联。稀疏散射点模型可看成对目标三维结构的简单抽象，对其进行 ISAR 成像仿真和三维重构，能够避免复杂电磁散射导致的特征点提取和关联误差，便于在不同的距离、方位分辨率参数下针对性地研究离散投影过程对三维重构结果的影响，也便于定量地比较三维重构结果和散射点目标模型之间的偏差。

6.2.1　ISAR 成像中离散投影过程对三维重构的影响

在实际 ISAR 成像场景下，目标上的特征点被投影到 ISAR 成像平面的过程中，受限于 ISAR 图像的距离、方位分辨率，特征点的相对坐标均被离散化。某一特征点 p 在第 f 幅 ISAR 图像中的理论投影位置记为 $\left(\dot{r}_p^f, \dot{u}_p^f\right)$，$\left(\dot{r}_p^f, \dot{u}_p^f\right)$ 可根据式(6.21)计算得到：

$$\dot{r}_p^f = \begin{bmatrix} x_p & y_p & z_p \end{bmatrix} \cdot \boldsymbol{r}_f, \quad \dot{u}_p^f = \begin{bmatrix} x_p & y_p & z_p \end{bmatrix} \cdot \boldsymbol{u}_f \tag{6.21}$$

基于 ISAR 图像提取到的特征点 p 的距离、方位坐标分别为

$$\hat{r}_p^f = \text{round}\left(\frac{\dot{r}_p^f}{\rho_r}\right) \cdot \rho_r, \quad \hat{u}_p^f = \text{round}\left(\frac{\dot{u}_p^f}{\rho_u}\right) \cdot \rho_u \tag{6.22}$$

式中，$\text{round}(\cdot)$ 表示四舍五入取整操作；ρ_r、ρ_u 分别为 ISAR 图像的距离分辨率、方位分辨率；$\hat{r}_p^f$、$\hat{u}_p^f$ 分别为离散化的散射点距离、方位坐标。受限于发射信号带宽和实际观测时目标相对雷达的转角，ρ_r、ρ_u 一般为厘米至分米量级。ISAR 图像的分辨率有限，式(6.22)中的离散过程不可避免地导致特征点位置信息的失真，影响矩阵 $\boldsymbol{M}$ 的精度和最终三维重构结果的准确性。理论上 ISAR 图像的分辨率越高，矩阵 $\boldsymbol{M}$ 中的特征点坐标越准确，三维重构得到的目标形状矩阵误差越小。本小节主要采用系统仿真的方式，定量地分析不同的信号带宽、脉冲累积数量参数下，ISAR 成像的离散过程对三维重构结果的影响。

仿真过程参照典型 ISAR 成像雷达的工作参数，如表 6.1 所示。仿真中使用的散射点目标模型及其结构信息如图 6.3 所示，图中的小圆圈对应 12 个散射点，它们的后向散射点系数均为 1，图中的连线用于说明目标模型的结构信息，它们在回波仿真过程中没有后向电磁散射。图 6.3 表明目标包含正六面体、平面矩形两部分，它们分别模拟空间目标的主体部分、太阳能翼部分。目标模型中矩形的长边和正六面体的 6m 边平行，矩形的短边和六面体的 4m 边之间的夹角为 30°。设置 30° 的夹角是为了使目标结构不具有对称性，这样能够保证重构得到的目标形状矩阵 $\tilde{\boldsymbol{S}}$ 和目标散射点模型具有唯一的姿态对应关系，便于在后续仿真中分析重构结果 $\tilde{\boldsymbol{S}}$ 的精度。

表 6.1　ISAR 成像雷达的工作参数

参数名称	参数值	参数名称	参数值
载频 f_c	16.7GHz	去斜采样率 f_s	20MHz
带宽 B	300MHz, 500MHz, 1GHz, 2GHz	径向分辨率 ρ_r	0.5m, 0.3m, 0.15m, 0.075m
脉宽 T_p	50μs	每幅图像累积回波数 M	256,512
参考信号脉宽 T_{ref}	52μs	脉冲重复频率 PRF	300Hz

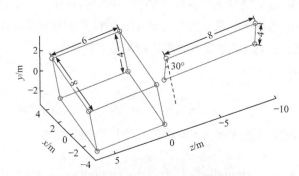

图 6.3　散射点目标模型及其结构信息

参照实际 ISAR 成像场景下雷达相对目标的观测视角，仿真中设定雷达和目标之间的俯仰角、方位角分别如图 6.4(a)和(b)所示。本小节选取目标跟踪过程中的其中一段回波用于序列 ISAR 图像仿真和三维重构，如图 6.4(a)和(b)中区段部分所示，该区段包含 6412 个回波。图 6.4(c)是雷达视线方向对应的单位向量终点在单位圆上的轨迹。该轨迹在单位圆表面是一条曲线，表明雷达对目标的观测视角存在明显的三维变化；轨迹中区段选取的是用于三维重构的部分，该部分航迹呈现一定程度的弯曲，能够用于目标三维重构的仿真。

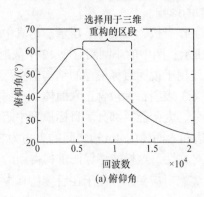

(a) 俯仰角

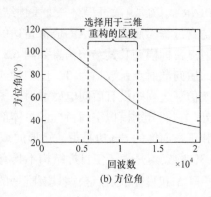

(b) 方位角

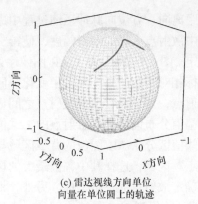

(c) 雷达视线方向单位
向量在单位圆上的轨迹

图 6.4　雷达观测视角信息

　　在仿真过程中，先设定雷达发射信号带宽 B=500MHz。对目标仿真回波进行脉冲压缩，获得一维距离像序列，进而采用滑窗方式获得二维 ISAR 图像。设定窗宽 M=256 个回波，滑窗步长为 100 个回波，即每幅 ISAR 图像包含连续的 256 个回波，相邻 ISAR 图像之间相差 100 个回波。基于选取的 6412 个回波，仿真得到 62 幅 ISAR 图像，其中第 1 幅、21 幅、41 幅、61 幅 ISAR 图像如图 6.5 所示。

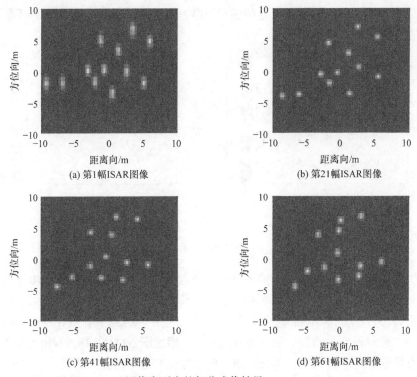

图 6.5　ISAR 图像序列中的部分成像结果(B=500MHz, M=256)

在 ISAR 成像过程中，距离向、方位向脉冲压缩过程中进行了加汉明窗处理，有效降低了脉冲压缩结果中散射点尖峰的副瓣幅度，使得二维 ISAR 图像中的散射点尖峰位置更加清晰稳定。图 6.5 表明，在 ISAR 图像序列中，目标散射点的分布存在明显差异，表明目标相对雷达的姿态发生了变化。同时，散射点在 ISAR 图像中均呈现为孤立强散射点，并且没有出现散射点之间重叠干扰的情况。

根据 ISAR 图像的幅值分布信息提取散射点的二维位置。提取过程大致可分为两步：①采用适当的阈值区分 ISAR 图像的背景区域与各散射点区域；②对于每个散射点对应的"斑点"区域，选择其中幅值最大的像素作为散射点，根据该像素的距离、方位位置确定散射点的二维坐标。另外，根据雷达和目标之间的俯仰角、方位角信息，能够计算得到 62 幅 ISAR 图像对应的距离向单位向量和方位向单位向量，即式(6.2)中的矩阵 W。同时，根据目标模型，散射点的三维分布信息 S 也已知，因此根据式(6.2)能够计算得到散射点在序列 ISAR 图像中的理论投影位置，如图 6.6(a)所示，图中采用渐变颜色表示每个散射点在序列 ISAR 图像中位置的变化情况。文献[7]指出，散射点在序列 ISAR 图像中的位置变动呈椭圆轨迹。然而图 6.6(a)中的结果表明，受到散射点三维位置、雷达对目标观测视角的变化情况等因素的影响，散射点在序列 ISAR 图像中的变化轨迹并不总满足椭圆形状。因此，文献[7]中散射点轨迹的椭圆形状只是某种参数下的特例，并不能作为稳定的特征信息。

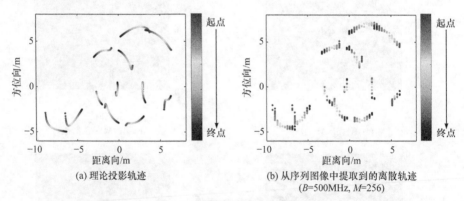

(a) 理论投影轨迹　　　　　　(b) 从序列图像中提取到的离散轨迹
　　　　　　　　　　　　　　　(B=500MHz, M=256)

图 6.6　散射点的位置变化轨迹

仿真中根据雷达视线方向的俯仰角、方位角，计算得到每幅 ISAR 图像中目标相对雷达的有效转角，进而实现 ISAR 图像的方位向定标。根据每幅 ISAR 图像的距离、方位分辨率，以及提取到的散射点位置，得到散射点在序列 ISAR 图像中的二维位置变化情况，如图 6.6(b)所示。相比图 6.6(a)，图 6.6(b)是对理论上散射点位置变化轨迹的离散采样。图 6.6 中两幅图的对比直观地展示了式(6.22)所示的离散采样过程造成的影响，其中距离分辨率 $\rho_r = 0.3\text{m}$。在单幅 ISAR 图像对

应的回波累积数量 M=256 的情况下，序列中 62 幅 ISAR 图像对应的方位分辨率 ρ_u 如图 6.7 所示。虽然图 6.6(b)中各散射点位置变化轨迹和图 6.6(a)中基本一致，但经过 ISAR 成像中的离散投影过程，图 6.6(b)中几乎每个散射点的二维位置都存在偏差，即式(6.1)中的测量矩阵 M 存在离散采样误差，这种误差会影响最终三维重构结果的准确性。

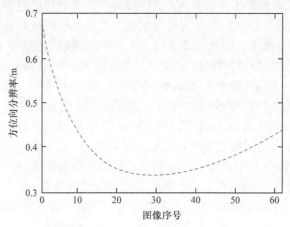

图 6.7　序列 ISAR 图像的方位分辨率

基于图 6.6 中散射点位置变化矩阵构造测量式(6.1)中的测量矩阵 M，进而采用因式分解法重构散射点的三维位置，结果如图 6.8 中的实心点所示。图 6.8 中同时给出了目标三维模型，用于对比三维重构结果的准确性。需要注意的是，采用 6.1.1 节中的三维重构步骤，得到的散射点三维分布结果和目标三维模型之间存在一定的姿态差异。图 6.8 中，作者已经对重构得到的散射点三维分布进行了适当的姿态转换和平移处理，确保三维重构结果和目标模型之间满足最佳的姿态匹配。由于目标三维结构的非对称性，三维重构结果和目标三维模型之间的最佳

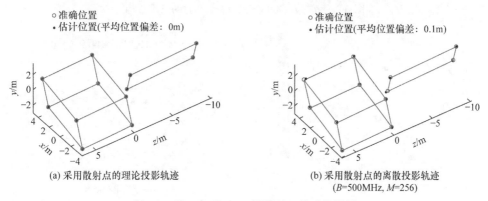

(a) 采用散射点的理论投影轨迹　　　　　(b) 采用散射点的离散投影轨迹
　　　　　　　　　　　　　　　　　　　　　　(B=500MHz, M=256)

图 6.8　基于序列 ISAR 图像的三维重构结果

姿态匹配关系是唯一的，不存在多解。图 6.8(a)表明，采用散射点的理论投影轨迹进行三维重构，三维重构结果和目标三维模型完全相符，不存在误差；图 6.8(b)表明，在 ISAR 成像场景下，采用散射点的离散投影轨迹进行三维重构，三维重构结果和目标三维模型之间存在一定的偏差。虽然三维重构结果和目标三维模型在结构上基本保持一致，但重构得到的散射点位置和准确位置之间的平均位置偏差为 0.1m，这种偏差来源于序列 ISAR 成像过程中的离散投影过程。

在 ISAR 成像场景中，发射信号带宽与方位向累积回波数直接影响 ISAR 图像的距离、方位分辨率。因此，基于图 6.4 中的观测视角信息，作者分别在不同的发射信号带宽 B、滑窗宽度 M 参数下，获取图 6.3 中目标模型的序列 ISAR 图像，并对其进行三维重构，相应的结果如图 6.9～图 6.15 所示。注意，在图 6.12～图 6.15 中，单幅 ISAR 图像包含的回波数量由 256 增加到 512，滑窗间隔仍为 100 个回波，因此 60 幅 ISAR 图像共包含 6412 个不同的回波。表 6.2 中汇总了图 6.12～图 6.15 中不同参数下的三维重构结果误差。表中的误差对比表明，ISAR 图像的距离、方位分辨率均会在一定程度上影响三维重构误差。因此，对于实际 ISAR 成像场景下的三维重构，需要采用增大发射信号带宽、增大方位向积累角度等措施提高 ISAR 图像的分辨率，以获得更加准确的三维重构结果。

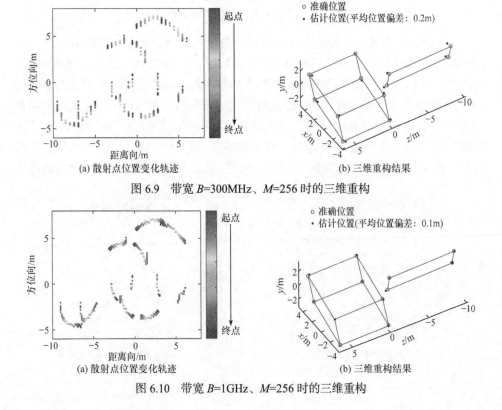

图 6.9　带宽 B=300MHz、M=256 时的三维重构

图 6.10　带宽 B=1GHz、M=256 时的三维重构

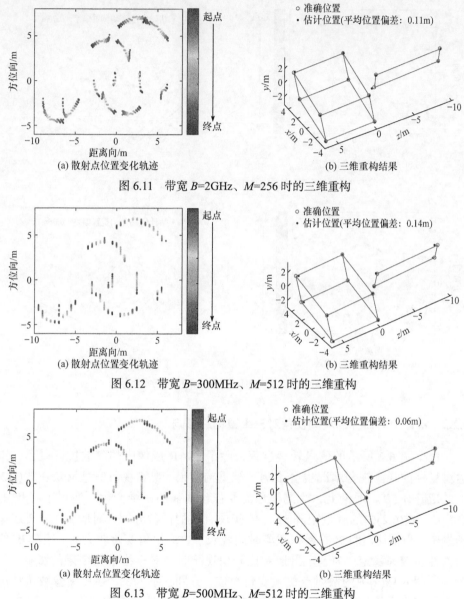

图 6.11　带宽 B=2GHz、M=256 时的三维重构

图 6.12　带宽 B=300MHz、M=512 时的三维重构

图 6.13　带宽 B=500MHz、M=512 时的三维重构

表 6.2　不同分辨率参数下的三维重构结果误差汇总

参数	B 取不同值时的三维重构结果误差			
	B=300MHz	B=500MHz	B=1GHz	B=2GHz
M=256	0.2m	0.1m	0.1m	0.11m
M=512	0.14m	0.06m	0.06m	0.06m

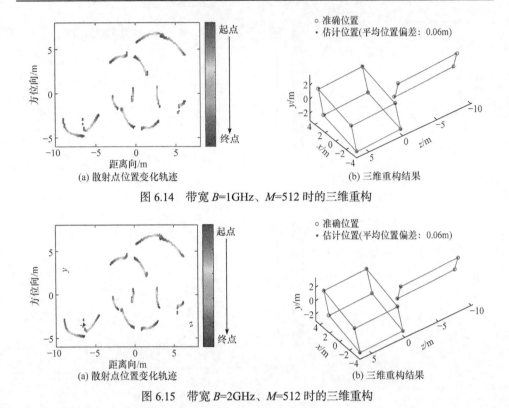

(a) 散射点位置变化轨迹   (b) 三维重构结果

图 6.14 带宽 B=1GHz、M=512 时的三维重构

图 6.15 带宽 B=2GHz、M=512 时的三维重构

6.2.2 雷达相对目标的观测视角对三维重构的影响

根据图 6.2 所示的信息转换过程，除了 ISAR 成像中的离散投影过程，雷达对目标的观测视角情况也会影响三维重构结果。观测视角信息反映在式(6.2)中的矩阵 $\boldsymbol{W}$ 中。理论上，观测视角需要包含明显的三维变化，使得矩阵 $\boldsymbol{W}$ 的秩为 3，式(6.2)中的测量矩阵 $\boldsymbol{M}$ 才能实现有效的低秩分解。对应到 ISAR 成像场景中，当雷达对目标的累积观测时间较长、观测视角变化较大时，矩阵 $\boldsymbol{W}$ 的满秩性质较为稳定。为了定量地对比累积观测时长对三维重构结果的影响，作者基于图 6.15(a)中的散射点位置变化轨迹，分别在不同的 ISAR 图像数量情况下进行三维重构。图 6.15(a)所示的散射点位置变化轨迹提取自 60 幅 ISAR 图像，作者依次剔除轨迹末尾的散射点位置，分别基于 59,58,…,30 幅 ISAR 图像对应的散射点位置变化轨迹进行三维重构，三维重构误差如图 6.16 所示。可见，随着序列中 ISAR 图像数量的减少，重构误差整体呈上升趋势。图 6.16 中的结果基本符合理论预期，即在雷达观测时间较长、观测视角变化程度较大的

情况下，三维重构误差较小。因此，在基于序列 ISAR 图像的三维重构过程中，应适当延长累积观测时间、增大雷达观测视角的变化程度，以提高三维重构结果的准确性。

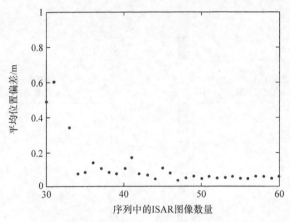

图 6.16　不同图像数量情况下的三维重构误差(B=2GHz，M=512)

在基于序列 ISAR 图像进行三维重构时，矩阵 M 的影响因素除了整体的观测累积时间，还包括该段时间内 ISAR 图像分布的稀疏程度。ISAR 成像场景下，在一维距离像序列的基础上进行二维 ISAR 成像时，通常采用滑窗策略，窗宽对应每幅 ISAR 图像的累积回波数，滑窗步长对应相邻 ISAR 图像之间相差的回波数。对于某一段观测数据，一维距离像的总帧数为定值，滑窗步长越大，基于该段数据得到的 ISAR 图像数量越少，相应的散射点位置变化轨迹越稀疏，进而可能影响三维重构结构的精度。为了研究序列中 ISAR 图像的稀疏程度对三维重构结果的影响，这里基于图 6.15(a)中的轨迹提取结果进行不同倍数的稀疏抽取。在 2 倍稀疏抽取情况下，保留第 1,3,5,…,59 幅 ISAR 图像的散射点位置提取结果；在 3 倍稀疏抽取情况下，保留第 1,4,7,…,58 幅 ISAR 图像的散射点位置提取结果，以此类推。2 倍、3 倍、4 倍、6 倍稀疏抽取后的散射点位置变化轨迹如图 6.17 所示，对应的三维重构误差如图 6.18 所示。可见，随着序列中 ISAR 图像变得更加稀疏，三维重构误差呈增大趋势，但误差的变化程度不大。对比图 6.16 和图 6.18(d)，虽然后者是基于 10 幅 ISAR 图像的三维重构结果，但其重构结果误差明显小于前者中基于 30 幅 ISAR 图像的三维重构结果。这表明，在序列 ISAR 图像三维重构问题中，整个序列对应的观测视角变化程度对三维重构结果的影响更加明显，而序列中 ISAR 图像的稀疏程度对三维重构结果的影响较小。

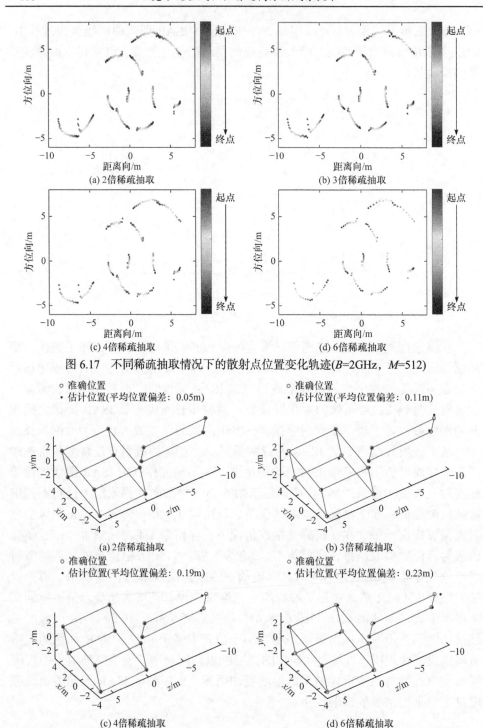

图 6.17　不同稀疏抽取情况下的散射点位置变化轨迹(B=2GHz，M=512)

图 6.18　不同稀疏抽取情况下的三维重构误差(B=2GHz，M=512)

图 6.16~图 6.18 都是基于同一段观测视角对三维重构误差情况进行分析的。在实际 ISAR 成像场景中，对于同一雷达，不同目标航迹对应的观测视角情况是多样的。在图 6.4 中观测视角信息的基础上，作者另外构造两组目标航迹，它们的方位角变化情况和图 6.4(b) 中的区段相同，俯仰角信息如图 6.19(a) 中的虚线和点划线所示。注意航迹一、航迹二的俯仰角起点、终点与原航迹相同，只是中间的变化过程存在差别。三个航迹对应的雷达视线方向单位向量在单位圆上的轨迹如图 6.19(b) 所示。可见，三个轨迹的起点和终点相同，其中航迹一的轨迹相比于原航迹弯曲程度更小，航迹二的轨迹相比于原航迹弯曲程度更大。为了定量地对比单位圆上三个轨迹的弯曲程度，构造雷达观测视角矩阵如下：

$$r^{\mathrm{LOS}} = \begin{bmatrix} \cos\theta_1\cos\varphi_1 & \cos\theta_2\cos\varphi_2 & ... & \cos\theta_{6412}\cos\varphi_{6412} \\ \sin\theta_1\cos\varphi_1 & \sin\theta_2\cos\varphi_2 & ... & \sin\theta_{6412}\cos\varphi_{6412} \\ \sin\varphi_1 & \sin\varphi_2 & ... & \sin\varphi_{6412} \end{bmatrix}_{3\times6412} \tag{6.23}$$

式中，$\theta_1, \theta_2, \cdots, \theta_{6412}$ 为航迹对应的方位角；φ_1，$\varphi_2, \cdots, \varphi_{6412}$ 为航迹对应的俯仰角。分别基于原航迹、航迹一、航迹二构造矩阵 r^{LOS}，之后对其进行奇异值分解，结果如表 6.3 所示。

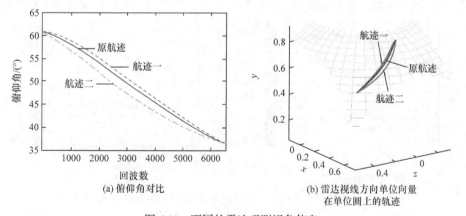

(a) 俯仰角对比　　　　　(b) 雷达视线方向单位向量
　　　　　　　　　　　　　　在单位圆上的轨迹

图 6.19　不同的雷达观测视角信息

表 6.3　雷达观测视角矩阵的奇异值

航迹	奇异值 1	奇异值 2	奇异值 3
原航迹	78.84	14.01	1.21
航迹一	78.84	14.05	0.94
航迹二	78.84	13.97	1.79

奇异值反映了矩阵 r^{LOS} 中的列向量在三维正交空间中的分布情况。前 2 个奇

异值较大而第 3 个奇异值较小，表明三个航迹的 r^{LOS} 矩阵中的列向量主要分布在二维平面中，而在垂直于该平面的第三维方向上变化程度较小。从直观上讲，第 3 个奇异值大小反映了矩阵 r^{LOS} 对应的单位球面上轨迹的弯曲程度。航迹一的弯曲程度小于原航迹，因此它的第 3 个奇异值小于原航迹的第 3 个奇异值；航迹二的弯曲程度大于原航迹，因此它的第 3 个奇异值大于原航迹的第 3 个奇异值。表 6.3 中的奇异值分布情况表明，航迹二中包含的观测视角三维变化情况更加明显，因此在三维重构过程中，它所对应的矩阵 $\boldsymbol{W}$ 的满秩性质更加稳定。

分别基于航迹一、航迹二的观测视角信息进行 ISAR 图像仿真，设定发射信号带宽 B=2GHz，每幅 ISAR 图像对应的累积回波数为 M=512，相邻 ISAR 图像之间相差 100 个回波，则基于 6412 个一维距离像得到 60 幅 ISAR 图像。对序列 ISAR 图像中的散射点进行提取、关联，得到散射点位置变化轨迹如图 6.20 所示。对比图 6.15(a)和图 6.20 可见，由于目标航迹不同，相应的散射点位置变化轨迹存在明显差别。根据图 6.20 中的散射点位置变化轨迹估计构造测量矩阵 $\boldsymbol{M}$，之后采用因式分解法进行三维重构，重构结果如图 6.21 所示。相同 ISAR 图像分辨率参数下的原航迹对应的三维重构结果如图 6.15(b)所示。可见，航迹二的重构误差最小，只有 0.02m，和图 6.8(a)中理想情况下的三维重构结果非常接近；对比之下，

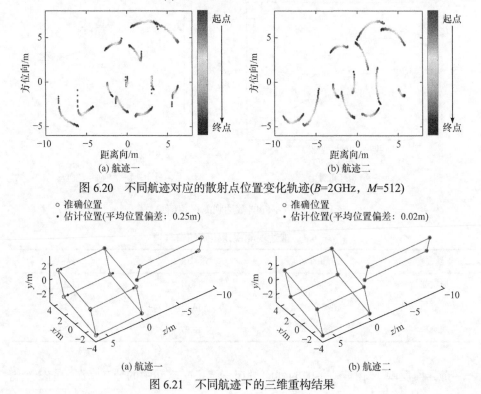

(a) 航迹一　　　　　　　　　　　　　　(b) 航迹二

图 6.20　不同航迹对应的散射点位置变化轨迹(B=2GHz，M=512)

(a) 航迹一　　　　　　　　　　　　　　(b) 航迹二

图 6.21　不同航迹下的三维重构结果

航迹一的重构误差最大,明显大于图 6.15(b)中原航迹的重构误差。这一结果和理论预期一致,即当雷达对目标的观测视角包含明显的三维变化,在矩阵 W 的满秩性质相对稳定的情况下,三维重构误差较小。因此,在三维重构过程中,不仅需要适当增大目标的累积观测时间,还应该保证雷达对目标的观测视角存在明显的三维变化,才能使得三维重构结果更加准确。

6.2.3　面元目标模型的 ISAR 图像仿真与三维重构

本小节对飞机目标面元模型进行 ISAR 成像仿真,并进行三维重构实验。飞机外形如图 6.22(a)所示,对其进行三维建模和面元剖分后,得到面元模型如图 6.22(b)所示,目标模型中共包含 2056 个三角面元。参考表 6.1 中的雷达系统参数,采用物理光学法[9-11]获取目标面元模型的仿真回波。仿真过程中三角面元被等效为相互独立的散射中心,其后向散射系数取决于该面元的面积和雷达波束入射方向。设定发射信号带宽为 2GHz,方位向连续累积 512 个回波进行 ISAR 成像。仿真时序列一维距离像保持相干性,目标仅存在转动,不需要平动补偿步骤。采用 RD 算法获得的仿真 ISAR 图像如图 6.23 所示。

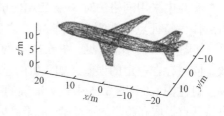

(a) 飞机外形　　　　　　　　　　　　　(b) 面元模型

图 6.22　飞机外形及其面元模型

(a) 幅值图(分贝显示)　　　　(b) 灰度图　　　　(c) 伪彩色图

图 6.23　飞机面元模型仿真 ISAR 图像

图 6.23 为同一 ISAR 图像的三种显示效果,分别为幅值图(分贝显示)、灰度

图、伪彩色图[12,13]，其中伪彩色图最符合人们的直观感觉，常用于 ISAR 成像结果展示。虽然幅值图(分贝显示)、灰度图、伪彩色图在观感上存在差异，但它们所包含的图像信息是一致的，即展示像素幅值的相对大小关系。根据 ISAR 图像中像素幅值的相对大小关系，采用网格法[8]进行散射点提取和关联，其中两幅 ISAR 图像的散射点提取结果如图 6.24 所示，图中小点表示散射点位置。目标在两幅 ISAR 图像中的姿态略有不同，散射点提取结果也存在一定差异。

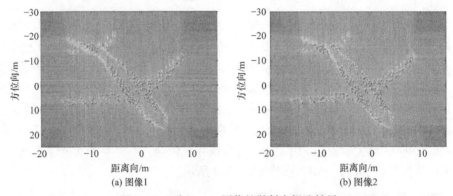

(a) 图像1   (b) 图像2

图 6.24　两幅 ISAR 图像的散射点提取结果

实验中采用网格法对 8 幅 ISAR 仿真图像进行散射点提取和关联，将这些散射点作为特征点构造测量矩阵 M，之后采用因式分解法获得目标的三维重构结果，如图 6.25 所示。可见，图 6.25 中的三维重构结果和目标实际三维结构基本一致，同时存在一定的误差，如飞机的整体尺寸偏小，头部、尾翼等部分不够准确等。对比图 6.8～图 6.15 中较为准确的三维重构结果，图 6.25 中三维重构误差来自特征点提取和关联的不准确。由于目标模型中各面元后向散射强度存在方向各异性，面元之间相互干扰，基于 ISAR 图像中像素幅值的相对大小信息进行散射点的

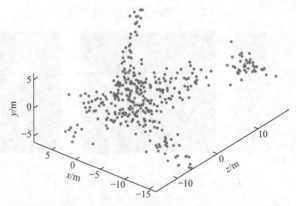

图 6.25　基于 8 幅 ISAR 图像的飞机目标三维重构结果

提取和关联，必然存在一定误差，导致最终三维重构结果欠佳。相比于图 6.8 中基于稀疏散射点模型的仿真 ISAR 图像，图 6.23 中基于飞机面元模型的 ISAR 仿真图像更贴近实际中的 ISAR 成像效果。对比前面的三维重构结果和图 6.25 中的结果可以得出，基于因式分解法的雷达目标三维重构算法，虽然其基本数学原理相对成熟，但由于目标复杂的电磁散射，散射中心的相互遮挡、干扰，ISAR 图像散焦等因素，实际目标 ISAR 图像中的散射点提取和关联结果存在一些不可控的误差量，导致最终三维成像结果不够理想，限制了该算法的广泛应用。

6.3 基于三维重构的序列 ISAR 图像方位向定标

6.2 节重点研究了三维重构结果中目标形状矩阵 $\tilde{S}$ 的准确性及其影响因素。三维重构结果的另外一部分——目标运动矩阵 $\tilde{W}$ 中也包含有价值的信息，即雷达对目标的相对观测视角。在 ISAR 图像已完成定标的情况下，采用散射点在序列 ISAR 图像中的距离、方位坐标变化信息进行目标三维重构，重构得到的矩阵 $\tilde{W}$ 中的列向量分别对应序列 ISAR 图像的距离方向向量、方位方向向量；在 ISAR 图像未完成定标的情况下，仅采用散射点在序列 ISAR 图像中的距离坐标变化信息进行目标三维重构，重构得到的矩阵 $\tilde{W}$ 中的列向量对应序列 ISAR 图像的距离方向向量。理论上对于未完成定标的序列 ISAR 图像，可以利用三维重构得到的矩阵 $\tilde{W}$ 解算雷达相对目标的观测视角变化情况，进而实现 ISAR 图像定标。

文献[14]采用三维重构算法对序列 ISAR 图像定标问题进行了一定的探索，采用二次多项式模型描述目标相对雷达的有效转角，并根据三维重构结果中矩阵 $\tilde{W}$ 所包含的雷达观测视角信息迭代地更新二次多项式的系数，最终实现定标。在迭代三维重构过程中，散射点的距离坐标、方位坐标均被用于三维重构过程。考虑方位坐标信息可能存在的尺度误差，在求解对称矩阵 Q 的过程中将限制条件修改如下：

(1) 矩阵 $\tilde{W}$ 的前 F 个列向量对应序列 ISAR 图像的距离方向向量，它们的模长均为 1。

(2) 矩阵 $\tilde{W}$ 第 i 个列向量和第 $i+F$ 个列向量分别对应第 i 幅 ISAR 图像的距离、方位方向向量，因此它们之间相互垂直。

本书将上述两个条件合称为三维重构过程中方向向量的松弛约束关系。相比于 6.1.1 节中的完整约束关系，松弛约束关系剔除了方位方向向量的模长为 1 这一限制条件。根据松弛约束关系，式(6.10)中矩阵 H 的 H^1 部分仅保留前 F 个行向量，H^0 部分不变。H 的大小变为 $2F \times 6$，向量 L 变为 $L^{\mathrm{T}} = [\overbrace{1 \ 1 \ \cdots \ 1}^{F}$

$\overbrace{0 \quad 0 \quad \cdots \quad 0}^{F}]$，其余步骤和三维重构算法相同。在获得三维重构结果后，文献[14]将矩阵 $\tilde{W}$ 中的列向量转换到某个直角坐标系下，使得转换后矩阵 $\tilde{W}$ 的第三个行向量的模值达到最小，同时利用前两个行向量求解目标相对雷达的转角信息，更新二次项系数。

本书认为，文献[14]在求解矩阵 Q 的过程中采用松弛约束关系对式(6.10)进行修改是合理的。然而，在迭代优化过程中，将坐标转换后矩阵 $\tilde{W}$ 的第三个行向量的模值作为目标函数，并进行最小值优化，可能存在一定问题。文献[14]的优化策略认为，序列 ISAR 图像对应的雷达观测视角分布在空间中某个二维平面。然而，在雷达观测视角仅存在二维变化的情况下，测量矩阵的秩为 2，无法对其进行三维重构；通常情况下序列 ISAR 图像对应的雷达观测视角存在三维变化，而且变化情况可能多样，并不一定满足文献[14]中的默认条件。

本小节基于序列 ISAR 仿真图像，对基于三维重构结果的 ISAR 图像定标算法进行可行性分析，并对其中的问题进行探讨，力求为后续研究提供一定的参考。首先基于三维重构算法，仅采用散射点距离坐标进行目标三维重构，根据重构得到的矩阵 $\tilde{W}$ 估计目标转角；然后借鉴文献[14]中的思路，对矩阵 $\tilde{W}$ 中包含的雷达观测视角信息进行更加深入的分析。

6.3.1 仅利用散射点的距离坐标信息进行方位定标

图 6.15(a)和图 6.20(a)、(b)分别为三段航迹的散射点二维坐标变化轨迹，这里仅提取散射点的距离坐标变化信息，采用 6.1.2 节中的算法进行目标三维重构。在重构过程中，发现原航迹、航迹一、航迹二的对称矩阵 Q 的特征值如表 6.4 所示，可见只有航迹一的矩阵 Q 满足正定条件，能够进行三维重构；原航迹、航迹二无法进行三维重构。在 6.2.2 节中，基于散射点的距离、方位二维坐标信息能够对原航迹、航迹二的序列 ISAR 图像进行有效的三维重构；此处只采用散射点的距离坐标信息，无法进行三维重构。实验发现，在实际 ISAR 成像场景中，由于 ISAR 图像分辨率限制，散射点的坐标提取、关联误差等不利因素的影响，也存在三维重构失败的情况。

表 6.4　不同航迹的对称矩阵 Q 的特征值

航迹	特征值		
	特征值 1	特征值 2	特征值 3
原航迹	−0.03	0.10	1.21
航迹一	0.05	0.66	0.94
航迹二	−0.70	−0.40	1.79

在航迹一场景下，仅采用序列 ISAR 图像中散射点的距离坐标信息进行目标三维重构，得到散射点三维重构结果如图 6.26 所示。相比于图 6.21(a)中同时采用距离、方位坐标信息得到的三维重构结果，图 6.26 中的三维重构结果平均位置偏差明显更大。虽然重构结果总体上保持了六面体 + 平面矩形的结构，但相比实际目标模型出现了明显的形变和尺寸偏差。本书认为图 6.26 中的重构误差主要来自两部分：一是有限的距离分辨率对散射点的距离坐标造成的离散采样误差；二是航迹一对应的雷达观测视角中的三维变化不明显，导致矩阵 $\tilde{\boldsymbol{W}}$ 的满秩性质不够稳定。前面矩阵 $\tilde{\boldsymbol{W}}$ 包含序列 ISAR 图像的距离方向向量、方位方向向量，满秩性质相对稳定；本小节中的矩阵 $\tilde{\boldsymbol{W}}$ 仅包含序列 ISAR 图像的距离方向向量，表 6.3 中的奇异值分布表明，航迹一对应的雷达观测视角主要分布在二维平面，故相应的矩阵 $\tilde{\boldsymbol{W}}$ 满秩性质不够稳定，进而可能导致三维重构误差。

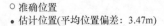

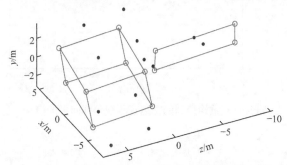

图 6.26　仅采用散射点距离坐标信息得到的三维重构结果

除了图 6.26 所示的目标形状信息，三维重构得到的另一部分信息是目标运动矩阵 $\tilde{\boldsymbol{W}}$。矩阵 $\tilde{\boldsymbol{W}}$ 的列向量对应序列 ISAR 图像的距离方向向量，其模长理论上为 1。实际重构得到的矩阵 $\tilde{\boldsymbol{W}}$ 的 60 个列向量模长如图 6.27 所示，可见各列向量模长均接近 1，波动范围约为 0.01，符合理论预期。理论上，矩阵 $\tilde{\boldsymbol{W}}$ 的列向量在三维空间中的分布表征了序列 ISAR 成像期间，雷达观测视角的相对变化。将 $\tilde{\boldsymbol{W}}$ 列向量的变化轨迹显示在三维空间中，并同时画出单位球面作为参考，如图 6.28(a)所示。可见列向量的轨迹总体上为一个弯曲的小弧段，同时由于重构误差，该弧段在单位球面呈现一定的波动。根据先验信息，序列 ISAR 成像过程中，雷达观测视角对应的俯仰角、方位角是平稳变化的，因此观测视角的单位向量在单位球面上的轨迹理论上是平滑的。根据这一先验信息，首先对 $\tilde{\boldsymbol{W}}$ 的 60 个列向量在单位球面形成的抖动轨迹进行平滑拟合处理，然后进行适当的插值，得到了序列 ISAR 成像期间 6412 个回波对应的雷达观测视角方向向量。原轨迹和拟合后轨迹的对比如图 6.28 所示。基于图 6.28 中的拟合轨迹，能够得到每幅 ISAR 图像的起始、终止回波对应的雷达观测视角方向向量，两者之间的夹角可作为目标有效转角。结合发射信号的载频波长，得到序列 ISAR 图像的方位分辨率，如图 6.29 所示。图中同时显示了序列 ISAR 图像方位分辨率的准确值作为对比。可见在此种情况下，基于矩阵 $\tilde{W}$ 的列向量空间分布信息得到的序列 ISAR 图像方位分辨率和准确值相近，但也存在一定偏差。

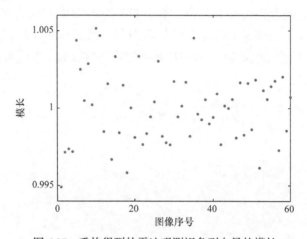

图 6.27　重构得到的雷达观测视角列向量的模长

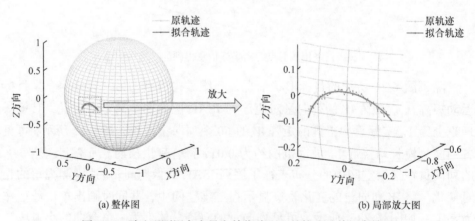

(a) 整体图　　　　　　　　　　　　　　(b) 局部放大图

图 6.28　雷达观测视角向量在单位球面上的轨迹及其拟合结果

分析表明，三维重构结果中的目标形状矩阵 $\tilde{S}$、目标运动矩阵 $\tilde{W}$ 之间存在误差耦合关系。当 $\tilde{S}$ 的误差较大时，相应的 $\tilde{W}$ 中雷达观测视角信息也存在较大偏差。

在实际 ISAR 成像场景下，对非合作目标的序列 ISAR 图像进行三维重构，目标的尺寸结构信息、运动参数通常未知，因此重构得到的 $\tilde{S}$、$\tilde{W}$ 的准确性难以有效地衡量，重构结果也难以得到有效利用。图 6.29 中的方位分辨率估计结果表明，由于重构误差的影响，基于矩阵 $\tilde{W}$ 估计得到的方位分辨率存在一定偏差，只能作为一种辅助性参考。

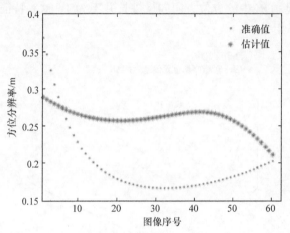

图 6.29 基于目标运动矩阵得到的 ISAR 图像方位分辨率结果

6.3.2 利用散射点的距离和多普勒信息进行方位定标

本节利用序列 ISAR 图像中散射点的距离、多普勒信息，借鉴文献[14]中的思路进行 ISAR 图像方位向定标。首先，仍利用航迹一对应的 60 幅 ISAR 图像进行研究。假设序列 ISAR 图像的方位分辨率和距离分辨率相同，均为 ρ_r。根据散射点在离散 ISAR 图像中的位置提取结果，得到散射点的距离坐标变化矩阵 R、方位坐标变化矩阵 $\tilde{U}$。注意，此时矩阵 R 的尺度信息是准确的，而矩阵 $\tilde{U}$ 包含尺度误差。根据式(2.1)构造测量矩阵 $M = \begin{bmatrix} R & | & \tilde{U} \end{bmatrix}$，然后对 M 进行因式分解，分解过程中，考虑到矩阵 $\tilde{U}$ 中的尺度误差，式(6.10)中矩阵 H 的 H^1 部分仅保留前 60 个行向量，H 的大小变为120×6，向量 L 变为 $L^{\mathrm{T}} = \begin{bmatrix} \overset{60}{\overbrace{1 \ 1 \ \cdots \ 1}} & \overset{60}{\overbrace{0 \ 0 \ \cdots \ 0}} \end{bmatrix}$，其余步骤不变。最终重构得到的目标散射点三维分布如图 6.30 所示，虽然重构结果仍存在偏差，但其准确性优于图 6.26 中的重构结果。本书认为，这是因为图 6.30 中的重构结果合理地利用了散射点的多普勒信息。即便此时散射点的方位向坐标信息存在尺度误差，仍能在一定程度上提高三维重构结果的准确性。

然后，对重构得到的目标运动矩阵 $\tilde{W}$ 进行分析。矩阵 $\tilde{W}$ 的前 60 个列向量对应序列 ISAR 图像的距离方向向量,后 60 个列向量对应序列 ISAR 图像的方位方向向量,其模长如图 6.31(a)所示,距离方向向量和方位方向向量之间的夹角如图 6.31(b)所示。可见距离方向向量的模长约为 1,存在微小的波动;距离方向向量、方位方向向量之间的夹角在 90°附近波动。矩阵 $\tilde{W}$ 中的距离方向向量模长,距离方向向量和方位方向向量之间的夹角均符合理论预期。值得注意的是,图 6.31(a)显示 $\tilde{W}$ 中的方位方向向量模长并不为 1,这一特征和序列 ISAR 图像的方位分辨率相关。

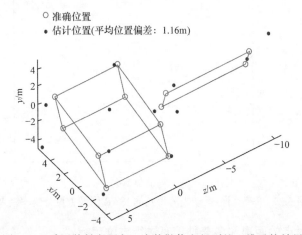

图 6.30　采用散射点距离、多普勒信息得到的三维重构结果

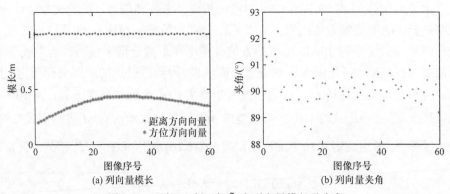

(a) 列向量模长　　　　　　　　　(b) 列向量夹角

图 6.31　目标运动矩阵 $\tilde{W}$ 中列向量模长及夹角

　　研究发现,图 6.31(a)中的方位方向向量模长和序列 ISAR 图像的方位向定标误差之间存在耦合关系。前面关于三维重构原理的推导表明,式(6.10)包含 6 个未知量,而方程个数通常远大于未知量个数,故将完整约束关系变为松弛约束关系,使得方程个数缩减为原来的 2/3,理论上不会改变方程的解。因此,在序列 ISAR 图像方位定标准确的情况下,在三维重构过程中仍采用松弛约束关系求解矩阵

Q，最终得到目标运动矩阵 $\tilde{W}$ 中方位方向向量的模长仍为 1。图 6.31(a)中方位方向向量的模长小于 1，是因为设定的序列 ISAR 图像的方位分辨率偏小，导致矩阵 $\tilde{W}$ 中方位方向向量的模长出现等比例偏小。因此，将预设的序列 ISAR 图像方位分辨率(此处为 ρ_r)除以重构得到的矩阵 $\tilde{W}$ 中方位方向向量的模长，即可得到估计序列 ISAR 图像的方位分辨率估计值，如图 6.32 所示。可见，采用此算法估计得到的序列 ISAR 图像方位分辨率非常接近准确值，优于图 6.29 中的估计结果。估计结果精度的提升，来源于此算法在三维重构过程中合理地利用了散射点的多普勒信息。

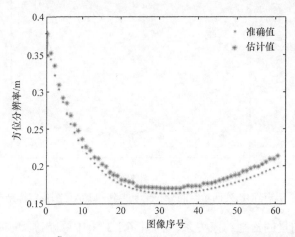

图 6.32　基于矩阵 $\tilde{W}$ 的列向量模长信息得到的 ISAR 图像定标结果(航迹一)

另外，对矩阵 $\tilde{W}$ 的前 60 个列向量在单位球面的轨迹进行了拟合、插值处理，如图 6.33 所示。相比于图 6.28 中的轨迹，图 6.33 中的原轨迹波动幅度减小，表明后者对应的雷达观测视角信息准确性有所提升。根据图 6.33 中拟合、插值得到

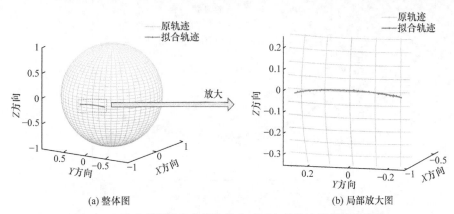

(a) 整体图　　　　　　　　　　　　　(b) 局部放大图

图 6.33　雷达观测视角向量在单位球面上的轨迹及其拟合结果

的雷达观测视角信息计算每幅 ISAR 图像对应的雷达观测视角变化角度,再结合发射信号载波波长获取 ISAR 图像的方位分辨率,如图 6.34 所示。可见,此时的方位分辨率估计值明显优于图 6.29 中的估计结果。图 6.32、图 6.34 中的方位分辨率估计结果均优于图 6.29 中的估计结果,因此可以得出,在三维重构过程中合理采用散射点的多普勒信息,能够有效提升序列 ISAR 图像方位分辨率的估计精度。

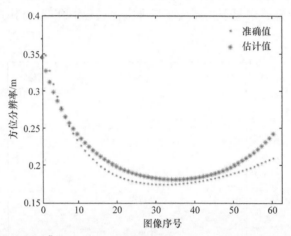

图 6.34　基于矩阵 $\tilde{\boldsymbol{W}}$ 列向量空间分布信息得到的 ISAR 图像定标结果(航迹一)

　　采用方向向量的松弛约束关系,利用 6.2.2 节中原航迹、航迹二对应的序列 ISAR 图像,进行三维重构和方位分辨率估计。原航迹对应的序列 ISAR 图像方位分辨率估计结果如图 6.35 所示,其中圆圈为利用矩阵 $\tilde{\boldsymbol{W}}$ 中前 60 个列向量的空间分布得到的方位分辨率估计值,星号为利用矩阵 $\tilde{\boldsymbol{W}}$ 中后 60 个列向量的模长得到

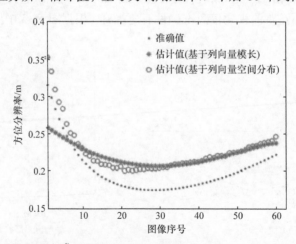

图 6.35　基于矩阵 $\tilde{\boldsymbol{W}}$ 得到的序列 ISAR 图像方位分辨率估计结果(原航迹)

的方位分辨率估计值。可见在原航迹场景下,两种算法得到的序列 ISAR 图像方位分辨率估计值均在准确值附近,但都存在一定偏差。采用松弛约束关系对航迹二对应的序列 ISAR 图像进行三维重构的过程中,发现对称矩阵 Q 不满足正定条件,因此无法实现三维重构和方位向定标。

6.4 本章小结

针对基于序列 ISAR 图像的目标三维重构,本章首先研究了利用因式分解法实现三维重构的基本原理,即矩阵的低秩分解,并且分别给出了序列 ISAR 图像已完成定标、未完成定标情况下的三维重构步骤。然后指出了 ISAR 成像场景下的目标三维重构所蕴含的"三维"→"二维"→"三维"信息转换流程,并采用仿真成像的方式研究了"三维"→"二维"过程中两个因素对三维重构误差的影响:第一个因素是 ISAR 成像的离散投影过程;第二个因素是雷达观测视角的变化情况。对比不同参数下的三维重构结果发现,在序列 ISAR 图像的分辨率较高、雷达观测视角三维变化明显的情况下,三维重构误差较小。因此,实际中应尽量提高 ISAR 图像分辨率,选择合适的序列 ISAR 图像区段进行目标三维重构,以提高重构结果的准确性。针对面元目标模型的 ISAR 图像仿真及三维重构结果表明,实际 ISAR 图像中的散射点提取和关联可能存在一些不可控的误差,限制了三维重构算法的广泛应用。另外,本章对三维重构结果的潜在利用价值进行了研究,发现重构得到的目标运动矩阵可用于序列 ISAR 图像的方位向定标,并提出了两个思路的方位分辨率估计算法。虽然由于三维重构误差,序列 ISAR 图像的方位分辨率估计结果也存在一定的偏差,但其仍具有一定的参考价值。总体上,针对基于序列 ISAR 图像的三维重构问题,本章进行了相应的理论分析、仿真实验,并基于三维重构结果提出了两种 ISAR 图像方位分辨率的估计算法,对实际 ISAR 成像场景下的目标三维重构问题具有一定的指导意义和参考价值。

参 考 文 献

[1] Tomasi C, Kanade T. Shape and motion from image streams under orthography: A factorization method[J]. International Journal of Computer Vision, 1992, 9(2): 137-154.

[2] Morita T, Kanade T. A sequential factorization method for recovering shape and motion from image streams[J]. IEEE Transactions on Pattern Analysis and Machine Intelligence, 1997, 19(8): 858-867.

[3] 吴福朝. 计算机视觉中的数学方法[M]. 北京: 科学出版社, 2008.

[4] Ferrara M, Arnold G, Stuff M. Shape and motion reconstruction from 3D-to-1D orthographically

projected data via object-image relations[J]. IEEE Transactions on Pattern Analysis and Machine Intelligence, 2009, 31(10): 1906-1912.

[5] 王昕, 郭宝锋, 尚朝轩. 基于二维 ISAR 图像序列的雷达目标三维重建方法[J]. 电子与信息学报, 2013, 35(10): 2475-2480.

[6] Ruiz G, Patzelt T, Leushacke L, et al. Autonomous tracking of space objects with the FGAN tracking and imaging radar[C]. Informatik 2006-Informatik für Menschen, Dresden, 2006: 349-353.

[7] Liu L, Zhou F, Bai X R, et al. A modified EM algorithm for ISAR scatterer trajectory matrix completion[J]. IEEE Transactions on Geoscience and Remote Sensing, 2018, 56(7): 3953-3962.

[8] 杨山. 基于 ISAR 图像序列的目标三维重构技术研究[D]. 长沙: 国防科技大学, 2019.

[9] Boag A. A fast physical optics (FPO) algorithm for high frequency scattering[J]. IEEE Transactions on Antennas and Propagation, 2004, 52(1): 197-204.

[10] Chatzigeorgiadis F, Jenn D C. A MATLAB physical-optics RCS prediction code[J]. IEEE Antennas and Propagation Magazine, 2004, 46(4): 137-139.

[11] Garcia-Fernandez A F, Yeste-Ojeda O A, Grajal J. Facet model of moving targets for ISAR imaging and radar back-scattering simulation[J]. IEEE Transactions on Aerospace and Electronic Systems, 2010, 46(3): 1455-1467.

[12] 曹茂永, 郁道银. 高灰度分辨率图像的伪彩色编码[J]. 光学技术, 2002, 28(2): 115-117.

[13] 郭仕剑, 唐鹏飞, 宿绍莹, 等. 实时频谱态势图的生成和伪彩色显示编码方法[J]. 信号处理, 2011, 27(9): 1375-1379.

[14] Liu L, Zhou F, Bai X R, et al. Joint cross-range scaling and 3D geometry reconstruction of ISAR targets based on factorization method[J]. IEEE Transactions on Image Processing, 2016, 25(4): 1740-1750.

第 7 章　多雷达干涉 ISAR 三维成像算法

干涉 ISAR 成像技术从 ISAR 图像的相位中挖掘更多的目标信息,是传统 ISAR 成像技术的一种扩展。本章针对空天目标的干涉 ISAR 成像问题建立系统模型,在此基础上推导散射点坐标和干涉相位之间的定量关系。首先,针对多通道 ISAR 图像的失配问题,本章提出一种基于联合平动补偿的信号层高精度 ISAR 图像配准算法。该算法能够在各雷达通道之间时频非同步的情况下实现较好的配准效果,恢复多通道 ISAR 图像之间的相干性。然后,本章初步研究干涉 ISAR 成像结果的应用价值,提出一种新的 ISAR 图像方位向定标算法。该算法通过建立干涉成像结果和目标 RD 投影结果之间的尺寸关系,以方便地估计出目标在成像累积期间的有效转角,以及 ISAR 图像的多普勒空间指向。最后,本章采用两种目标模型,对干涉 ISAR 成像的信号建模推导、多雷达通道 ISAR 图像配准算法、ISAR 图像方位向定标算法进行验证,通过仿真实验结果以及相应的分析验证相应算法的有效性。

7.1　干涉 ISAR 三维成像的信号模型

本节建立干涉成像系统,并对干涉 ISAR 三维成像进行信号模型和相关公式推导。干涉 ISAR 成像至少需要位置相近的两部雷达或者两个接收天线。双雷达组成的干涉 ISAR 成像系统只能获取一组干涉相位,其三维成像能力有限。特殊情况下,当目标的运动方向和两部雷达之间的基线方向共面时,双站干涉 ISAR 成像系统无法进行三维成像。为了对非合作的空天目标进行有效的三维成像,本节基于三个雷达建立干涉 ISAR 成像系统,如图 7.1 所示。图中 O-XYZ 为雷达坐标系,雷达 A 位于雷达坐标系的原点,雷达 B、雷达 C 的坐标位置分别为 $(X_B, Y_B, 0)$、$(X_C, Y_C, 0)$。不同于文献[1]和[2]中的 L 形干涉 ISAR 成像系统,图 7.1 所示系统的几何结构相对灵活,基线 AB、AC 并不一定保持垂直。

目标几何中心 o 在雷达坐标系中的坐标记为 (X_0, Y_0, Z_0)。以目标中心为原点建立目标坐标系 $o\text{-}xyz$,其三轴和雷达坐标系 $O\text{-}XYZ$ 的三轴保持平行。目标中的散射点 k 在目标坐标系中的坐标为 (x_k, y_k, z_k),则散射点 k 在雷达坐标系中的位置为 $(X_0 + x_k, Y_0 + y_k, Z_0 + z_k)$。散射点 k 到三个雷达的距离分别为

$$\begin{cases} r_{Ak} = \sqrt{\left(X_0 + x_k\right)^2 + \left(Y_0 + y_k\right)^2 + \left(Z_0 + z_k\right)^2} \\ r_{Bk} = \sqrt{\left(X_0 + x_k - X_B\right)^2 + \left(Y_0 + y_k - Y_B\right)^2 + \left(Z_0 + z_k\right)^2} \\ r_{Ck} = \sqrt{\left(X_0 + x_k - X_C\right)^2 + \left(Y_0 + y_k - Y_C\right)^2 + \left(Z_0 + z_k\right)^2} \end{cases} \tag{7.1}$$

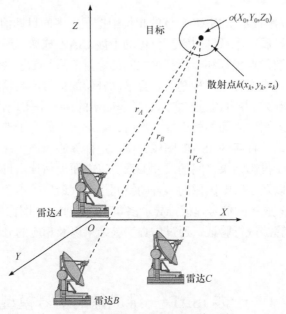

图 7.1　三雷达干涉 ISAR 成像系统

干涉 ISAR 成像系统采用"一发多收"的模式,即雷达 A 发射宽带信号照射目标,三个雷达同时接收目标回波。在去斜接收模式下,雷达 A 接收到的目标一维距离像为

$$S_A(f_n) = \sum_{k=1}^{K} \sigma_k T_p \text{sinc}\left[T_p \left(f_n + 2\frac{\gamma}{c}\Delta r_{Ak} \right) \right] \cdot \exp\left(-\text{j}\frac{4\pi f_c}{c}\Delta r_{Ak} \right) \tag{7.2}$$

式中, f_n 为离散化的距离向频率分布; $\Delta r_{Ak} = r_{Ak} - r_{A\text{ref}}$, $r_{A\text{ref}}$ 为雷达 A 的去斜参考距离。类似地,雷达 B 、雷达 C 接收到的目标一维距离像分别为

$$S_B(f_n) = \sum_{k=1}^{K} \sigma_k T_p \text{sinc}\left[T_p \left(f_n + 2\frac{\gamma}{c}\Delta r_{Bk} \right) \right] \cdot \exp\left(-\text{j}\frac{4\pi f_c}{c}\Delta r_{Bk} \right) \tag{7.3}$$

$$S_C(f_n) = \sum_{k=1}^{K} \sigma_k T_p \text{sinc}\left[T_p \left(f_n + 2\frac{\gamma}{c}\Delta r_{Ck} \right) \right] \cdot \exp\left(-\text{j}\frac{4\pi f_c}{c}\Delta r_{Ck} \right) \tag{7.4}$$

式中, $\Delta r_{Bk} = \dfrac{r_{Ak} + r_{Bk}}{2} - r_{B\text{ref}}$, $\Delta r_{Ck} = \dfrac{r_{Ak} + r_{Ck}}{2} - r_{C\text{ref}}$, $r_{B\text{ref}}$ 、 $r_{C\text{ref}}$ 分别为雷达 B 、

雷达 C 的去斜参考距离。

由于目标的运动，在序列一维距离像中，散射点的相对径向距离 Δr_{Ak}、Δr_{Bk}、Δr_{Ck} 是慢时间维度的变量，分别记为 $\Delta r_{Ak}(t_m)$、$\Delta r_{Bk}(t_m)$、$\Delta r_{Ck}(t_m)$。以雷达 A 为例，散射点的相对径向距离 $\Delta r_{Ak}(t_m)$ 中包含目标的平动分量、转动分量，以及因去斜参考距离 r_{Aref} 的误差而引入的相位量。后者可等效为目标的平动分量，在平动补偿过程中随目标平动分量一并被补偿。在平动补偿后，$\Delta r_{Ak}(t_m)$ 可分解为

$$\Delta r_{Ak}(t_m) = \Delta r_{Ak0} + v_{Ak}t_m \tag{7.5}$$

式中，Δr_{Ak0} 为 $t_m=0$ 时刻散射点 k 和雷达 A 之间的相对距离；v_{Ak} 为目标转动引起的散射点 k 相对雷达 A 的径向速度。对于一幅 ISAR 图像，慢时间 t_m 的取值为 $t_m = m - M/2 \, (m=1,2,\cdots,M)$。因此，$t_m=0$ 对应的是 ISAR 成像累积的中间时刻，而不是开始时刻。将式(7.5)代入式(7.2)中，得到雷达 A 的一维距离像序列为

$$S_A(f_n,t_m) = \sum_{k=1}^{K} \sigma_k T_p \mathrm{sinc}\left[T_p\left(f_n + 2\frac{\gamma}{c}\Delta r_{Ak}(t_m)\right)\right] \cdot \exp\left[-\mathrm{j}\frac{4\pi f_c}{c}(\Delta r_{Ak0} + v_{Ak}t_m)\right] \tag{7.6}$$

式(7.6)表明，散射点尖峰的相位是慢时间 t_m 的单频函数。成像累积期间，默认目标转动分量引起的散射点径向走动较小，不超过一个距离单元，故式(7.6)中 sinc 函数的 $\Delta r_{Ak}(t_m)$ 可近似为常量 Δr_{Ak0}。采用 RD 算法，得到雷达 A 的 ISAR 图像表达式为

$$\begin{aligned} I_A(f_n,f_m) &= \mathrm{FT}_{t_m}\left[S_A(f_n,t_m)\right] \\ &= \sum_{k=1}^{K} \sigma_k T_p T_M \mathrm{sinc}\left[T_p\left(f_n + 2\frac{\gamma}{c}\Delta r_{Ak0}\right)\right] \cdot \mathrm{sinc}\left[T_M\left(f_m + \frac{2v_{Ak}}{c}f_c\right)\right] \cdot \exp\left(-\mathrm{j}\frac{4\pi f_c}{c}\Delta r_{Ak0}\right) \end{aligned} \tag{7.7}$$

式中，f_m 为慢时间 t_m 对应的多普勒频率；T_M 为 M 个回波的累积时间。同理，雷达 B、雷达 C 的 ISAR 图像表达式分别为

$$\begin{aligned} &I_B(f_n,f_m) \\ &= \sum_{k=1}^{K} \sigma_k T_p T_M \mathrm{sinc}\left[T_p\left(f_n + 2\frac{\gamma}{c}\Delta r_{Bk0}\right)\right] \cdot \mathrm{sinc}\left[T_M\left(f_m + \frac{2v_{Bk}}{c}f_c\right)\right] \cdot \exp\left(-\mathrm{j}\frac{4\pi f_c}{c}\Delta r_{Bk0}\right) \end{aligned} \tag{7.8}$$

$$\begin{aligned} &I_C(f_n,f_m) \\ &= \sum_{k=1}^{K} \sigma_k T_p T_M \mathrm{sinc}\left[T_p\left(f_n + 2\frac{\gamma}{c}\Delta r_{Ck0}\right)\right] \cdot \mathrm{sinc}\left[T_M\left(f_m + \frac{2v_{Ck}}{c}f_c\right)\right] \cdot \exp\left(-\mathrm{j}\frac{4\pi f_c}{c}\Delta r_{Ck0}\right) \end{aligned} \tag{7.9}$$

式中，Δr_{Bk0}、Δr_{Ck0} 分别为 $t_m = 0$ 时刻散射点 k 和雷达 B、雷达 C 之间的相对距离；v_{Bk}、v_{Ck} 分别为目标转动引起的散射点 k 相对雷达 B、雷达 C 的径向速度。

上述 ISAR 图像的表达式表明，散射点 k 对应 ISAR 图像中的一个尖峰，尖峰的二维位置分别表征散射点的相对径向距离和相对径向速度。干涉成像系统中各雷达通道之间的距离较近，它们对目标的观测视角几乎相同，因此理论上多个雷达通道的 ISAR 图像几乎一致。经过适当的 ISAR 图像配准处理，散射点 k 在 A、B、C 三个雷达通道 ISAR 图像中的位置相同，仅存在相位差异，提取其相位值为

$$\varphi_{Ak} = -\frac{4\pi f_c}{c}\Delta r_{Ak0}, \quad \varphi_{Bk} = -\frac{4\pi f_c}{c}\Delta r_{Bk0}, \quad \varphi_{Ck} = -\frac{4\pi f_c}{c}\Delta r_{Ck0} \tag{7.10}$$

考虑到"一发多收"模式下，不同雷达接收到的回波存在路程差异，散射点 k 在 A、B、C 三个雷达通道 ISAR 图像中的相对径向距离表达式分别为

$$\begin{cases} \Delta r_{Ak0} = r_{Ak}(t_0) - r_{Aref} \\ \Delta r_{Bk0} = \dfrac{r_{Ak}(t_0) + r_{Bk}(t_0)}{2} - r_{Bref} \\ \Delta r_{Ck0} = \dfrac{r_{Ak}(t_0) + r_{Ck}(t_0)}{2} - r_{Cref} \end{cases} \tag{7.11}$$

式中，$r_{Ak}(t_0)$、$r_{Bk}(t_0)$、$r_{Ck}(t_0)$ 分别为 $t_m = 0$ 时刻散射点 k 到三个雷达的距离。结合式(7.10)、式(7.11)，得到散射点 k 沿 AB 基线、AC 基线方向的干涉相位分别为

$$\begin{cases} \varphi_{\Delta ABk} = \varphi_{Ak} - \varphi_{Bk} = -\dfrac{2\pi f_c}{c}\left[r_{Ak}(t_0) - r_{Bk}(t_0)\right] + \dfrac{2\pi f_c}{c}\left(r_{Aref} - r_{Bref}\right) \\ \varphi_{\Delta ACk} = \varphi_{Ak} - \varphi_{Ck} = -\dfrac{2\pi f_c}{c}\left[r_{Ak}(t_0) - r_{Ck}(t_0)\right] + \dfrac{2\pi f_c}{c}\left(r_{Aref} - r_{Cref}\right) \end{cases} \tag{7.12}$$

式中，干涉相位的第二项来源于不同雷达的去斜参考距离差值，该项相当于散射点坐标的整体偏移，不提供散射点的相对坐标信息，因此可以省略。为了表述方便，暂时省去慢时间变量，散射点 k 的干涉相位可表述为

$$\begin{cases} \varphi_{\Delta ABk} = -\dfrac{2\pi f_c}{c}\left(r_{Ak} - r_{Bk}\right) \\ \varphi_{\Delta ACk} = -\dfrac{2\pi f_c}{c}\left(r_{Ak} - r_{Ck}\right) \end{cases} \tag{7.13}$$

将式(7.1)中散射点 k 到各雷达的距离代入式(7.13)中，得到

$$\begin{cases} \varphi_{\Delta ABk} = -\dfrac{2\pi f_c}{c} \cdot \dfrac{r_{Ak}^2 - r_{Bk}^2}{r_{Ak} + r_{Bk}} = a_k^0 + a_k^1 x_k + a_k^2 y_k \\[3mm] \varphi_{\Delta ACk} = -\dfrac{2\pi f_c}{c} \cdot \dfrac{r_{Ak}^2 - r_{Ck}^2}{r_{Ak} + r_{Ck}} = b_k^0 + b_k^1 x_k + b_k^2 y_k \end{cases} \tag{7.14}$$

式中，系数 a_k^0、a_k^1、a_k^2、b_k^0、b_k^1、b_k^2 的计算公式分别为

$$\begin{cases} a_k^0 = -\dfrac{2\pi f_c \left(-X_B^2 - Y_B^2 + 2X_0 X_B + 2Y_0 Y_B\right)}{c\left(r_{Ak} + r_{Bk}\right)} \\[4mm] a_k^1 = -\dfrac{4\pi f_c X_B}{c\left(r_{Ak} + r_{Bk}\right)} \\[4mm] a_k^2 = -\dfrac{4\pi f_c Y_B}{c\left(r_{Ak} + r_{Bk}\right)} \\[4mm] b_k^0 = -\dfrac{2\pi f_c \left(-X_C^2 - Y_C^2 + 2X_0 X_B + 2Y_0 Y_B\right)}{c\left(r_{Ak} + r_{Ck}\right)} \\[4mm] b_k^1 = -\dfrac{4\pi f_c X_C}{c\left(r_{Ak} + r_{Ck}\right)} \\[4mm] b_k^2 = -\dfrac{4\pi f_c Y_C}{c\left(r_{Ak} + r_{Ck}\right)} \end{cases} \tag{7.15}$$

由于散射点 k 的相对坐标信息 (x_k, y_k, z_k) 未知，式(7.15)中散射点到雷达的距离 r_{Ak}、r_{Bk}、r_{Ck} 无法通过式(7.1)计算得到。研究发现，从另一个思路，散射点 k 到雷达的距离可分解为以下两部分：

(1) 目标几何中心到各雷达的距离，该距离可通过目标几何中心坐标、各雷达的坐标计算得到。

(2) 散射点 k 在 ISAR 图像中的相对径向位置，该位置可通过对 ISAR 图像进行距离向定标得到。

因此，散射点 k 到三个雷达的距离可近似为

$$\begin{cases} r_{Ak} \approx r_k + r_A, & r_A = \sqrt{X_0^2 + Y_0^2 + Z_0^2} \\[2mm] r_{Bk} \approx r_k + r_B, & r_B = \sqrt{\left(X_0 - X_B\right)^2 + \left(Y_0 - Y_B\right)^2 + Z_0^2} \\[2mm] r_{Ck} \approx r_k + r_C, & r_C = \sqrt{\left(X_0 - X_C\right)^2 + \left(Y_0 - Y_C\right)^2 + Z_0^2} \end{cases} \tag{7.16}$$

式中，r_k 为散射点 k 在配准后 ISAR 图像中的距离向坐标。需要注意的是，ISAR 成像累积期间目标在雷达坐标系中的位置不断变化。根据式(7.12)中干涉相位对慢时间选取的要求，需要将式(7.16)中目标的坐标位置替换为 $(X_0(t_0), Y_0(t_0), Z_0(t_0))$，即 t_0 时刻目标几何中心的坐标。式(7.16)中的近似公式充分利用了目标在

雷达坐标系中 $t_m = 0$ 的位置信息和散射点在 ISAR 图像中的距离坐标信息，能够在散射点坐标未知的情况下获得散射点相对雷达的径向距离。值得注意的是，采用式(7.16)的近似处理，虽然 r_A、r_B、r_C 可能存在一定的偏差，但引入散射点相对径向距离信息 r_k，r_{Ak}、r_{Bk}、$r_{Ck}(k = 1,2,\cdots,K)$ 之间相对大小关系是准确的。这种相对大小关系对获取式(7.15)中准确的系数值非常重要。

式(7.14)～式(7.16)表明，散射点 k 的相对坐标 (x_k, y_k) 和干涉相位 $\varphi_{\Delta ABk}$、$\varphi_{\Delta ACk}$ 之间是线性方程组的关系。求解该方程组除了必要的数学计算过程，还需要以下信息：

(1) 三个雷达在雷达坐标系中的坐标信息，此为已知量。

(2) 成像期间，目标在雷达坐标系中的位置信息，可根据目标的方位角、俯仰角和测距信息计算得到。

(3) 散射点 k 在配准后 ISAR 图像中的距离向坐标，可通过 ISAR 图像距离向定标和散射点位置提取得到。

以上三方面的信息为已知量，或者可在成像观测的过程中测量得到。对式(7.14)中的方程组进行求解，得到散射点相对坐标的估计值如下：

$$\hat{x}_k = \frac{b_k^2\left(\varphi_{\Delta ABk} - a_k^0\right) - a_k^2\left(\varphi_{\Delta ACk} - b_k^0\right)}{a_k^1 b_k^2 - a_k^2 b_k^1}, \quad \hat{y}_k = \frac{b_k^1\left(\varphi_{\Delta ABk} - a_k^0\right) - a_k^1\left(\varphi_{\Delta ACk} - b_k^0\right)}{a_k^2 b_k^1 - a_k^1 b_k^2}$$

$$(7.17)$$

式(7.15)～式(7.17)为从干涉相位中解算散射点相对坐标的计算算法。由于干涉成像系统中两个干涉基线的非垂直几何关系，散射点在 x 轴、y 轴方向的相对坐标是两个基线方向上干涉相位的线性组合。本小节提出的这种散射点相对坐标解算算法不仅适用于干涉基线非垂直的情况，也适用于斜视观测的情况。对于目标斜视观测引起干涉相位失真的问题[2-5]，本节在式(7.16)中引入了散射点的相对径向位置信息，能够通过系数 a_k^0、$b_k^0(k=1,2,\cdots,K)$ 隐含地补偿干涉相位失真，不需要额外的迭代补偿过程。另外，需要注意式(7.17)中使用的系数 a_k^0、b_k^0 不是根据式(7.15)直接计算得到的值，而是除去了其均值的相对大小值，即 $a_k^0 = a_k^0 - \frac{1}{K}\sum_{k=1}^{K} a_k^0$、$b_k^0 = b_k^0 - \frac{1}{K}\cdot\sum_{k=1}^{K} b_k^0$。

在获得散射点二维坐标 $(\hat{x}_k, \hat{y}_k)$ 的基础上，可通过式(7.18)获取散射点在 z 轴方向的坐标：

$$\hat{z}_k = \frac{r_k - \hat{x}_k l_x - \hat{y}_k l_y}{l_z}$$

$$(7.18)$$

式中，(l_x, l_y, l_z) 为 ISAR 图像距离向的单位向量，它可以根据 $t_m = 0$ 时刻的目标方位角、俯仰角信息计算得到。注意，$t_m = 0$ 时刻是 ISAR 成像中序列回波累积的中间时刻。

总体上，本节建立的干涉 ISAR 成像系统不要求干涉基线保持垂直，几何结构更加灵活；能够在干涉相位解算的过程中隐含地补偿斜视观测引起的干涉相位失真，不需要额外的迭代补偿过程，更加方便高效。

7.2　多雷达通道 ISAR 图像配准算法

7.2.1　多雷达通道 ISAR 图像失配来源

干涉 ISAR 成像技术可看成对多站雷达 ISAR 图像进行相位层面的融合，进而获取目标的三维信息，因此它对 ISAR 图像之间的相干性要求非常高。虽然理论上由于各雷达位置相近，而且同时接收目标回波，获得的多通道 ISAR 图像之间存在很高的相干性，但是由于实际中各种非理想条件的限制，不同雷达通道获得的目标 ISAR 图像之间往往存在明显差异，即存在 ISAR 图像失配问题。考虑到干涉成像系统的几何结构和多通道目标回波数据的接收、处理过程，ISAR 图像失配的来源大致可归类为以下方面：

(1) 不同雷达通道的位置差异导致的 ISAR 图像失配。由于干涉成像系统中各雷达的位置不同，在相同的观测时间内，目标和不同雷达之间的相对运动存在微小差异，该差异可能会导致 ISAR 图像方位向的失配。文献[6]和[7]中系统性地研究了该问题，并提出了基于角运动参数估计的算法来实现 ISAR 图像配准。文献[8]和[9]中的配准算法也是针对这种 ISAR 图像失配的补偿。

(2) 各雷达通道之间的时频不同步导致的 ISAR 图像失配。干涉 ISAR 成像的理想条件是，各雷达或者各天线通道能够以相同的参数同时接收目标回波，回波在不同雷达通道的相对时延一致，平动补偿过程中各通道回波的补偿参数基本相同。实现该条件的基础是各接收通道具备良好的时频同步。小型干涉 ISAR 成像系统的各接收通道使用统一的频率源工作，能够实现良好的时频同步；对远距离的空间目标进行干涉 ISAR 成像需要多部大型雷达，各雷达通常以各自的频率源工作，难以实现精准的时频同步。各雷达通道之间的时频不同步可能导致 ISAR 图像在距离、方位两个方向的失配。文献[10]中采用互相关算法搜索两幅 ISAR 图像之间的最佳偏移，进而实现配准。这种算法将失配量简化为两幅 ISAR 图像之间的整体偏移，不够准确，不能适应现实中复杂的失配情况。

(3) 各雷达通道独立地平动补偿剩余误差引起的失配。干涉成像系统中的各雷达通道均需要对回波进行平动补偿以获取目标 ISAR 图像。在雷达通道之间存在时频同步误差的情况下，平动补偿一般需要各自独立进行。平动补偿的两个步骤，即包络对齐和相位自聚焦都是数据驱动型的算法，它们的最终结果在一定程度上受到数据本身特性的影响，如文献[11]中对相位自聚焦算法的分析。因此，实际中的 ISAR 图像总是存在平动补偿剩余误差。由于各雷达通道序列回波质量的差异，独立的平动补偿操作可能会导致各通道 ISAR 图像中存在不同的剩余误差量，进而引起失配。

(4) 不同雷达通道的信号质量差异导致的失配。各雷达通道可能在天线尺寸、硬件电路等方面存在差异，导致它们接收到的目标回波存在信噪比、幅相失真等方面的不同，即信号质量不同。这种信号质量差异在数据驱动型平动补偿过程的作用下，会导致各通道 ISAR 图像之间复杂的失配量。作者认为，信号质量差异也是导致文献[10]中基于互相关的 ISAR 图像配准算法在实际干涉 ISAR 成像实验中效果不佳的主要原因。

在对远距离空间目标进行干涉 ISAR 成像时，以上四种失配因素均会在一定程度上影响多通道 ISAR 图像之间的相干性，其中主要的影响因素是上述的(2)、(3)。由于空间目标的距离可达几百甚至上千千米，需要具备大型天线的复杂雷达系统才能对目标进行有效观测，对应的干涉基线长度为几百米甚至上千米量级。大型雷达系统构成复杂，不同雷达之间难以采用统一的频率源进行工作。实际中各雷达一般以时钟同步的方式实现对目标回波的同时接收。在去斜接收模型下，各雷达使用独立的去斜参考距离，导致不同雷达通道的回波相对时延不同，即多通道一维距离像存在距离向的失配。另外，不同雷达通道在天线孔径、信号接收系统等方面的差异，导致多通道回波的信噪比、幅相失真等方面存在不同。这些因素均导致空间目标多通道 ISAR 图像之间存在复杂的失配量，配准较为困难。

要实现多个雷达通道 ISAR 图像的配准，关键在于充分利用多通道目标回波之间的一致性，同时尽可能地消除差异性。在干涉成像系统中，各雷达通道之间的距离较近，它们对目标的观测视角几乎相同，且同时接收目标回波。因此，除回波路程的差异外，理论上各雷达通道接收到的回波所包含的目标信息相同，反映在一维距离像中，各雷达通道的一维距离像包络理论上非常相似，它们之间的一致性或者相关性很高。利用多通道目标回波之间固有的一致性，能够克服时频不同步等不利条件的影响，进而实现多雷达通道 ISAR 图像的配准。基于这种思路，本节提出一种基于联合平动补偿的信号层 ISAR 图像配准算法。

7.2.2　基于联合平动补偿的信号层 ISAR 图像配准

针对雷达通道之间时频同步误差造成的 ISAR 图像失配问题，本节提出一种基于联合平动补偿的信号层 ISAR 图像配准算法，其中两个雷达通道之间序列回波配准操作的基本原理如图 7.2 所示。该算法挑选其中一个雷达通道(如雷达 A)的目标回波独立完成平动补偿过程，该通道的数据作为参考模板用于其他雷达通道

(如雷达 B)回波的平动补偿。在联合平动补偿的过程中，雷达 B 的每个一维距离像以相同时刻下雷达 A 的一维距离像为参考进行距离对齐和相位校正。图 7.2 中 $\Delta r(t_m)$、$\Delta\varphi(t_m)(m=1,2,\cdots,M)$ 分别表示在不同慢时间雷达 A 和雷达 B 的一维距离像之间的距离偏移量、相位偏移量。平动补偿算法包含联合包络对齐和联合相位补偿两个步骤，它们分别实现两个雷达通道 ISAR 图像在距离、方位两个方向上的配准。下面详细阐述联合包络对齐和联合相位补偿算法的原理和操作步骤。

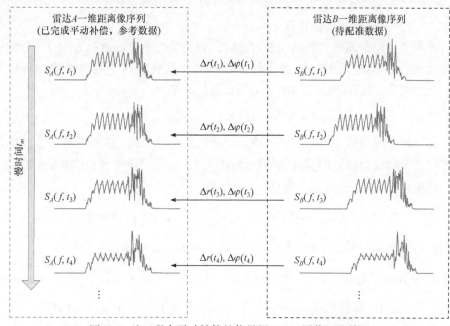

图 7.2　基于联合平动补偿的信号层 ISAR 图像配准算法

1. 联合包络对齐

　　联合包络对齐操作估计两个雷达通道对应回波之间的相对距离偏移量 $\Delta r(t_m)(m=1,2,\cdots,M)$ ，而后对雷达 B 一维距离像进行平移，以实现两个通道之间的一维距离像包络对齐。记参考通道雷达 A 的第 m 个一维距离像为

$$S_A(f_n,t_m)=\sum_{k=1}^{K}\sigma_k T_p\,\mathrm{sinc}\left\{T_p\left[f_n+2\frac{\gamma}{c}\Delta r_{Ak}(t_m)\right]\right\}\cdot\exp\left[-\mathrm{j}\frac{4\pi f_c}{c}\Delta r_{Ak}(t_m)\right] \quad (7.19)$$

假设式(7.19)中的一维距离像已完成平动补偿。雷达 B 的第 m 个一维距离像为

$$S_B(f_n,t_m)=\sum_{k=1}^{K}\sigma_k T_p\,\mathrm{sinc}\left\{T_p\left[f_n+2\frac{\gamma}{c}\Delta r_{Bk}(t_m)\right]\right\}\cdot\exp\left[-\mathrm{j}\frac{4\pi f_c}{c}\Delta r_{Bk}(t_m)\right] \quad (7.20)$$

理论上， $S_A(f_n,t_m)$ 和 $S_B(f_n,t_m)$ 来自相同的目标回波，它们之间的包络相似

程度很高。由于两个通道之间的时频同步误差、去斜参考距离差等因素的影响，$\Delta r(t_m) = \Delta r_{Ak}(t_m) - \Delta r_{Bk}(t_m) \neq 0$，$S_A(f_n, t_m)$ 和 $S_B(f_n, t_m)$ 中目标包络的相对位置不同。

联合包络对齐采用传统的互相关算法估计两个雷达通道一维距离像之间的包络位置差。借助傅里叶变换，两个离散一维距离像的相关系数序列的计算公式为

$$\mathrm{Cor}(n) = \mathrm{IFT}\Big[\mathrm{FT}_n\big(|S_A(f_n, t_m)|\big) \odot \mathrm{FT}_n\big(|S_B(f_n, t_m)|\big) \Big] \tag{7.21}$$

式中，"$\odot$" 表示对应的点相乘。

当两个一维距离像的包络完全对齐时，相关系数序列 $\mathrm{Cor}(n)(n = 1, 2, \cdots, N)$ 中的最大值出现在序列中间位置。若实际中相关系数序列中的最大值位置记为 $n_{\max}$，则两个一维距离像之间的包络偏移量估计值为

$$\Delta \hat{r}(t_m) = n_{\max} - N/2 \tag{7.22}$$

在计算相关系数序列之前对一维距离像进行插值处理，能够提高 $\Delta \hat{r}(t_m)$ 的估计精度。下面根据包络偏移量的估计值 $\Delta \hat{r}(t_m)$，采用傅里叶变换的算法对雷达 B 的一维距离像 $S_B(f_n, t_m)$ 进行平移，公式如下：

$$S_{\mathrm{B\_aligned}}(f_n, t_m) = \mathrm{IFT}\Big\{ \mathrm{FT}_n\big[S_B(f_n, t_m) \big] \odot \exp\big[\mathrm{j}2\pi V \Delta \hat{r}(t_m) \big] \Big\} \tag{7.23}$$

式中，向量 V 满足 $V(n) = (n-1)/N\,(n = 1, 2, \cdots, N)$。

2. 联合相位补偿

联合平动补偿可以通过两种算法来实现，分别为联合相位自聚焦算法和联合多普勒中心跟踪(Doppler centroid tracking, DCT)算法。前者是基于传统的最小熵相位自聚焦算法的改进；后者是基于传统的 DCT 算法的改进。实测数据表明，两种算法均能实现多雷达通道 ISAR 图像的配准，它们的配准精度相当。联合相位自聚焦算法的计算过程较为复杂，原理较为抽象；联合 DCT 算法的计算过程较为简便，其原理也更加直观清晰。下面分别对这两种算法进行说明。

1) 联合相位自聚焦算法

联合相位自聚焦算法的基本思路是：将雷达 A 的 ISAR 图像数据应用到雷达 B 序列一维距离像的平动相位迭代补偿过程，使得雷达 B 的 ISAR 成像结果逐步逼近雷达 A 的 ISAR 图像，进而实现配准。记雷达 B 序列一维距离像的平动相位补偿值为 $\tilde{\theta}(m)(m = 1, 2, \cdots, M)$，雷达 A 的 ISAR 图像矩阵记为 $I_A(n, m)$。根据最小熵相位自聚焦算法的推导过程[12]，对雷达 B 的一维距离像序列 $S_{\mathrm{B\_aligned}}(f_n, t_m)$ 进行联合相位自聚焦，具体的操作步骤如下：

(1) 初始化相位补偿序列 $\tilde{\theta}(m) = 0(m = 1, 2, \cdots, M)$。

(2) 对雷达 B 的序列一维距离像进行平动相位补偿, 公式为

$$\tilde{S}_{\text{B\_comp}}(f_n,t_m) = S_{\text{B\_aligned}}(f_n,t_m)\cdot\exp\big(j\tilde{\theta}(m)\big), \quad m=1,2,\cdots,M \tag{7.24}$$

(3) 对 $\tilde{S}_{\text{B\_comp}}(f_n,t_m)$ 进行方位向傅里叶变换, 得到雷达 B 的临时 ISAR 图像 $\tilde{I}_B(n,m)$。

(4) 构造矩阵 $\ln\big[|I_A(n,m)|\big]\cdot\tilde{I}_B^*(n,m)(n=1,2,\cdots,N;m=1,2,\cdots,M)$, 并进行方位向傅里叶变换, 公式为

$$D(n,m) = \sum_{k=1}^{M}\ln\big[|I_A(n,k)|\big]\cdot\tilde{I}_B^*(n,k)\cdot\exp\left[-j\frac{2\pi}{M}(k-1)(m-1)\right] \tag{7.25}$$

(5) 构造矩阵 $D(n,m)\cdot S_{\text{B\_aligned}}(f_n,t_m)(n=1,2,\cdots,N;m=1,2,\cdots,M)$, 并对矩阵的列向量进行求和, 公式为

$$w(m) = \sum_{n=1}^{N}D(n,m)\cdot S_{\text{B\_aligned}}(f_n,t_m) \tag{7.26}$$

(6) 更新平动补偿相位, 公式为

$$\tilde{\theta}(m) = \text{angle}\big[w(m)\big], \quad m=1,2,\cdots,M \tag{7.27}$$

(7) 判断是否满足迭代终止条件。若满足, 则停止迭代, 输出 $\tilde{\theta}(m)$ 作为最终的平动相位补偿序列; 若不满足, 则跳转到步骤(2)。

上述步骤中的迭代终止条件通常包括两种: 一种是当算法达到预设的迭代次数后, 终止迭代; 另一种是当雷达 B 的临时 ISAR 图像 $\tilde{I}_B(n,m)$ 的熵值不再下降时, 停止迭代。联合相位自聚焦算法区别于传统相位自聚焦算法的关键在于, 式(7.25)中原本 $|\tilde{I}_B(n,k)|$ 的位置被替换为 $|I_A(n,k)|$。通过这种方式, 在相位迭代更新的过程中, $\tilde{I}_B$ 逐步逼近 I_A, 进而实现两个雷达通道 ISAR 图像的有效配准。

2) 联合 DCT 算法

联合 DCT 算法是在多雷达通道 ISAR 成像的场景下, 对传统 DCT 算法的改进。首先说明传统 DCT 算法的工作原理。单站雷达二维 ISAR 成像场景下传统 DCT 算法原理如图 7.3 所示。理论上, 传统 DCT 算法用于补偿目标在相邻回波之间距离差导致的相位差。距离差如图 7.3 中的括号标注所示。精确地说, 由于目标运动, 目标在相邻回波中还存在微小的姿态变化。传统 DCT 算法忽略了目标的姿态变化, 因此该算法得到的平动相位是最大后验概率估计值。对于包络对齐后的序列一维距离像, 采用传统 DCT 算法估计第 m 个回波的平动相位, 公式为

$$\tilde{\theta}(m) = \text{angle}\left[\sum_{n=1}^{N}S_{\text{B\_aligned}}(f_n,t_{m-1})\cdot S_{\text{B\_aligned}}^*(f_n,t_m)\right], \quad m=2,3,\cdots,M \tag{7.28}$$

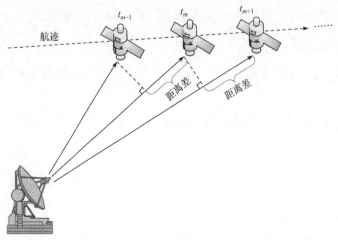

图 7.3　单站雷达 ISAR 成像场景下传统 DCT 算法原理

对于序列中的第一个回波，其平动补偿相位 $\tilde{\theta}(1)=0$。在获取平动补偿相位后，可根据式(7.24)实现针对一维距离像的平动相位补偿。传统 DCT 算法的补偿效果明显，且算法简单，运算量小，在实际 ISAR 成像系统，特别是实时 ISAR 成像系统中得到广泛应用[13]。

传统 DCT 算法是一种时间相邻的脉间相位补偿算法。受此启发，本书将传统 DCT 算法扩展到空间相邻的脉间相位补偿问题中，提出了联合 DCT 算法。联合 DCT 算法的基本原理是：估计并补偿多通道目标回波中因目标相对不同雷达的距离差而导致的相位差异。在同时刻下，目标到不同雷达通道的距离差如图 7.4 中的括号标注所示。以平动补偿后的雷达 A 一维距离像序列为参考，估计雷达 B 一维距离像的平动相位，公式为

$$\tilde{\theta}(m)=\mathrm{angle}\left[\sum_{n=1}^{N}S_A(f_n,t_m)\cdot S_{\mathrm{B\_aligned}}^{*}(f_n,t_m)\right],\quad m=1,2,\cdots,M \tag{7.29}$$

值得注意的是，干涉成像系统中不同雷达通道之间的距离较近，它们对目标的观测视角几乎相同。在同一时刻下，可认为目标相对不同雷达通道的姿态相同。因此，不同于传统 DCT 算法中的最大后验估计，式(7.29)中的估计相位可视为准确值。在获取雷达 B 一维距离像序列的补偿相位后，根据式(7.24)完成相应的平动相位补偿。另外需要说明的是，式(7.29)中的相位估计值不仅包含图 7.4 所示距离差导致的相位量，也包含 A、B 两个雷达的去斜参考距离差异导致的相位量。联合 DCT 算法能够恢复多通道一维距离像之间的相干性，进而保证多通道 ISAR 图像之间的相干性。

在多雷达通道 ISAR 图像配准的过程中，除了联合平动补偿，相应的径向速度补偿操作也需要在各雷达通道之间保持一致。空间目标往往运动速度较大，其宽带回波需要进行径向速度补偿。由于多雷达通道之间的距离较近，理论上目标相对各雷达通道的径向速度相同，实际中，各雷达通道得到的目标测距值可能存在一定差异。在这种情况下，可对三个雷达通道的目标测距值求平均，将速度均值用于同时刻三个雷达通道目标回波的径向速度补偿。采用这种方式，即便速度均值仍存在误差，速度补偿后三个雷达通道回波的误差量也是一致的，从而能够保证各雷达通道回波之间的一致性。

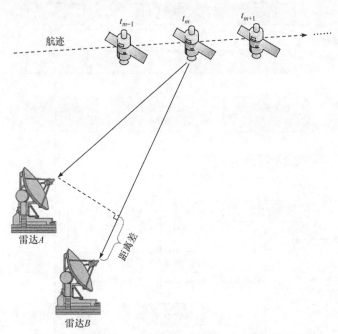

图 7.4　多站雷达 ISAR 成像场景下联合 DCT 算法原理

将基于联合平动补偿的 ISAR 图像配准算法应用到三雷达干涉 ISAR 成像系统，总体的回波处理流程如图 7.5 所示。值得说明的是，采用本节提出的 ISAR 图像配准算法，雷达 B、雷达 C 的一维距离像序列在配准过程中就实现了平动相位补偿，不需要额外的平动补偿操作。另外，采用联合包络对齐+联合 DCT 算法实现 ISAR 图像配准，是针对逐个回波的操作过程。具体来说，雷达 B 的每个一维距离像，从幅值和相位两方面分别向相同时刻下的雷达 A 一维距离像进行逼近。这种回波层面的 ISAR 图像配准算法显然比图像层面的配准算法[10]更加准确、灵活。本节提出的 ISAR 图像配准算法适用于各雷达通道之间存在时频同步误差的情况。联合平动补偿算法的核心原理是：同时接收的多雷达通道回波之间存在很高的一致性。理论上，只要干涉成像系统中的各雷达通道能够同时接收目标回波，就能够采用联合平动补偿算法实现多通道 ISAR 图像的配准。总体上，本节提出的多通道 ISAR 图像配准算法降低了对雷达通道之间时频同步的要求，使得针对远距离空间目标的干涉 ISAR 成像更加贴近工程实际应用。

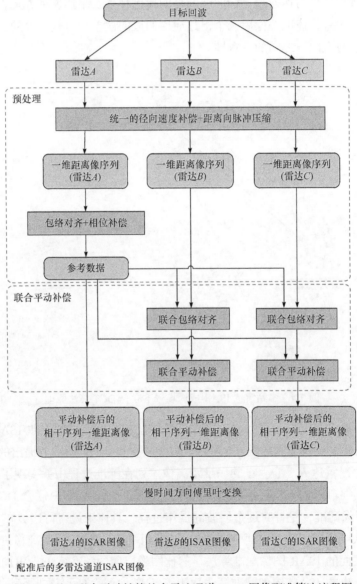

图 7.5　基于联合平动补偿的多雷达通道 ISAR 图像配准算法流程图

7.3　基于干涉成像技术的 ISAR 图像定标算法

方位向定标是 ISAR 成像研究中的重要问题之一。ISAR 图像的方位分辨率取决于发射信号载频和目标的有效转角，因此方位向定标通常也被转换为目标有效转角的估计问题，或者目标有效转动角速度的估计问题。在干涉 ISAR 成像的场景下，通过多雷达通道 ISAR 图像的融合能够获取目标的三维图像，同时给 ISAR 图像方位向定标问题提供新的解决思路。文献[14]基于干涉 ISAR 成像技术对方位向定标问题进行了初步探讨，其研究思路是：直接建立干涉相位和目标有效转动角速度之间的关系，原理上较为抽象，也没有考虑目标斜视观测等现实因素。相比于单站雷达 ISAR 图像，多雷达通道 ISAR 图像带来的目标信息增量，理论上能够用于目标有效转角的估计。不同于文献[14]中的分析思路，本节着重分析干涉 ISAR 成像结果和目标有效转动角速度之间的关系，在此基础上提出一种新的 ISAR 图像方位向定标算法。相比于文献[14]中的算法，新算法的原理更加清晰，适用于一般的干涉 ISAR 成像场景，包括雷达基线不垂直和斜视观测的情况。下面详细说明该算法的原理与操作步骤。

经过干涉成像处理，干涉相位中的目标信息被转换到散射中心的三维点云分布中。此时，已知信息包括以下三方面：

(1) 干涉得到的散射点三维分布信息，尺寸已知。

(2) 干涉 ISAR 成像系统的几何信息，包括雷达位置、目标在雷达坐标系中的位置、雷达相对目标的观测视角。

(3) 目标在 RD 平面上的投影，距离向尺寸已知，多普勒向尺寸未知。

ISAR 图像定标问题的核心在于，建立目标三维点云分布和二维 RD 投影 (ISAR 图像)之间的尺寸关系。首先需要建立 ISAR 图像坐标系 $o\text{-}ruv$，如图 7.6(a) 所示。ISAR 图像坐标系的原点位于目标几何中心 o，r 表示距离方向向量，u 表示多普勒方向向量，r 和 u 构成的平面为 RD 投影平面，即 ISAR 图像所在平面，如图 7.6(a)RD 投影平面所示。向量 v 为 RD 成像平面的法向量，r、u、v 之间相互垂直。向量 r 可根据目标在 ISAR 成像累积中间时刻的方位角、俯仰角信息计算得到。由于目标的非合作运动特性，u 和 v 通常未知，无法直接将目标坐标系中的散射点 $(\hat{x}_k, \hat{y}_k, \hat{z}_k)(k=1,2,\cdots,K)$ 转换到 ISAR 图像坐标系中。为了实现从目标坐标系到 ISAR 图像坐标系的转换，需要借助中间坐标系 $o\text{-}ru'v'$，向量 u'、v' 的方向如图 7.6(a)所示。中间坐标系 $o\text{-}ru'v'$ 为正交直角坐标系，r 轴和 ISAR 图像坐标系的 r 轴重合；$o\text{-}u'v'$ 平面和 ISAR 图像坐标系的 $o\text{-}uv$ 平面共面。u' 和 u 之间的夹角记为 ϕ。注意，u'、v' 的选择不是固定的，只需要保持与 r 的垂直关系。可通过以下方式确定中间坐标系 $o\text{-}ru'v'$ 三轴的单位向量：

(1) 计算距离向量 r。根据 ISAR 成像原理，ISAR 图像的距离向方向向量取决于成像累积中间时刻的目标方位角 θ_{Azimuth}、俯仰角 θ_{Pitch}，计算公式为

$$r = \begin{bmatrix} \sin(\theta_{\text{Azimuth}})\cos(\theta_{\text{Pitch}}) \\ \cos(\theta_{\text{Azimuth}})\cos(\theta_{\text{Pitch}}) \\ \sin(\theta_{\text{Pitch}}) \end{bmatrix} \tag{7.30}$$

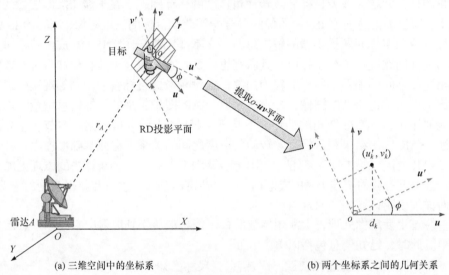

(a) 三维空间中的坐标系　　　　　　　　　　(b) 两个坐标系之间的几何关系

图 7.6　干涉成像系统中的 ISAR 图像坐标系

(2) 确定单位向量 u'。为保证 u' 和 r 之间的垂直关系，需要借助参考向量 v_{ref} 和向量进行叉乘运算。取参考向量 $v_{\text{ref}} = \begin{bmatrix} 0 & 0 & 1 \end{bmatrix}^{\text{T}}$。注意：$v_{\text{ref}}$ 的取值不固定，它和 r 之间为非平行关系即可。通过式(7.31)计算得到单位向量 u'，其中，"×" 表示向量叉乘运算。

$$u' = \frac{r \times v_{\text{ref}}}{|r \times v_{\text{ref}}|} \tag{7.31}$$

(3) 确定单位向量 v'。此时，向量 r、u' 已知，根据 r、u'、v' 之间的相互垂直关系，向量 v' 计算公式为

$$v' = r \times u' \tag{7.32}$$

记目标坐标系 $o\text{-}xyz$ 中的三维点云矩阵为 C_{xyz}，它的构成为

$$C_{xyz} = \begin{bmatrix} \hat{x}_1 & \hat{y}_1 & \hat{z}_1 \\ \hat{x}_2 & \hat{y}_2 & \hat{z}_2 \\ \vdots & \vdots & \vdots \\ \hat{x}_K & \hat{y}_K & \hat{z}_K \end{bmatrix} \tag{7.33}$$

　　由于 $o\text{-}ru'v'$ 的三轴已知，可以将 $\boldsymbol{C}_{xyz}$ 先转换到中间坐标系 $o\text{-}ru'v'$ 中，记转换后的三维点云矩阵为 $\boldsymbol{C}_{ru'v'}$ ，则有

$$\boldsymbol{C}_{ru'v'} = \boldsymbol{C}_{xyz} \cdot \begin{bmatrix} \boldsymbol{r} & \boldsymbol{u}' & \boldsymbol{v}' \end{bmatrix} \overset{\text{def}}{=\!=} \begin{bmatrix} r_1 & u_1' & v_1' \\ r_2 & u_2' & v_2' \\ \vdots & \vdots & \vdots \\ r_k & u_k' & v_k' \\ \vdots & \vdots & \vdots \\ r_K & u_K' & v_K' \end{bmatrix} \overset{\text{def}}{=\!=} \begin{bmatrix} \boldsymbol{c}_r & \boldsymbol{c}_{u'} & \boldsymbol{c}_{v'} \end{bmatrix} \tag{7.34}$$

式中，(r_k, u_k', v_k') 为第 k 个散射点在坐标系 $o\text{-}ru'v'$ 中的坐标；$\boldsymbol{c}_r$、$\boldsymbol{c}_{u'}$、$\boldsymbol{c}_{v'}$ 分别为矩阵 $\boldsymbol{C}_{ru'v'}$ 的三个列向量。经过坐标转换，能够更加方便地建立散射点坐标和 RD 投影之间的尺寸关系。

　　下面建立散射点的多普勒值和 u_k'、v_k' 坐标之间的定量关系。为了更加直观地描述 $o\text{-}ru'v'$ 坐标系和 $o\text{-}ruv$ 坐标系之间的几何关系，将图 7.6(a)中向量 $\boldsymbol{u}$、$\boldsymbol{v}$、$\boldsymbol{u}'$、$\boldsymbol{v}'$ 所在的平面抽取出来，如图 7.6(b)所示。第 k 个散射点的方位向多普勒记为 d_k，它表征散射点在 $\boldsymbol{u}$ 方向的投影位置，其大小受到目标有效转动角速度、信号波长和散射点方位向坐标的共同影响。经过坐标系转换，散射点 k 在 $o\text{-}u'v'$ 空间中的坐标位置为 (u_k', v_k')，如图 7.6(b)所示。将垂直于 $\boldsymbol{r}$ 的目标有效转动角速度记为 Ω_{eff}，记发射信号载频波长为 λ_c。根据图 7.6(b)中坐标系之间的几何关系和多普勒的定义，得到散射点多普勒的计算公式为

$$d_k = \frac{2\Omega_{\text{eff}}(u_k' \cos\phi - v_k' \sin\phi)}{\lambda_c}, \quad k = 1, 2, \cdots, K \tag{7.35}$$

　　可以看出，K 个散射点的多普勒值 d_k 和 u_k'、v_k' 坐标构成一个方程组，其中包含两个未知量，分别为角速度 Ω_{eff} 和角度 ϕ。

　　K 个散射点的多普勒值构成向量 $\boldsymbol{d} = \begin{bmatrix} d_1 & d_2 & \cdots & d_K \end{bmatrix}^{\text{T}}$，记系数 $\alpha_1 = \dfrac{2\Omega_{\text{eff}}\cos\phi}{\lambda_c}$、$\alpha_2 = -\dfrac{2\Omega_{\text{eff}}\sin\phi}{\lambda_c}$，则式(7.35)可转换为如下的矩阵形式：

$$\boldsymbol{d} = \boldsymbol{C}_{u'v'} \begin{bmatrix} \alpha_1 \\ \alpha_2 \end{bmatrix} \tag{7.36}$$

式中，$\boldsymbol{C}_{u'v'} = \begin{bmatrix} \boldsymbol{c}_{u'} & \boldsymbol{c}_{v'} \end{bmatrix}$。根据最小二乘准则估计系数 α_1、α_2，公式为

$$\begin{bmatrix} \hat{\alpha}_1 \\ \hat{\alpha}_2 \end{bmatrix} = \left(\boldsymbol{C}_{u'v'}^{\text{T}} \cdot \boldsymbol{C}_{u'v'} \right)^{-1} \boldsymbol{C}_{u'v'}^{\text{T}} \boldsymbol{d} \tag{7.37}$$

进而得到目标有效转动角速度的估计值为

·198· 宽带逆合成孔径雷达高分辨成像技术

$$\hat{\Omega}_{\text{eff}} = \frac{\lambda_c}{2}\sqrt{\hat{\alpha}_1^2 + \hat{\alpha}_2^2} \tag{7.38}$$

式中，$\hat{\Omega}_{\text{eff}}$ 的单位为 rad/s。由于 $\cos^2\phi + \sin^2\phi = 1$ 对于任何 ϕ 均成立，故参数 ϕ 和目标的有效转动角速度 $\hat{\Omega}_{\text{eff}}$ 无关。这也从侧面说明，前面的参考向量 $\boldsymbol{v}_{\text{ref}}$ 不是固定的，不同的参考向量 $\boldsymbol{v}_{\text{ref}}$ 不会影响目标有效转动角速度 $\hat{\Omega}_{\text{eff}}$。结合 ISAR 成像的回波累积时间 T_M，得到目标的有效转角为 $\hat{\Omega}_{\text{eff}}T_M$，单位为 rad。ISAR 图像方位分辨率的估计值为

$$\rho_u = \frac{\lambda_c}{2\hat{\Omega}_{\text{eff}}T_M} \tag{7.39}$$

根据式(7.37)得到的系数估计值，得到角度 ϕ 的估计值为

$$\hat{\phi} = \arctan\left(-\frac{\hat{\alpha}_2}{\hat{\alpha}_1}\right) \tag{7.40}$$

在获取参数 $\hat{\phi}$ 后，根据图 7.6(b)中向量之间的几何关系，计算得到向量 $\boldsymbol{u}$、$\boldsymbol{v}$ 为

$$\begin{cases} \boldsymbol{u} = \boldsymbol{u}'\cos\hat{\phi} - \boldsymbol{v}'\sin\hat{\phi} \\ \boldsymbol{v} = \boldsymbol{u}'\sin\hat{\phi} + \boldsymbol{v}'\sin\hat{\phi} \end{cases} \tag{7.41}$$

至此，目标的有效转角、ISAR 图像方位向的具体指向估计完成。

根据前面的分析过程，基于干涉成像结果对 ISAR 图像进行方位向定标的操作步骤可概括如下：

(1) 根据式(7.30)计算 ISAR 图像的距离向方向向量 $\boldsymbol{r}$。

(2) 确定参考向量 $\boldsymbol{v}_{\text{ref}}$，$\boldsymbol{v}_{\text{ref}}$ 可以取非平行于 $\boldsymbol{r}$ 的任意向量，此处取 $\boldsymbol{v}_{\text{ref}} = \begin{bmatrix} 0 & 0 & 1 \end{bmatrix}^{\text{T}}$。

(3) 根据式(7.31)计算向量 $\boldsymbol{u}'$。

(4) 根据式(7.32)计算向量 $\boldsymbol{v}'$。

(5) 根据式(7.34)，将干涉得到的三维点云转换到 $o\text{-}ru'v'$ 坐标系中，得到矩阵 $\boldsymbol{C}_{ru'v'}$。

(6) 根据 ISAR 图像中的散射点提取位置，构造多普勒向量 $\boldsymbol{d} = \begin{bmatrix} d_1 & d_2 & \cdots & d_K \end{bmatrix}^{\text{T}}$。

(7) 取矩阵 $\boldsymbol{C}_{ru'v'}$ 的两个列向量 $\boldsymbol{c}_{u'}$、$\boldsymbol{c}_{v'}$，根据式(7.37)得到系数 α_1、α_2 的最小二乘估计。

(8) 根据式(7.38)得到目标有效转动角速度的估计值。

(9) 根据式(7.39)计算 ISAR 图像的多普勒向分辨率。

(10) 根据式(7.40)、式(7.41)计算得到向量 $\boldsymbol{u}$、$\boldsymbol{v}$，至此 ISAR 图像多普勒向的尺寸和方向都已确定，定标完成。

7.4　仿真实验验证

本小节根据干涉成像系统进行干涉 ISAR 三维成像仿真，对前面的公式推导、多通道 ISAR 图像配准算法和基于干涉的 ISAR 图像方位向定标算法进行验证。干涉 ISAR 成像系统的参数设定如表 7.1 所示，参数设定参考典型 ISAR 成像雷达的工作参数。系统针对低轨卫星目标进行干涉 ISAR 成像仿真，仿真中采用两种目标模型，分别如图 7.7 和图 7.8 所示。图 7.7 所示的散射点目标模型共包含 97 个散射点，它们分布在二维平面中，其后向散射系数均为 1。图 7.8 为 Aura 卫星目标模型，其中图 7.8(a) 为三维模型，剖分后得到的面元模型如图 7.8(b) 所示。面元模型中共包含 43339 个三角面元，其后向散射回波的计算参考物理光学法[15-17]。具体来说，每个面元被抽象为一个散射点，散射点的后向散射系数取决于该面元的面积以及雷达发射波形的照射方向。干涉 ISAR 成像系统采用"一发三收"的模式，目标回波采用去斜接收方式，回波仿真过程中模拟不同雷达通道之间的时频同步误差、多通道回波的信噪比差异等因素。

表 7.1　干涉 ISAR 成像系统的参数设定

参数名称	参数值	参数名称	参数值
发射信号载频	16.7GHz	脉冲累积数量	512
信号带宽	1GHz	雷达 A 位置	(0m, 0m, 0m)
发射信号脉宽	200μs	雷达 B 位置	(300m, 50m, 0m)
去斜接收窗宽	210μs	雷达 C 位置	(20m, 400m, 0m)
去斜采样频率	20MHz	目标初始位置	(800km, 200km, 170km)
脉冲重复频率	50Hz	目标速度	(7000m/s, 1500m/s, 100m/s)

图 7.7　散射点卫星模型

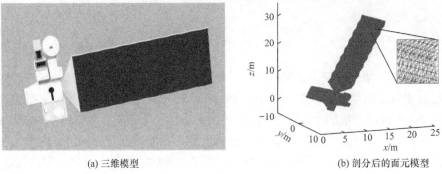

(a) 三维模型　　　　　　　　　　　　　　(b) 剖分后的面元模型

图 7.8　　Aura 卫星目标模型

7.4.1　散射点目标模型的干涉 ISAR 成像

根据表 7.1 中的雷达系统参数，基于图 7.7 所示的散射点卫星模型计算仿真回波。回波仿真过程中考虑去斜参考距离误差和噪声干扰的影响，为模拟各雷达通道之间的非理想时频条件，它们的去斜参考距离误差各自独立，互不相同。分别向 A、B、C 三个雷达通道的去斜回波中添加信噪比为 –5dB、–10dB、–15dB 的高斯白噪声，以模拟噪声干扰。在同时刻下，三个雷达通道的一维距离像对比如图 7.9 所示。由图可见，它们的包络形状十分相近，然而由于不同的去斜参考距离，目标在三个一维距离像中的相对位置不同，如图中箭头标注所示；另外，雷达 A 一维距离像的噪声最小，其信噪比最高，和预设的信噪比参数相符。

各雷达通道序列一维距离像对比如图 7.10 所示。由图可见，由于去斜参考距离误差，目标的相对径向位置存在随机抖动，即序列一维距离像之间非相干，需要通过平动补偿来恢复其相干性。另外，由于各雷达通道之间的非理想时频同步，不同的雷达通道中，目标在序列一维距离像中的径向位置抖动情况也各不相同，即各雷达通道之间的序列回波也是非相干的，需要采用 ISAR 图像配准算法恢复其相干性。

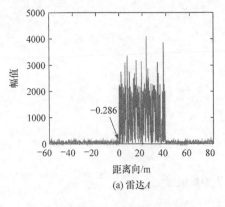

(a) 雷达 A

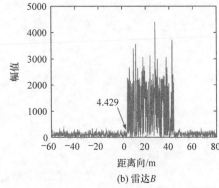

(b) 雷达 B

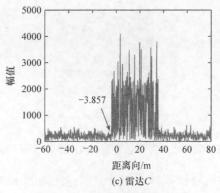

(c) 雷达C

图 7.9 多雷达通道一维距离像

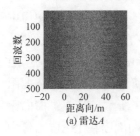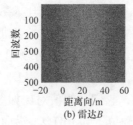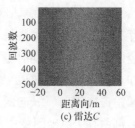

(a) 雷达A　　　　　　　(b) 雷达B　　　　　　　(c) 雷达C

图 7.10 多雷达通道序列一维距离像

　　采用联合平动补偿算法对多雷达通道序列回波进行处理，得到联合包络对齐后的序列一维距离像如图 7.11 所示，得到配准后的多通道 ISAR 图像如图 7.12 所示。由于雷达 A 通道的回波信噪比最高，一维距离像的质量最好，因此选择该通道作为参考通道。雷达 A 的序列一维距离像首先通过传统算法进行包络对齐和平动相位补偿，恢复其序列回波之间的相干性。雷达 A 通道的回波作为参考数据，用于雷达 B、雷达 C 序列一维距离像的联合平动补偿，也是多通道 ISAR 图像的配准过程。由图 7.11 可见，在不同雷达通道中，目标的相对径向位置相同，实现了多通道 ISAR 图像之间的距离向配准。基于联合包络对齐后的多通道序列一维距离像，采用联合 DCT 算法估计雷达 B、雷达 C 回波的平动补偿相位，并完成平动补偿。为了更好地显示多通道 ISAR 图像的信噪比差异以及平动补偿剩余误差的影响，图 7.12 中的 ISAR 图像采用分贝形式显示。

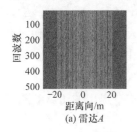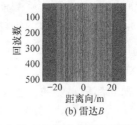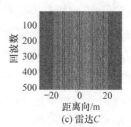

(a) 雷达A　　　　　　　(b) 雷达B　　　　　　　(c) 雷达C

图 7.11 联合包络对齐后的多雷达通道序列一维距离像

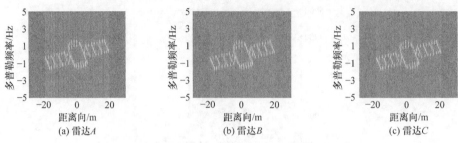

图 7.12　配准后的多雷达通道 ISAR 图像(分贝形式显示)

图 7.12 表明，除信噪比差异外，三个雷达通道的 ISAR 图像几乎一致，初步表明了该 ISAR 图像配准算法的有效性。雷达 A 的 ISAR 图像噪声最低，雷达 C 的 ISAR 图像噪声相对较高，和预设的信噪比参数一致。另外，ISAR 图像中存在竖向条纹，尤其是在雷达 A 的 ISAR 图像中更加明显。作者根据经验推断，竖向条纹来自平动补偿剩余误差和散射点越分辨单元走动的共同影响。为了更加直观地显示多通道 ISAR 图像的配准效果，从图 7.12 所示的多通道 ISAR 图像中提取横向、纵向两个剖面，它们的幅值对比如图 7.13 所示。其中，横向距离剖面在 ISAR 图像中的多普勒位置为 0.1Hz，纵向多普勒剖面在 ISAR 图像中的径向位置为 4.57m。图 7.13 中的剖面图对比表明，在各雷达通道中，散射点的尖峰位置相同，尖峰幅值也非常接近，仅存在微小差异，验证了该 ISAR 图像配准算法的有效性。

为了进一步说明基于联合平动补偿的 ISAR 图像配准算法的有效性，作者进行了各通道回波独立相位自聚焦情况下的对比实验。基于联合包络对齐后的多通道序列一维距离像(图 7.11)，各雷达通道均采用独立的相位自聚焦算法进行平动相位补偿，之后采用 RD 算法得到 ISAR 图像(图 7.14)。虽然直观上图 7.14(b)、(c)中的 ISAR 图像和图 7.12(b)、(c)中的 ISAR 图像基本相同，但由于独立相位自聚焦会导致非一致的平动相位剩余误差，图 7.14 中的多通道 ISAR 图像并未配准。为了更加直观地显示失配情况，从图 7.14 多通道 ISAR 图像中的相同横向、径向位置提取剖面，它们的幅值分布对比如图 7.15 所示。距离向剖面表明，虽然散射点尖峰在不同雷达通道中的径向位置相同，但尖峰幅值存在差异。其中，雷达 A、雷达 B 的尖峰幅值较为接近，但它们和雷达 C 的尖峰幅值差别较大。多普勒向剖面表明，雷达 C 的散射点尖峰位置不同于雷达 A、雷达 B 中的散射点尖峰位置。对比图 7.13 和图 7.15 中的 ISAR 图像剖面可以得出结论，联合包络对齐和联合平动相位补偿对通道 ISAR 图像配准都是必要的，也印证了本章提出的 ISAR 图像配准算法的有效性。

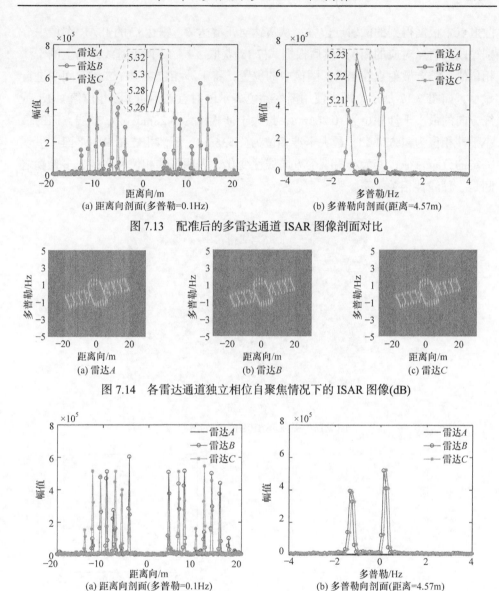

图 7.13　配准后的多雷达通道 ISAR 图像剖面对比

图 7.14　各雷达通道独立相位自聚焦情况下的 ISAR 图像(dB)

图 7.15　各雷达通道独立相位自聚焦情况下的 ISAR 图像剖面对比

下面提取 ISAR 图像中的散射点，如图 7.16 所示。经过配准，散射点在多通道 ISAR 图像中的位置相同，因此可基于雷达 A 的 ISAR 图像提取散射点。由于被观测目标是稀疏的散射点模型，ISAR 图像表现为孤立强散射点，每个散射点对应一个"斑点"，该"斑点"区域内的最大幅值像素被确定为散射点位置，如图 7.15 中小圆圈所示。从 ISAR 图像中共提取了 97 个像素点，对应目标模型中的 97 个散射点。根据得到的散射点位置，从雷达 A、雷达 B、雷达 C 的 ISAR 图像中分别提取散射点对应的相位，然后根据式(7.12)获取 AB、AC 两个基线方向上的干涉相位值。结合散射点在 ISAR 图像中的位置，将干涉相位在 RD 二维空间中进行显示，如图 7.17 所示，图中使用渐变颜色表示散射点的不同干涉相位值。AB 基线方向的最小干涉相位为 -0.266rad，最大干涉相位为 0.28rad；AC 基线方向的最小干涉相位为 -1.524rad，最大干涉相位为 1.536rad。干涉相位在 RD 平面中呈现一定的分布特征，其大小沿某个方向线性变化，表明干涉相位和距离、多普勒之间是一种线性相关关系。

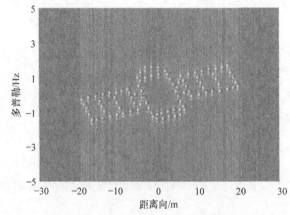

图 7.16 提取 ISAR 图像中的散射点

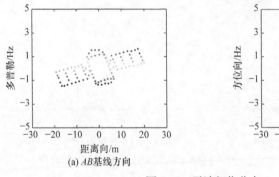

(a) AB 基线方向

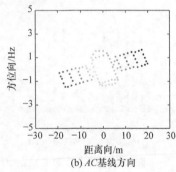

(b) AC 基线方向

图 7.17 干涉相位分布

这里对干涉相位进行解算以获取目标散射中心的三维分布。根据式(7.14)~式(7.18)，解算得到散射点的相对坐标位置如图 7.18 所示，图中小圆圈是目标模型中预设的散射点准确位置，实心点是干涉 ISAR 成像算法估计得到的散射点位置。可见，散射点的估计位置和准确位置几乎重合，在 $o\text{-}xy$ 二维空间中散射点位置的平均偏差为 0.08m，在 $o\text{-}xyz$ 三维空间中散射点的平均位置偏差为 0.19m。考虑到信号离散处理导致的误差、噪声干扰、目标在空间中的三维转动等因素，可以认为图 7.18 所示的干涉 ISAR 成像结果是准确的，验证了本章提出的多通道 ISAR 图像配准算法的有效性，以及 7.1 节中信号建模和公式推导的合理性。注意，散射点在 $o\text{-}xyz$ 三维空间中的位置偏差明显大于 $o\text{-}xy$ 二维空间中的位置偏差。本书认为，从二维空间到三维空间散射点位置偏差明显增大，是因为散射点的 z 轴坐标包含较大的偏差。根据式(7.18)，$\hat{z}_k$ 的偏差直接或间接地来源于干涉相位误差 $\varphi_{\Delta ABk}$、$\varphi_{\Delta ACk}$、散射点距离向位置 r_k 的离散偏差等，由于受到更多误差因素的影响，$\hat{z}_k$ 中存在更多的偏差。

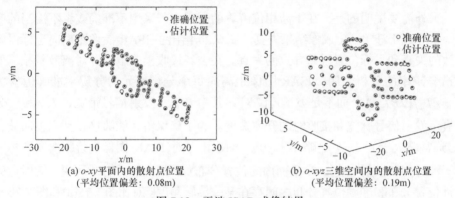

(a) $o\text{-}xy$ 平面内的散射点位置　　　　(b) $o\text{-}xyz$ 三维空间内的散射点位置
(平均位置偏差：0.08m)　　　　　　　(平均位置偏差：0.19m)

图 7.18　干涉 ISAR 成像结果

另外，表 7.1 中目标在雷达坐标系中的几何位置表明，目标处于斜视观测状态。根据前面的分析，斜视导致的干涉相位偏差能够通过系数 a^0、b^0 隐含地进行补偿。根据式(7.15)和式(7.16)，系数 a^0、b^0 受到散射点距离向坐标 r_k 的影响。计算得到两者之间的定量关系如图 7.19(a)所示，图中的系数 a^0、b^0 是减去了其均值的相对大小，可见系数 a^0、b^0 和散射点的径向位置呈线性相关关系。文献[2]～[5]中的信号建模推导过程相当于将系数 a^0、b^0 近似为常量，进而导致干涉 ISAR 成像结果失真。本章通过严谨的推导以及恰当的近似处理，保留了不同散射点系数 a^0、b^0 之间的相对大小关系，实现了斜射观测情况下对干涉相位失真的有效补偿，因而干涉 ISAR 成像结果准确，不需要额外的补偿操作。另外，根据式(7.15)、式(7.16)计算得到各散射点的系数 a^1、b^1、a^2、b^2，如图 7.19(b)所示。可见，对于确定的系统参数与目标坐标位置，a^1、b^1、a^2、b^2 为常量，不受散射点距离向坐标 r_k 的影响。

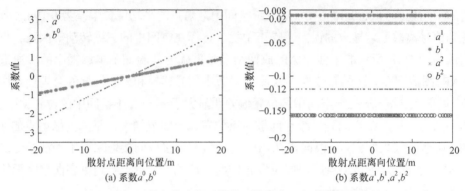

(a) 系数 a^0,b^0 (b) 系数 a^1,b^1,a^2,b^2

图 7.19　干涉相位中的系数值和散射点距离向位置的关系

　　另外需要说明的是，在干涉相位解算的过程中若采用不准确或者不恰当的参数，将导致干涉 ISAR 成像结果失真。图 7.20 给出了 ISAR 图像距离向定标误差导致的失真和目标位置误差导致的失真。在去斜接收模式下，针对离散差频信号频谱分辨率的分析表明，ISAR 图像距离向每个分辨单元的分辨率准确值应为 $\rho_r' = cT_p/(2BT_{\mathrm{ref}})$，而不是 $\rho_r = c/(2B)$，其中 B 表示发射信号带宽，T_p 和 T_{ref} 分别表示发射信号脉宽和接收时的开窗宽度。为了确保雷达能够接收到完整回波，T_{ref} 通常略大于 T_p，故 ρ_r' 略小于 ρ_r。若使用 ρ_r 对 ISAR 图像进行距离向定标，则干涉得到的散射点在 $o\text{-}xy$ 平面内的位置分布如图 7.20(a)所示。可见，散射点的估计位置分布和准确位置分布之间存在某一旋转角度。对比图 7.18(a)和图 7.20(a)中的干涉成像结果，显然后者存在的整体性旋转偏差源自 ISAR 图像的距离向定标误差。另外，前面的推导表明，在计算式(7.15)中的系数时，应该使用 ISAR 成像累积中间时刻的目标位置。若使用 ISAR 成像累积开始时刻的目标位置坐标，则干涉得到散射点在 $o\text{-}xy$ 平面内的位置分布如图 7.20(b)所示，可见散射点的估计位置也偏离了准确位置。综合图 7.18 和图 7.20 中的干涉 ISAR 成像结果对比可以得出，7.1 节中的信号建模与公式推导过程是合理、准确的。

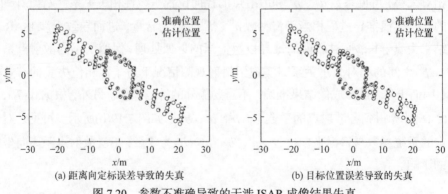

(a) 距离向定标误差导致的失真   (b) 目标位置误差导致的失真

图 7.20　参数不准确导致的干涉 ISAR 成像结果失真

7.4.2 面元目标模型的干涉 ISAR 成像

根据表 7.1 所示的系统参数, 对图 7.8 所示的面元目标模型进行干涉 ISAR 成像仿真。在干涉 ISAR 成像处理过程中, 不同处理阶段的多雷达通道回波如图 7.21

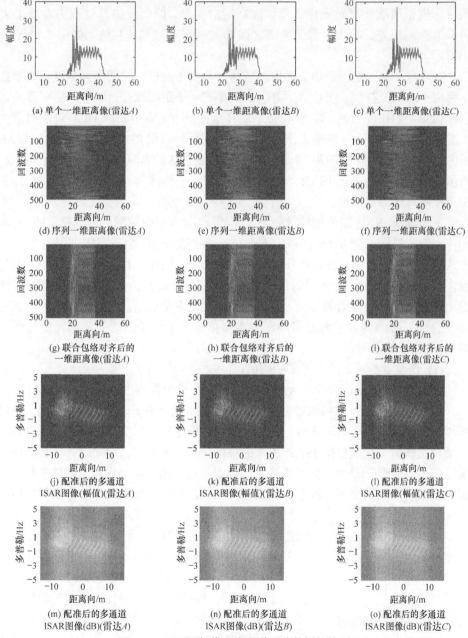

(a) 单个一维距离像(雷达A)

(b) 单个一维距离像(雷达B)

(c) 单个一维距离像(雷达C)

(d) 序列一维距离像(雷达A)

(e) 序列一维距离像(雷达B)

(f) 序列一维距离像(雷达C)

(g) 联合包络对齐后的 一维距离像(雷达A)

(h) 联合包络对齐后的 一维距离像(雷达B)

(i) 联合包络对齐后的 一维距离像(雷达C)

(j) 配准后的多通道 ISAR图像(幅值)(雷达A)

(k) 配准后的多通道 ISAR图像(幅值)(雷达B)

(l) 配准后的多通道 ISAR图像(幅值)(雷达C)

(m) 配准后的多通道 ISAR图像(dB)(雷达A)

(n) 配准后的多通道 ISAR图像(dB)(雷达B)

(o) 配准后的多通道 ISAR图像(dB)(雷达C)

图 7.21 面元目标模型多通道回波数据的处理

所示。序列回波仿真过程中添加了随机的参考距离误差；同时考虑雷达通道之间的非理想时频同步，目标包络在各雷达通道一维距离像中的径向位置不同，如图 7.21(a)～(c)所示。面元目标模型仿真回波的幅度较弱，约为图 7.9 中回波幅度的 1%。为减少误差量的干扰，专注于干涉 ISAR 成像的核心问题，在面元目标模型回波仿真过程中，未添加高斯白噪声，但回波仿真过程中考虑了去斜参考距离误差，以及各雷达通道之间的非理想时频同步特性，如图 7.21(a)～(f)所示。

在联合平动补偿过程中，仍选择雷达 A 为参考通道，它的序列一维距离像独立完成平动相位补偿。雷达 B、雷达 C 的序列一维距离像经过联合包络对齐处理后，如图 7.21(h)～(i)所示。在联合平动补偿过程中，采用联合 DCT 算法对雷达 B、雷达 C 通道的序列一维距离像进行平动相位补偿。采用 RD 算法获取多通道 ISAR 图像，它们的幅值分布如图 7.21(j)～(l)所示，dB 形式的幅值分布如图 7.21(m)～(o)所示。可见，多雷达通道 ISAR 图像的幅值分布几乎相同，验证了本章提出的 ISAR 图像配准算法的有效性。

下面提取 ISAR 图像中的散射点。不同于 7.4.1 节中散射点目标模型的 ISAR 图像，面元目标模型 ISAR 图像中不存在孤立强散射点，因此不能采用图 7.16 的方式提取散射点。由于 ISAR 图像的分辨率有限，而面元目标模型中的面元数量较多，ISAR 图像中目标区域的每个像素都对应多个面元，可视为合成散射点。理论上合成散射点的幅值和相位，是该分辨单元内多个散射点的复后向散射系数的相干叠加。考虑到合成散射点问题，本章依据以下两条准则提取面元目标模型 ISAR 图像中的散射点：

(1) 该像素的幅值应大于某一阈值。

(2) 该像素的幅值应至少大于其周围相邻的 Q 个像素的幅值。

准则(1)是为了排除幅值较弱的噪声像素的干扰。关于阈值的确定算法，可以将 ISAR 图像的幅值归一化后，根据经验手动确定阈值；或者采用相应算法自适应地确定阈值。这里根据 ISAR 图像的幅值分布，采用最大类间距算法自适应地确定阈值。准则(2)是为了保证提取到的像素尽可能地对应散射点尖峰的主瓣。在孤立强散射点的情况下，散射点像素对应的幅值大于其周围的 8 个像素的幅值。

1	2	3
4	k	5
6	7	8

图 7.22　散射点像素及其周围相邻的 8 个像素

如图 7.22 所示，k 表示孤立强散射点对应的像素，它的幅值大于周围 8 个相邻像素的幅值。考虑到面元目标模型 ISAR 图像中的散射点分布较为密集，可能存在散射点相邻的情况。经过折中考虑，设定准则(2)中 $Q=6$。根据上述两条准则，提取雷达 A ISAR 图像中的散射点，共提取到 494 个散射点，其幅值分布如图 7.23 所示。

基于提取到的散射点位置和配准后的多雷达通道

ISAR 图像，得到 *AB*、*AC* 两个方向上的干涉相位分布如图 7.24 所示，图中采用渐变颜色表示不同的干涉相位值。*AB* 基线方向的干涉相位最小值为-0.192rad，最大值为 0.183rad；*AC* 基线方向干涉相位的最小值为-2.83rad，最大值为 1.13rad。在距离-多普勒平面中，干涉相位沿一定的方向线性变化。下面根据式(7.14)～式(7.18)对干涉相位进行解算，得到散射点中心在目标坐标系中的分布如图 7.25(a)所示。图 7.25(b)中给出了三维面元目标模型作为对比。

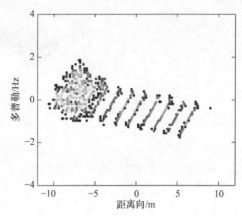

图 7.23 从 ISAR 图像中提取的散射点

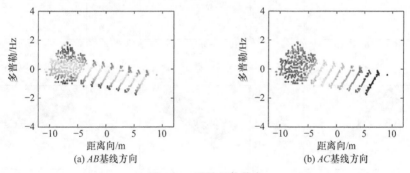

(a) *AB*基线方向　　　　　　　　　　(b) *AC*基线方向

图 7.24 干涉相位分布

图 7.25 表明，干涉 ISAR 成像结果和面元目标模型在姿态、结构、尺寸等方面基本一致，验证了干涉成像算法的有效性。但是，干涉 ISAR 成像结果是离散的点云分布，且明显存在一定误差，和面元目标模型之间存在较大差距。严格来说，干涉得到的三维点云能够反映目标的大致姿态、尺寸大小，但还不能准确反映目标的精细结构信息。由于合成散射点和目标面元之间不存在一一对应关系，无法采用 7.4.1 节中的平均距离偏差来评价干涉 ISAR 成像结果的准确性。为了能够更加直观地显示干涉 ISAR 成像结果的精度，这里采用另外一种思路，将干涉得到的三维点云和目标模型均投影到相互垂直的三个平面中，对比它们的三

维图，如图 7.26 所示。图 7.26(a)～(c)是干涉得到的三维点云的三视图以及作为参考的目标面元模型三视图的轮廓；图 7.26(d)～(f)是面元目标模型的三视图，作为干涉 ISAR 成像结果三视图的对比。图 7.26 表明，在三视图中，干涉得到的三维点云和面元目标模型之间仍保持了较好的一致性，主要体现在姿态、尺寸两方面；同时干涉 ISAR 成像结果也存在明显的误差，部分散射点的位置超出了正常的目标轮廓范围。

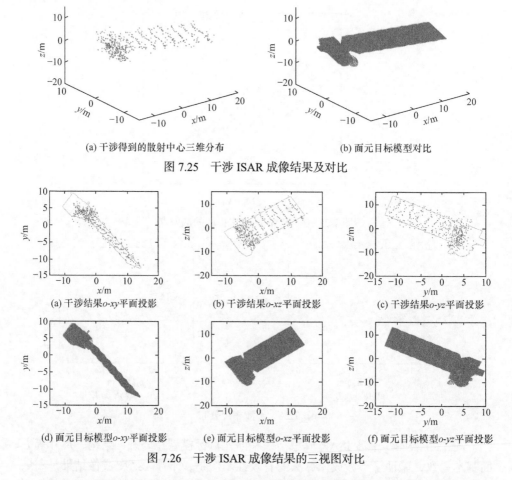

(a) 干涉得到的散射中心三维分布　　　　　　　(b) 面元目标模型对比

图 7.25　干涉 ISAR 成像结果及对比

(a) 干涉结果 o-xy 平面投影　　(b) 干涉结果 o-xz 平面投影　　(c) 干涉结果 o-yz 平面投影

(d) 面元目标模型 o-xy 平面投影　　(e) 面元目标模型 o-xz 平面投影　　(f) 面元目标模型 o-yz 平面投影

图 7.26　干涉 ISAR 成像结果的三视图对比

　　总体上，图 7.3 中的干涉 ISAR 成像结果精度明显差于图 7.18 中的干涉 ISAR 成像结果精度，虽然两者采用相同的系统参数和相同的数据处理算法，但是仅目标模型不同。本书认为，两者干涉 ISAR 成像结果精度的差异主要来自以下方面：

　　(1) 面元目标模型的后向散射存在方向特异性。目标后向散射的方向特异性导致序列回波之间的一致性或者相干性降低，进而可能造成更多的平动补偿剩余误差，ISAR 图像的聚焦程度下降。

(2) 合成散射点问题。在合成散射点内部，空间中位置相近的多个散射点的回波分量之间相干叠加，导致最终的合成量较为敏感，微小的误差量或者目标姿态变化都可能导致合成量发生较大的变化，进而导致多通道 ISAR 图像之间的去相干，影响干涉相位精度。

(3) 多通道 ISAR 图像配准算法本身存在一定不足，还需要继续进行完善提高。

上述三个方面的挑战在实际干涉 ISAR 成像中同样存在，并且在实际干涉 ISAR 成像场景中，还可能存在目标复杂电磁散射特性、回波幅相失真、回波信噪比较低等更多的不利因素，导致干涉 ISAR 成像结果中存在更多的误差。

7.4.3　基于干涉成像结果的 ISAR 图像方位向定标

本小节采用提出的方位向定标算法，对两种目标模型的仿真 ISAR 图像进行定标处理。由于目标在 ISAR 成像仿真过程中保持平稳的匀速直线运动，目标相对雷达的有效转角可近似为成像累积期间雷达视线方向转过的角度，即图 7.27 所示的 $\varPhi$ 角。根据表 7.1 中的参数，成像初始时刻目标在雷达坐标系中的位置为 (800km，200km，170km)，目标速度为 (7000m/s，1500m/s，100m/s)，连续累积 512 个回波对应的时间为 $T_M = 10.22\mathrm{s}$。根据目标的位置和运动参数，计算得到目标在 ISAR 成像累积的开始时刻、中间时刻、结束时刻对应的雷达视线方向向量分别为

$$\begin{cases} \boldsymbol{L}_{\mathrm{Begin}} = \begin{bmatrix} 0.950 & 0.238 & 0.202 \end{bmatrix}^{\mathrm{T}} \\ \boldsymbol{L}_{\mathrm{Middle}} = \begin{bmatrix} 0.952 & 0.237 & 0.194 \end{bmatrix}^{\mathrm{T}} \\ \boldsymbol{L}_{\mathrm{End}} = \begin{bmatrix} 0.954 & 0.236 & 0.187 \end{bmatrix}^{\mathrm{T}} \end{cases} \tag{7.42}$$

计算得到 $\boldsymbol{L}_{\mathrm{Begin}}$ 和 $\boldsymbol{L}_{\mathrm{End}}$ 之间的夹角为 $\varPhi = 0.8768°$，此夹角为目标相对雷达的有效转角，对应的 ISAR 图像方位分辨率为 $\rho_u = 0.587\mathrm{m}$。向量 $\boldsymbol{L}_{\mathrm{Begin}}$、$\boldsymbol{L}_{\mathrm{Middle}}$、$\boldsymbol{L}_{\mathrm{End}}$ 近似共面，它们所在的平面也是 RD 投影平面，如图 7.6(a) 中矩形框所示。RD 投影平面的距离向方向向量一般取 $\boldsymbol{r} = \boldsymbol{L}_{\mathrm{Middle}}$，多普勒方向向量 $\boldsymbol{u}$ 垂直于 $\boldsymbol{r}$，并且位于 RD 投影平面中。根据向量 $\boldsymbol{u}$ 和 $\boldsymbol{L}_{\mathrm{Begin}}$、$\boldsymbol{L}_{\mathrm{Middle}}$、$\boldsymbol{L}_{\mathrm{End}}$ 之间的几何关系，可计算得到

$$\boldsymbol{u} = \frac{\boldsymbol{r} \times \left(\boldsymbol{L}_{\mathrm{Begin}} \times \boldsymbol{L}_{\mathrm{End}} \right)}{\left| \boldsymbol{r} \times \left(\boldsymbol{L}_{\mathrm{Begin}} \times \boldsymbol{L}_{\mathrm{End}} \right) \right|} \tag{7.43}$$

将式(7.42)代入式(7.43)，得到 $\boldsymbol{u} = \begin{bmatrix} -0.2282 & 0.1256 & 0.9655 \end{bmatrix}^{\mathrm{T}}$。基于目标的位置和

运动参数计算得到有效转角 Φ 、向量 $\boldsymbol{u}$ ，将其作为参考值可用于验证 ISAR 图像新算法的准确性。

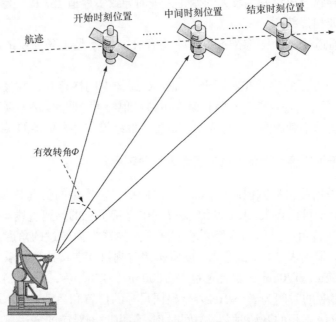

图 7.27　平稳运动目标相对雷达的有效转角

1. 散射点目标模型 ISAR 图像的定标

基于散射点目标模型的干涉 ISAR 成像结果，对其 ISAR 图像进行定标。取 ISAR 图像的距离向方向向量 $\boldsymbol{r}=\boldsymbol{L}_{\text{Middle}}$ ，取参考向量 $\boldsymbol{v}_{\text{ref}}=\begin{bmatrix}0 & 0 & 1\end{bmatrix}^{\mathrm{T}}$ ，根据式(7.31)、式(7.32)计算得到向量 $\boldsymbol{u}'=\begin{bmatrix}0.2411 & -0.9705 & 0\end{bmatrix}^{\mathrm{T}}$ ，向量 $\boldsymbol{v}'=[0.1885 \quad 0.0468 \quad -0.981]^{\mathrm{T}}$ 。根据式(7.34)将图 7.18 中的散射点三维点云转换到 $o\text{-}ru'v'$ 坐标系中，获得矩阵 $\boldsymbol{C}_{ru'v'}$ 。根据图 7.16 中散射点的位置信息构造多普勒向量 $\boldsymbol{d}$ 。取矩阵 $\boldsymbol{C}_{ru'v'}$ 的后两个列向量，根据式(7.37)得到系数的最小二乘估计 $\hat{\alpha}_1=0.0343$ 、$\hat{\alpha}_2=0.1634$ 。发射信号载频波长为 $\lambda_c=0.018\text{m}$ ，根据式(7.38)计算得到目标的有效转动角速度为 $\hat{\Omega}_{\text{eff}}=0.0859°/\text{s}$ 。结合 ISAR 成像的累积时间 $T_M=10.22\text{s}$ ，目标的有效转角 $\hat{\Phi}=0.8779°$ ，相比于有效转角参考值 Φ 的估计偏差仅为 0.12%。由此可见，基于干涉成像结果的 ISAR 图像定标算法能够准确估计目标的有效转角，进而实现较为准确的方位向定标。

基于系数 $\hat{\alpha}_1$ 、$\hat{\alpha}_2$ 估计值，根据式(7.40)得到 $\hat{\phi}=-78.15°$ 。根据式(7.41)得到多普勒方向向量估计值 $\hat{\boldsymbol{u}}=[-0.234 \quad 0.1534 \quad 0.9601]^{\mathrm{T}}$ 和式(7.43)中向量 $\boldsymbol{u}$ 之间的夹

角仅为 1.65°，可见本章新算法估计得到的多普勒方向向量也是较为准确的。另外，7.3 节指出，不同的参考向量 $\boldsymbol{v}_{\text{ref}}$ 取值不会影响 ISAR 图像定标结果。基于 7.4.1 节中的干涉 ISAR 成像结果，分别在不同的参考向量 $\boldsymbol{v}_{\text{ref}}$ 取值情况下进行定标操作，结果如表 7.2 所示。可见，在不同的 $\boldsymbol{v}_{\text{ref}}$ 参数下，目标的有效转角估计值保持不变，多普勒单位向量估计值 $\hat{\boldsymbol{u}}$ 保持不变。参数 $\boldsymbol{v}_{\text{ref}}$ 的变化仅影响夹角 $\hat{\phi}$ 的估计值，这一结果和前面的理论分析相符。

表 7.2　不同参考向量取值下的 ISAR 图像定标结果

参考向量 $\boldsymbol{v}_{\text{ref}}$ 取值	有效转角估计值 $\hat{\varPhi}/(°)$	夹角 $\hat{\phi}$ 估计值/(°)	多普勒方向向量估计值 $\hat{\boldsymbol{u}}$
$\boldsymbol{v}_{\text{ref}} = \begin{bmatrix} 0 & 0 & 1 \end{bmatrix}^{\mathrm{T}}$	0.8779	−78.15	$\begin{bmatrix} -0.234 & 0.1534 & 0.9601 \end{bmatrix}^{\mathrm{T}}$
$\boldsymbol{v}_{\text{ref}} = \begin{bmatrix} 0 & 1 & 0 \end{bmatrix}^{\mathrm{T}}$	0.8779	9.08	$\begin{bmatrix} -0.234 & 0.1534 & 0.9601 \end{bmatrix}^{\mathrm{T}}$
$\boldsymbol{v}_{\text{ref}} = \begin{bmatrix} 1 & 0 & 0 \end{bmatrix}^{\mathrm{T}}$	0.8779	49.86	$\begin{bmatrix} -0.234 & 0.1534 & 0.9601 \end{bmatrix}^{\mathrm{T}}$
$\boldsymbol{v}_{\text{ref}} = \begin{bmatrix} 1 & 1 & 1 \end{bmatrix}^{\mathrm{T}}$	0.8779	57.48	$\begin{bmatrix} -0.234 & 0.1534 & 0.9601 \end{bmatrix}^{\mathrm{T}}$

2. 面元目标模型 ISAR 图像的定标

下面采用同样的算法，基于相同参数下面元目标模型的干涉 ISAR 成像结果，进行定标操作。取参考向量 $\boldsymbol{v}_{\text{ref}} = \begin{bmatrix} 0 & 0 & 1 \end{bmatrix}^{\mathrm{T}}$，基于图 7.25 所示的三维点云进行定标处理，得到系数 $\hat{\alpha}_1 = 0.0108$、$\hat{\alpha}_2 = 0.1757$，目标有效转角 $\hat{\varPhi} = 0.9275°$。$\hat{\varPhi}$ 相比于有效转角参考值 $\varPhi$ 的估计偏差为 5.8%，大于散射点面元目标模型中的估计偏差。初步推断，是因为图 7.25 中较大的散射点位置偏差导致定标结果的偏差较大。进一步计算得到向量 $\hat{\boldsymbol{u}}$ 和 $\boldsymbol{u}'$ 之间的夹角 $\hat{\phi} = -86.49°$，多普勒方向向量估计值 $\hat{\boldsymbol{u}} = \begin{bmatrix} -0.1734 & -0.1062 & 0.9791 \end{bmatrix}^{\mathrm{T}}$，其与式 (7.43) 中向量 $\boldsymbol{u}$ 之间的角度偏差为 13.7°，大于散射点面元目标模型中相应的角度偏差。可见，相比于图 7.18 所示的散射点面元目标模型干涉 ISAR 成像结果，图 7.25 所示的面元目标模型干涉 ISAR 成像结果存在更大的偏差，因此其定标结果也存在更大的误差。

为了更加细致地研究干涉 ISAR 成像结果误差对定标结果准确性的影响，挑选图 7.25 干涉 ISAR 成像结果中的部分散射中心进行定标处理。图 7.25 中的散射点大致可分为两部分，分别为卫星主体部分、太阳能翼部分。可以看出，卫星主体部分的结构复杂，合成散射点效应更加明显，因此干涉成像结果的误差较大。相比之下，太阳能翼部分的结构相对简单，干涉成像结果的误差较小。提取出太阳能翼部分的散射点，如图 7.28 中星号所示，其余部分散射点仍使用小点表示。基于图 7.28 中星号所示的 192 个散射点进行定标处理，得到系数 $\hat{\alpha}_1 = -0.0004$、

$\hat{\alpha}_2 = 0.1615$，目标有效转角 $\hat{\Phi} = 0.851°$，相比于参考值 Φ 的估计偏差为–2.9%，小于使用全部散射点进行定标处理情况下的估计偏差值。进一步计算得到向量 $\hat{u}$ 和 u' 之间的夹角 $\hat{\phi} = -89.86°$，多普勒单位向量估计值 $\hat{u} = (-0.1879, -0.0492, 0.9810)^T$，其与式(7.43)中向量 u 之间的角度偏差为10.33°，小于使用全部散射点进行定标处理情况下的角度偏差13.7°。可见，基于干涉成像结果进行 ISAR 图像方位向定标，定标结果精度直接受到干涉成像结果准确性的影响。

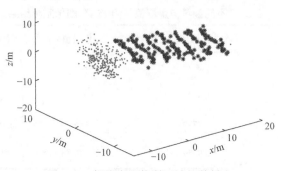

图 7.28　提取太阳能翼区域的散射点

7.5　本章小结

　　本章采用三雷达干涉成像系统，对干涉 ISAR 三维成像进行了信号建模。经过公式推导以及恰当的近似处理，得到了从干涉相位中解算散射点相对坐标的一般算法，该算法适用于干涉基线非垂直的情况。并且由于利用了散射点在 ISAR 图像中的相对距离位置信息，该算法能够隐含地补偿目标斜视观测引起的干涉相位失真，进而一次性地获取准确的散射点坐标，不需要额外的补偿过程。针对现实中通常存在的 ISAR 图像失配问题，本章提出了一种基于联合平动补偿的多雷达通道 ISAR 图像配准新算法。该算法利用多雷达通道一维距离像之间的相似性或者一致性，将 ISAR 图像配准问题转换为通道间的平动补偿问题，能够在各通道之间时频非同步的情况下实现配准，具备较为广泛的应用前景。本章将干涉成像结果用于 ISAR 图像定标，提出了一种简便的目标有效转角估计算法。

　　本章采用两种目标模型，对相应的信号建模、ISAR 图像配准算法和 ISAR 图像定标算法进行了仿真验证。仿真实验结果表明，对于孤立强散射点模型，能够获取精度极高的干涉 ISAR 成像结果，验证了本章的信号建模推导、ISAR 图像配准算法的有效性；对于面元模型，由于等效散射中心相干叠加、面元后向散射的方向各异性、平动补偿剩余误差等不利因素的影响，干涉 ISAR 成像结果和面元目标模型基本一致，但同时存在一定的误差。面元目标模型的干涉 ISAR 成像更接近实际中的干涉 ISAR 成像场景，因此要在实际中实现较为理想的干涉成像结果，还需要更加深入地研究各种误差因素的影响。另外，基于干涉成像结果进行 ISAR 图像方位向定标。实验结果表明，定标结果的准确性直接受到干涉成像结果准确性的影响。因此，要在实际中采用该算法获取较为准确的定标结果，需要尽可能地提高干涉 ISAR 成像结果的准确性。

参 考 文 献

[1] Wang G Y, Xia X G, Chen V C. Three-dimensional ISAR imaging of maneuvering targets using three receivers[J]. IEEE Transactions on Image Processing, 2001, 10(3): 436-447.

[2] Tian B, Zou J W, Xu S Y, et al. Squint model interferometric ISAR imaging based on respective reference range selection and squint iteration improvement[J]. IET Radar, Sonar & Navigation, 2015, 9(9): 1366-1375.

[3] Liu C L, He F, Gao X Z, et al. Squint-mode InISAR imaging based on nonlinear least square and coordinates transform[J]. Science China: Technological Sciences, 2011, 54(12): 3332-3340.

[4] Tian B, Liu Y, Tang D, et al. Interferometric ISAR imaging for space moving targets on a squint model using two antennas[J]. Journal of Electromagnetic Waves and Applications, 2014, 28(17): 2135-2152.

[5] Wu W Z, Xu S Y, Zou J W, et al. A novel accessional phase compensation method for InISAR imaging under squint mode[C]. 2017 Progress in Electromagnetics Research Symposium-Fall (PIERS-FALL), Singapore, 2017: 135-140.

[6] 张群, 马长征, 张涛, 等. 干涉式逆合成孔径雷达三维成像技术研究[J]. 电子与信息学报, 2001, 23(9): 890-898.

[7] Zhang Q, Yeo T S, Du G, et al. Estimation of three-dimensional motion parameters in interferometric ISAR imaging[J]. IEEE Transactions on Geoscience and Remote Sensing, 2004, 42(2): 292-300.

[8] 刘承兰, 高勋章, 贺峰, 等. 一种基于相位校正的 InISAR 图像配准新方法[J]. 国防科技大学学报, 2011, 33(5): 116-122.

[9] Tian B, Shi S, Liu Y, et al. Image registration of interferometric inverse synthetic aperture radar imaging system based on joint respective window sampling and modified motion compensation[J]. Journal of Applied Remote Sensing, 2015, 9(1): 095097.

[10] Tian B, Li N, Liu Y, et al. A novel image registration method for InISAR imaging system[C]. Millimetre Wave and Terahertz Sensors and Technology Ⅶ, Amsterdam, 2014: 161-168.

[11] 邱晓晖, 赵阳, Alice Heng Wang CHENG, 等. ISAR 成像最小熵自聚焦与相位补偿的一致性分析[J]. 电子与信息学报, 2007, 29(8): 1799-1801.

[12] 邱晓晖, Alice Heng Wang CHENG, Yam Y S. ISAR 成像快速最小熵相位补偿方法[J]. 电子与信息学报, 2004, 26(10): 1656-1660.

[13] 张雄奎, 傅雄军, 高梅国, 等. 多通道实时 ISAR 成像系统的设计与实现[J]. 北京理工大学学报, 2010, 30(3): 331-334.

[14] Martorella M, Stagliano D, Salvetti F, et al. 3D interferometric ISAR imaging of noncooperative

targets[J]. IEEE Transactions on Aerospace and Electronic Systems, 2014, 50(4): 3102-3114.

[15] Boag A. A fast physical optics(FPO) algorithm for high frequency scattering[J]. IEEE Transactions on Antennas and Propagation, 2004, 52(1): 197-204.

[16] Chatzigeorgiadis F, Jenn D C. A MATLAB physical-optics RCS prediction code[J]. IEEE Antennas and Propagation Magazine, 2004, 46(4): 137-139.

[17] Garcia-Fernandez A F, Yeste-Ojeda O A, Grajal J. Facet model of moving targets for ISAR imaging and radar back-scattering simulation[J]. IEEE Transactions on Aerospace and Electronic Systems, 2010, 46(3): 1455-1467.

第8章 结 束 语

本书围绕宽带 ISAR 成像技术的发展,一方面继续深入研究高载频、大带宽情况下的精细化 ISAR 成像技术;另一方面针对多维度成像技术,研究多频段融合、序列 ISAR 三维重构、干涉 ISAR 三维成像技术,增加成像信息量。全书内容是整个成像团队在理论研究和工程实践中的经验总结,但仍然无法完整阐述 ISAR 成像的技术要求,因此书中选择了一些典型的补偿校正点进行研究。

雷达成像技术的发展总是伴随着雷达系统技术的进步和雷达信号设计、成像算法的优化。在分布式网络化、MIMO 等新型雷达体制,频率编码、相位编码等复杂信号体制下的成像处理算法变得异常复杂,特别是对复杂场景下非合作目标的精细补偿技术成为能否良好聚焦的关键。同时,ISAR 成像由于其目标的非合作性,获取的成像数据质量和数量都难以与 SAR 成像比拟,因此 ISAR 成像的装备应用仍然受限,特别是在支撑后端的目标识别应用上亟待突破。下面主要从成像建模、复杂场景精细化成像、高质量实时成像、成像质量评价与图像应用四个方面进行展望分析。

1. 成像建模

1) 目标散射特性建模

现有的 ISAR 成像多聚焦于从雷达回波到 ISAR 图像的各个环节算法研究,缺少对目标电磁散射特性的研究。目前,对目标的电磁散射建模依然停留在理想散射点模型、衰减指数和模型及几何绕射模型,这些模型多为单站后向散射模型。然而在超大带宽、多站、多视角、多极化等条件下,目标散射特性的精确建模是提升成像质量、实现有效成像结果解译的关键。

2) 成像过程建模

目标回波数据可看作雷达对目标的电磁散射特性在有限频率和有效空间内的采样值,因而成像过程的本质是一个由有效数据到原目标场景的数学求逆问题。在求逆过程中,稀疏的算法、概率统计的算法,以及深度网络的算法才能够找到合适的介入应用场景。传统成像的线性变换工具模型也转变为对回波信号进行非线性变换,从回波到图像的线性变换关系转变为以等价算子为基础的隐式实现,进而完成高效 ISAR 成像。近年来的研究表明,基于压缩感知的稀疏重构算法能够有效提升 ISAR 图像分辨率,克服数据缺损问题。贝叶斯学习等数理统计模型也在 ISAR 成像中展现出了不错的应用前景。另外，ISAR 成像的基本前提是恢复脉内信号的相干性以及脉间回波的相干性，根据数据特点，对破坏相干性的相位误差进行建模估计和高效补偿，是成像研究中需要不断完善优化的重要方面。随着对数学工具研究的深入，ISAR 成像问题也必将被从新的角度加以诠释。

2. 复杂场景精细化成像

精细化成像技术作为一个通用技术群，支撑了特定场景和目标下的高质量成像，如低信噪比成像、稀疏数据成像、多目标成像、微动目标成像等，其对成像技术链路也有各自具体的要求，同时是精细化成像需要解决的重点和难点问题。

在低信噪比成像中，强噪声干扰不仅会掩盖目标一维距离像，而且会破坏相邻回波一维距离像的相关性，严重影响平动补偿过程。不仅如此，杂波和噪声还会引入相位误差，导致 ISAR 图像散焦。研究低信噪比条件下精细化成像技术，对于远距离空间目标，特别是小目标成像具有重要的理论意义和应用价值。

在稀疏数据成像中，目标一维距离像同样存在去相关，目标回波的相位特性更加复杂，同时方位向的数据缺失导致传统重构算法失效，因此运动补偿和重构算法是稀疏数据成像需要重点解决的问题。

在多目标成像中，由于各目标相对雷达具有不同的平动，传统单目标运动补偿算法无法同时完成对各个目标的平动补偿，无法获得清晰的多目标 ISAR 图像。因此，多目标回波信号的分离是该应用的重要基础。

在微动目标成像中，微动部件除了与目标主体的共同平动，还进一步叠加了自身的微动，这种复合调制使得目标运动更加复杂，对图像的方位聚焦造成重要影响。微动成像技术在螺旋桨类飞机、旋翼类直升机、舰船目标以及含旋转天线等部件的空间目标中应用尤其广泛。

3. 高质量实时成像

由于中频直接采样数据量巨大，匹配滤波过程的运算量较大，当前，我国研制部署的宽带雷达仅针对去斜脉冲压缩数据展开了实时成像的研究，使用数字信号处理(digital signal process，DSP)芯片实现相关成像算法。一般来说，运算复杂度低的算法成像效果不如运算复杂度高的算法。受限于 DSP 芯片性能，性能优越的成像算法无法实时实现，实时成像质量较差，难以满足对高质量 ISAR 图像的需求。

针对去斜脉冲压缩数据的实时成像质量的提高，一方面可随着 DSP 芯片性能的提升，固化性能良好的成像算法；另一方面可采用图形处理器等实现复杂算法的实时成像。针对直接中频采样数据，采用数字去斜技术实现实时脉冲压缩，不仅可以提高脉冲压缩算法的数字化程度，减小模拟环节给系统带来的失真，而且可以极大地减小数据量，从而为进一步的实时成像奠定基础。

4. 成像质量评价与图像应用

1) 成像质量评价技术

随着雷达成像技术的成熟，目前已可以得到相当数量的 ISAR 图像。对海量 ISAR 图像进行评价，挑选出高质量的 ISAR 图像能极大地提高 ISAR 图像解译效率，促进成像结果的应用，也是对成像算法的反向考核。现有 ISAR 图像熵的衡量指标仅适用于数据起点相同情况下不同成像算法的成像效果比对，无法实现不同数据成像质量的通用化衡量。另外，ISAR 成像中目前大量采用并且成熟应用的基于图像最小熵的成像补偿算法仅适用于简单点散射模型，对卫星主体、飞机主体等复杂散射无法良好聚焦。因此，研究如何对同一目标不同时刻的 ISAR 图像质量进行评价，甚至对不同目标不同时刻的 ISAR 图像质量进行评价显得极其重要。

2) 从图像应用优化成像算法

ISAR 成像的目的不仅是获取一幅雷达图像，而是需要进一步从雷达图像中挖掘所隐含的目标信息，包括特征提取、姿态估计与部件判别、目标识别等。例如，特征提取关注单幅雷达图像的质量提升，而目标姿态估计则关注图像序列之间的关联性，两者对成像算法的要求和侧重各不相同，从成像信息利用的角度，通过给图像的解空间加入一定的先验约束，使成像结果脱离线性投影的解空间而朝着人们侧重的方向发展。现有技术体系中往往将成像过程和识别过程孤立开来，通常情况下是识别算法和流程利用前序成像结果，而对成像过程无反馈；但在实际应用中，更希望将识别流程提前，做到可在成像的任意中间环节纳入目标识别，同时将结果反馈给成像链路，为成像算法的选择、目标重点部件的关注等提供支持，最终实现成像识别一体化。